# 熊猫山河记

熊猫山河记课题组 编著

西南交通大学出版社
·成 都·

**图书在版编目（CIP）数据**

熊猫山河记 / 熊猫山河记课题组编著. —成都：西南交通大学出版社，2022.12
ISBN 978-7-5643-9064-8

Ⅰ. ①熊… Ⅱ. ①熊… Ⅲ. ①大熊猫－保护－中国
Ⅳ. ①Q959.838

中国版本图书馆 CIP 数据核字（2022）第 246406 号

Xiongmao Shanhe Ji
**熊猫山河记**
熊猫山河记课题组　**编著**

| | |
|---|---|
| 责任编辑 | 邱一平 |
| 封面设计 | 曹天擎 |
| 出版发行 | 西南交通大学出版社<br>（四川省成都市金牛区二环路北一段 111 号<br>西南交通大学创新大厦 21 楼） |
| 发行部电话 | 028-87600564　028-87600533 |
| 邮政编码 | 610031 |
| 网　　址 | http://www.xnjdcbs.com |
| 印　　刷 | 四川玖艺呈现印刷有限公司 |
| 成品尺寸 | 170 mm × 230 mm |
| 印　　张 | 22.5 |
| 字　　数 | 289 千 |
| 版　　次 | 2022 年 12 月第 1 版 |
| 印　　次 | 2022 年 12 月第 1 次 |
| 书　　号 | ISBN 978-7-5643-9064-8 |
| 定　　价 | 88.80 元 |

本书系四川省2020年度社科规划项目（普及项目）《深山里的熊猫圣殿——世界大熊猫文化发源地探源》（项目批准号SC20KP041）之终端成果

## 《熊猫山河记》编委会

主　　任：聂　颖

副 主 任：寇　青　徐　涛

编　　委：吴爱平　杨术兵　杨　铧　贺志国　黄　昆

图片摄影：（按姓氏笔画排序）

马建博　刘忠仁　孙　前　陈玉村

杨　铧　郑汝成　高富华　高华康

## 《熊猫山河记》课题组

高富华　易伯伦　胡　军　熊　瑛

# 序

对于东方世界的中国社会而言，是否存在融通宗教与科学之地呢?几次到四川雅安邓池沟考察之后，我有了肯定性的答案：有，至少邓池沟就是其中之一。

## 一

邓池沟是宗教文化与科学活动合二为一之地。

邓池沟，首先是明清两代四川天主教徒的重要聚居点，而四川是明清两代乃至近代天主教在华传教的重要区域。

明末，利类思、安文思来川活动，曾发展不少教徒。后来，受张献忠农民军的打击，部分残存的信徒被迫逃到川西的偏僻山区，多集中在天全县大川一带。这里“山路崎岖，悬崖峻峭，蚕丛汗菜，飞鸟不通。凡有命案重件，只抬来相验，令书役经理此事。地方官有四五年不到者”（《天全州志》，咸丰八年）。

随后，一些教徒迁到现今宝兴县盐井溪一带，他们先后在大川、宝兴建立起了立书堂、穆坪修院，并幸运地躲过了“禁教”期的种种困难，成为天主教在四川较为稳固的传教和培养神职人员的固定场所；另一部分则沿邛崃山、龙门山等东北行进到崇州、彭县（今彭州市）、绵竹、什邡等地，建立了彭州白鹿镇的“上书院”等传教堂。康熙年间，环境稍安定，个别教徒又从这些县份的山区搬迁到平原地带，并且延伸到了成都周围，走了一条特别的天主教中国化之路。

据不完全统计，嘉庆和道光年间，四川天主教徒人数约占全国教徒的1/4，中国籍神父约占全国的1/3，传教活动还影响到了贵州、云南、西藏等邻近省区，于天主教在华传教史上具有重要的作用。

犹忆业师蔡鸿生先生多次推崇民国学者方豪先生。这位天主教学者所著《中国天主教史人物传》一书，特别说明了天主教在四川的传播：“至于同治以前，在川、滇深山幽谷中，以及偷渡到暹罗、槟榔或欧洲秘密攻读神学的圣职人员，为不让他们被埋没，本书也收了不少，这是本书的特色。”表明了四川天主教会的重要地位。

四川天主教神哲学院前身称为修院或修道院，最先由巴黎外方传教会于1780年在今云南昭通的龙溪创办，后来迁到了四川雅安的大川、邓池沟一带。目的是培养中国西南地区天主教本地神职人员。

然而，长期以来，四川天主教会的历史活动名不彰、声不显。20世纪之初，川东教区大修院神父的古洛东（Gourdon）曾经感叹道：

“考究四川圣教来历，向为余之素志。因此，凡关于开教之事力为搜集，已有年矣。惟于1886年教难突起，所有蓄积之书本遗失无余。诚为恨事！嗣后欲再继续前工，又苦无着手。数年之间，几至绝望。”

后来，古洛东依靠上海教会的支持，编撰了《圣教入川记》，概述四川的传教历史。

西南民族大学秦和平教授研究基督教在我国西南地区的传播史数十

年，出版有《基督宗教在西南民族地区传播史》《基督宗教在四川传播史稿》《20世纪50—90年代川滇黔民族地区基督教调适与发展的研究》《四川天主教史稿》《四川基督教资料辑要》等多部专著，他指出：

> 遥想1996年考博的试题，有一道就是：试论明末耶稣会士利玛窦的“适应”策略，联想这些入华传教士为了“中华归主”，积极适应异文化的中华大地，以至于后来出现了“礼仪之争”，这其中，四川入教的天主教徒，作为中国人、作为异教入教者之间的两难困境，更感慨当年传教士在“西学东渐”中的贡献。

## 二

随着近代自然科学的发展，就有这样一些广为流传的说法，如“科学和宗教在历史上密不可分”“19世纪前科学和宗教没有分家”。今天看来，这些说法虽然不是很准确，但至少也说明了宗教和科学的关系。燕妮·马克思请教历史学家维特克：“您能用最简明的语言，把人类历史浓缩在一本小册子里吗？”维特克回答了四句谚语，其中有“蜜蜂盗花，结果却使花儿更加娇艳”。来华传教士有不少饱学之士，他们恰如这些蜜蜂一样，本意是采蜜（传教），但在无意中传播了花粉（西方的新知识），推动了“西学东渐”。

这些传教士在传教的同时，还有大量的“花粉传播”行为，这些辅助传教的“非传教行为”，在中西方文化交流史上，扮演了无法忽视的角色。南怀仁、利类思、安文思和阿尔芒·戴维等人，就是从事“非传教行为”的典型代表。

南怀仁（Ferdinand Verbiest，1623—1688），比利时人，天主教耶稣会传教士。是清初最有影响的来华传教士之一，为近代西方科学知识在中国的传播做出了重要贡献。1658年，南怀仁受派抵达澳门，后到陕西传教，1660年，他到北京参与了著名传教士汤若望修订历法的工作。1664年（康熙三年），因“历法之争”入狱，次年释放。1668年复被起用，掌钦天监，制造天文仪器，后任太常寺卿、通奉大夫。南怀仁是康熙皇帝的科学老师，曾经在长达五个月的一段时间里，从早到晚给皇帝讲授几何学和天文学，还将《几何原本》译成满文，陪同皇帝出巡，沿途为皇帝观天测地。

康熙皇帝后来对自然科学的浓厚兴趣，对欧洲传教士的宽容态度，应该说都与南怀仁不无关系。

利类思、安文思在四川开教，起先也是一门心思地从事传教活动，后来成了“大西国”的“天学国师”，为张献忠造地球仪、造红夷大炮。再后来进入清廷，在清廷中负责机械制造修理工作，曾为顺治帝制造钟表，为康熙帝制作玩具、日晷、机械等“西洋奇器”，技艺精巧，连南怀仁对他们的机械制造技能也颇为赞赏。利类思在宫中任画师，但保存下来的作品只有葡使贡狮后画的《狮子图》；安文思到达北京，此后在北京度过了29年的漫长岁月，他对北京相当熟悉，这里犹如他的第二故乡，1688年安文思在巴黎出版了《中国新史》一书，书中对北京城市中轴线有非常详细的记载。

阿尔芒·戴维到中国传教，其实从事的也是“科学传教”。1862年，他到中国后，最先打算办学校，培养技工人才，未果之后，他开始为巴黎历史自然博物馆收集动植物标本。为此，他在中国进行了三次大规模的旅行考察，收集了大量珍稀的动植物标本，其中就包括在穆坪收集到的大熊猫、川金丝猴、珙桐（“中国鸽子花”）标本等。

阿尔芒·戴维的足迹，遍及中国的华北、华东、西南、西北地区。从他的行程来看，沿线的天主教堂成了他考察路上一个又一个的“驿站”，以致后来在中国考察的德国地质学者李希霍芬也羡慕不已：“戴维神父在穆坪几乎不需要四处旅行，因为众多的教徒会进山为他搜集东西。”

从1862年到1873年，阿尔芒·戴维两次到中国，在中国进行过三次旅行考察，他考察的地方很多，停留时间最长的就是在邓池沟天主教堂，他从1869年2月28日到达穆坪，当年11月21日离开穆坪，在这里进行了长达9个月的旅行考察。与其说是“旅行考察”，倒不如说是在这里进行“蹲点考察”，邓池沟天主教堂实际上成了他收集和研究动植物的“大本营”和“科研所”。可以说，如果没有利类思、安文思当年在大川的“避难”，就不可能有大川立书堂、穆坪修院的建立，阿尔芒·戴维的旅行考察，也不可能在这里落脚，纵然大熊猫迟早会被人类发现，但发现者也自然不会是阿尔芒·戴维。

## 三

该书从史海中打捞“碎片”，讲述了邓池沟天主教堂的前世今生，从深幽峡谷中的教堂，管窥天主教在川传教史，让沉寂了百年的教堂重新回到大众的视野中，让人甚感欣慰。不仅于此，该书还从“宗教殿堂”延伸到“科学殿堂”，讲述了大熊猫从发现到保护的过程。

邓池沟天主教堂不仅是“宗教殿堂”“科学殿堂”，还是“文化殿堂”。邓池沟天主教堂是一部天主教在川传教史，也是一部世界大熊猫文化史。

《熊猫山河记》从邓池沟天主教堂的历史入手，追根溯源，不仅理清了从都市到山乡，再从山乡重回都市的天主教在四川的传教史，还讲述了从发现到保护，从保护再到回归的大熊猫史、大熊猫文化从发源到发祥的文化史。

在大力推进生态文明建设、构建人与自然生命共同体的今天，此书的出版发行，无疑有着积极的作用。

是为序。

王川

（四川师范大学教授、博士研究生导师 、副校长）

2022年6月

# 前言

2000年前，丝绸是中国的名片；

1000年前，瓷器是中国的名片；

500年前，茶叶是中国的名片；

在大力推进生态文明建设的今天，大熊猫是中国的名片。

大约40亿年前，地球上开始出现生命，先后存在过约5亿物种，至今尚存的约有近1 000万种。很多物种在漫长的岁月中被大自然淘汰。大熊猫，这种早在800万年前就开始出现的稀有生命物种还保持着原始的外貌特征、生理习性，成了当今地球上动物的活化石，原始生命的“遗老”。

大熊猫的诞生远早于人类文明，经历了漫长的、沧海桑田的地质变迁和第四纪冰川的洗礼，偏居于中国西部青藏高原东缘的高山峡谷中，顽强地生存了下来。

青藏高原东南缘，数列南北走向的山脉齐聚，阻隔东西，这便是横断山。随着天主教传入中国，西学东渐，横断山及其周围地区的近代科学考察是由西方科学家在这里发现大熊猫而拉开序幕的。

四川省雅安市宝兴县正好处于横断山东端邛崃山脉的夹金山南麓。

夹金山如同一个孑遗物种的“避难所”。大山深处，树上的金丝猴、短尾猴，地上的大熊猫、扭角羚，天上的绿尾虹雉同域分布。保护区内，一次看见几十头羚牛并不稀奇……

夹金山，一个具有生物多样性的热点地，大熊猫、川金丝猴、珙桐等珍稀动植物就是从这里走向世界的。

大熊猫是如何被人类所认识的？大熊猫又是如何走向世界的？

这一切，源于一座天主教堂和一个人。

这座教堂，就是邓池沟天主教堂；这个人就是阿尔芒·戴维。

1869年，法国传教士、生物学家阿尔芒·戴维来到夹金山山麓的邓池沟天主教堂，他在这里发现了大熊猫等众多珍稀动植物。

在夹金山的大山中，为什么会有这样一座教堂？阿尔芒·戴维为什么会来到这里？

宝兴县对外宣传资料是这样介绍邓池沟天主教堂的：

> 邓池沟天主教堂位于四川省雅安市宝兴县蜂桶寨乡。
>
> 邓池沟天主教堂地处宝兴县蜂桶寨乡邓池沟石龙门山腰的二级台地上，是由法国“巴黎远东教会”于1839年在此修建的。1998年列为县级文物保护单位，2002年列为省级文物保护单位，现在正在申报国家重点文物单位。

然而事实并非如此，邓池沟天主教堂的历史远早于1839年。

在万里之遥的法国普鲁旺斯教会档案中，有两封纸张泛黄的书信静静地躺在那里。

写信的是罗安伯，书信是从中国寄过来的，写信的时间距今已近两百年。

两封书信分别写于1830年和1833年，虽然相隔了3年，但书信的内容只涉及一个地方——穆坪。信中讲述的是罗安伯在穆坪传教的工作和生活情况，他告诉家乡的亲人，他在穆坪生活得很好，他在1830年，就开始建修院、招收学生了。

1869年2月28日，阿尔芒·戴维来到穆坪，他住进了邓池沟天主教堂。对邓池沟天主教堂，他是这样介绍的：

> 很多巨大的杉木树干倒在地上，任其腐烂，这些树是穆坪土司下令砍伐的，为的是建立一道阻挡部队的障碍。在这里工作的是一位法国传教士主持的外籍传教团，负责人是杜吉泰（Dugrité）先生，他教大约50名中国学生拉丁文、哲学、神学、历史等，穆坪的学院建于五六十年前。

在这一个又一个与邓池沟天主教堂有着密切关系的时间面前，准确地说明邓池沟天主教堂并不是1839年才建造的，它的历史更加悠久。

另外，在很多著述中说，阿尔芒·戴维在穆坪除了发现大熊猫、川金丝猴等珍稀动植物外，还发现了绿尾虹雉等珍稀鸟类。绿尾虹雉（*Lophophorus lhuysii*）是中国特有珍稀鸟类，有着“国鸟皇后”“蜀山彩虹”等美誉。绿尾虹雉的羽毛由10种不同颜色的锦绣组成，在阳光的照射下，这种锦绣可以反射出一百种不同颜色的光。

但事实上发现绿尾虹雉的并不是阿尔芒·戴维，而是另有其人。

命名绿尾虹雉的是一个名叫蒂安·若弗鲁瓦·圣伊莱尔的生物学家。

蒂安·若弗鲁瓦·圣伊莱尔又是谁?

蒂安·若弗鲁瓦·圣伊莱尔（1772年4月15日—1844年6月19

日）是法国著名生物学家，和居维叶等联合编辑《哺乳动物自然史》（*Histoire naturelle des mammifères*），书中插图由巴黎自然历史博物馆的维尔纳（Werner）等人绘制，此套书约出版于1819—1824年。

绿尾虹雉标本的采集地点依然是在穆坪，命名的时间是1866年，比戴维到穆坪采集动植物标本的时间还早了3年。

蒂安·若弗鲁瓦·圣伊莱尔没有到过中国，自然更不可能到穆坪采集动植物标本。显然，他并不是绿尾虹雉标本的采集者，他研究的标本又是谁提供的？我们可以得出这样一个结论，在阿尔芒·戴维到穆坪采集动植物标本前，肯定有西方人士在这里采集动植物标本，并寄回了法国，给了蒂安·若弗鲁瓦·圣伊莱尔研究来自穆坪动植物标本的机会，从而对绿尾虹雉进行了命名。也许是他的研究成果过于繁多，直到他死后22年（即1866年）才由后人公布这一研究成果，并得到公认。

在阿尔芒·戴维、罗安伯之前和之后，还有谁来到了这里进行科学考察？

在《16—20世纪入华天主教传教士列传》[①]一书中，对陶神父的介绍是这样的：

> 陶神父（Jean Soulié，1858—1905年）于1858年10月6日生于圣瑞埃里（Saint-Juéry，位于法国塔恩省），1884年9月13日进入外方传教会修院，1885年7月5日晋铎，同年10月7日赴中国藏族聚居区传教区。他在巴塘开始工作，后负责扎坝会口，1891年负责泽古会口，1896年负责雅安会口。他于1905年4月14日死于雅安附近的雅砻江山谷。他搜

① [法]荣振华，[法]方立中，[法]热拉尔·穆赛，[法]布里吉特·阿帕乌：《16—20世纪入华天主教传教士列传》，耿昇，译，广西师范大学出版社2010年版。

集了一批出色的植物标本，后来寄到巴黎自然博物馆保存。

文中除了对陶神父的生平作了简要的介绍外，还特别说明他在雅安附近的雅砻江山谷中“搜集了一批出色的植物标本，后来寄到巴黎自然博物馆保存”。

雅安境内有青衣江、大渡河两条岷江支流，而发源于青藏高原的雅砻江与雅安毫不搭界，“雅安附近的雅砻江山谷中”又在哪里?

由此可见，在阿尔芒·戴维在穆坪采集动植物标本前有为蒂安·若弗鲁瓦·圣伊莱尔提供动植物标本的人，后有陶神父（Jean Soulié）等一大批西方人士在穆坪一带采集动植物标本。

随着人类对这片土地的认识不断深入，栖息在这里的野生珍稀动植物不断被我们发现和认识，雅安有了“野生动植物基因库”的美誉。

100多年过去了，当年阿尔芒·戴维发现大熊猫的这片土地依然美丽。包括雅安在内的中国西南山地，已被保护国际基金会（CI）认定为 25个全球生物多样性热点地区之一，是世界自然基金会（WWF）200个全球生态区之一，是国家生态保护的重点地区之一。自1963年建立首个自然保护区以来，雅安已建立了7个自然保护区，其中国家级自然保护区3个。

2006年7月12日，“四川大熊猫栖息地”列入世界自然遗产保护名录。“四川大熊猫栖息地”纵横四川邛崃山系的雅安、成都、阿坝、甘孜4个市（州），12个县（区），雅安市宝兴、天全、芦山3县占核心区面积的52%。

2017年，大熊猫国家公园体制建设开始试点。经过近四年的建设，2021年10月12日，国家主席习近平在《生物多样性公约》第十五次缔约方大会领导人峰会上宣布，中国正式设立三江源、大熊猫、东北虎豹、海南热带雨林、武夷山等第一批国家公园。大熊猫国家公园跨四川、陕西和甘肃三省，保护面积2.2万平方公里，是野生大熊猫集中分布区和主要繁衍栖息地，保护了全国70%以上的野生大熊猫。园内生物多样性十分丰富，具有独特的自然文化景观，是生物多样性保护示范区、生态价值实现先行区和世界生态教育样板。

在2.2万平方公里的大熊猫国家公园中，雅安贡献了近6 000平方公里，约占雅安土地面积的40%，占大熊猫国家公园总面积的27%。雅安成为大熊猫国家公园中面积最大、占比最高、山系最全、县份最多的市（州）。

国家林业和草原局有关负责人表示，建设国家公园，就是要把自然生态系统最重要、自然景观最独特、自然遗产最精华、生物多样性最富集的部分保护起来，保持自然生态系统的原真性和完整性，体现全球价值、国家象征、国民认同，给子孙后代留下珍贵的自然资产。

雅安为世界站岗，为大熊猫放哨，让世界共享栖息在这片土地上的世界珍稀旗舰动物大熊猫。

正是因为大熊猫与四川的不解之缘，2019年，四川省提出文化和旅游的新宣传口号——“天府三九大，安逸走四川”，其中，“大”指大熊猫。

2021年，雅安顺接四川文化和旅游新宣传口号，提出了“安逸走四川，熊猫看雅安”文旅宣传口号。

2022年11月29日，中国共产党四川省第十二届委员会第二次全体会议审议通过《中共四川省委关于深入学习贯彻党的二十大精神在全面建设社会主义现代化国家新征程上奋力谱写四川发展新篇章的决定》，支持雅安建设世界大熊猫文化旅游重要目的地。

雅安是世界第一只大熊猫科学发现地，“四川大熊猫栖息地”世界自然遗产核心区是大熊猫国家公园园地共建先行区，是大熊猫国家公园重要组成部分，是名副其实的大熊猫故乡。

大熊猫从雅安走向世界，又在雅安重回山林。

雅安是全球首只大熊猫放归地，全国“国礼”大熊猫、“明星”大熊猫最多的地方，全市8个县（区）都栖息着野生大熊猫。在专家眼里，一部雅安大熊猫史，其实就是一部中国大熊猫史、世界大熊猫史。“没有雅安，大熊猫无从说起。”

从四川文旅新口号“天府三九大，安逸走四川”到雅安打响“安逸走四川，熊猫看雅安”文旅品牌，这给雅安提出了一个新的课题——如何围绕“熊猫看雅安”这一主题，深度挖掘大熊猫的历史文化，以大熊猫文化为载体，结合世界自然遗产“四川大熊猫栖息地”、大熊猫国家公园示范区建设，从而打造一座独一无二的“熊猫看雅安”的大熊猫文化城，从而讲好“大熊猫故事”，讲好人与自然和谐相处、和谐共生的“中国故事”，让雅安成为观赏大熊猫、体验大熊猫文化、接受自然教育的首选地，让雅安成为世界大熊猫文化旅游的目的地。

揭开邓池沟天主教堂的神秘面纱，我们惊讶地发现，邓池沟天主教堂不仅是一座宗教殿堂，更是一座科学殿堂、文化殿堂。

说它是宗教殿堂，因为它是四川现存最早的修院和天主教堂，有着独特的建筑艺术价值；

说它是科学殿堂，因为这里是大熊猫的科学发现地和命名地，大熊猫从这里走向世界；

说它是文化殿堂，因为在大熊猫文化在这里起源和发祥，研究大熊猫文化的起源和发祥，离不开对邓池沟天主教堂的研究。

# 目录

## 上篇

## 神秘邓池沟——熊猫圣殿记



## 中篇

## 发现大熊猫——熊猫物种记

## 下篇

## 百年大熊猫——熊猫文化记

# 上篇

## 神秘邓池沟

——熊猫圣殿记

有专家称，邓池沟天主教堂是四川最早的天主教堂。

最“早”早于何时？为什么最早的天主教堂建在邓池沟？

天主教入川开教，始于明末。

1639年（崇祯十二年），意大利人利类思进入四川，最先在成都传教。

一个在成都传教的外国人，和邓池沟是如何扯上关系的？天主教又是如何传入邓池沟的？

这一切——

源于一个人：张献忠，因张献忠“剿四川”而逃到大山中“逃难”；

源于一个王朝：清朝，因“禁教”而躲到大山中“避难”。

于是，大山中的穆坪有了“天”事——天主教在穆坪落脚。

于是，笔者循着传教士的足迹，走进了穆坪。

# 引　言

## 两封来自百年前的书信

2018年底，一群来自法国普罗旺斯的人来到四川省雅安市宝兴县，直奔大山中的邓池沟天主教堂。

他们是天主教普罗旺斯教区罗安伯同乡代表团。他们对这里并不陌生，2008年10月20日就曾到访过邓池沟天主教堂，并赠送了存放在普罗旺斯教区的罗安伯神父画像一幅。这个叫罗安伯的人来自法国普罗旺斯教区，1830年前后曾在这里工作过一段时间。

时隔10年再次来到这里，代表团同样带来了存放于巴黎外方传教会的罗安伯画像一幅、普罗旺斯教区存放的罗安伯神父画像一幅、1830年罗安伯神父在中国四川手绘的四川地图一幅、罗安伯神父在邓池沟寄回法国的两封信件复印件。

尽管地图和书信都是复印件，但是来人告诉邓池沟天主教堂神父陈勇，书信是照原文打印的，内容一个字母也没有改，绝对保证内容是真实可信的。

是的，将近200年的岁月过去了，原件已是珍贵的文物，自然不可能轻易示人。

罗安伯在他绘制的四川地图上，特别标注了一个小地名——MoPing（“穆坪”）。

从罗安伯寄回法国的两封信表明，他曾经在这里工作了三年。

一封信写于1830年9月，另一封写于1833年7月。

两封书信的时间，差不多相隔了三年时间。

罗安伯在信中说，穆坪的海拔不算高，但冷起来温度跟巴黎差不多。他在这里建立起了一个有12个学生的学校，学生要学两年的拉丁文、三年的神学。

罗安伯在信中还说，这里有许多野生的动植物，如大黄、黑熊、野猪、野牛、狼、麝等。

让人意外的是，罗安伯告诉家人，这里还有一个名叫艾斯科德卡（Escodeca）的先生（传教士），他在七八年前就失去了劳动能力。

艾斯科德卡是谁？他七八年前是从哪些里来的？又是怎么来的？由此看来，外国传教士早就来到穆坪了。

艾斯科德卡、罗安伯工作过的邓池沟天主教堂又是何时建的？罗安伯又为什么要特别标注“穆坪”这个地名？

# 第一章　隐秘的穆坪

## 第一节　穆坪在哪里

穆坪，在今四川省雅安市宝兴县。

一个普通的地名，从明洪武六年（1373年）设穆坪土司，到1928年废土司置宝兴县止，总共555年的历史。

现在，这方土地上也有一个地名叫“穆坪”，只是比以前穆坪土司管辖的地方小多了，即地处宝兴县城的穆坪镇。

但在西方宗教、生物学类的书籍中，穆坪被屡屡提及，还有很多动植物的学名就是以标本采集地“穆坪”来命名的。

罗安伯书信和地图中的“穆坪”在哪里?

自从有了互联网，要查询资料，“百度”检索似乎成了第一选择。

输入“穆坪”，第一条即为“穆坪土司”。

穆坪土司亦称木坪土司、宝兴土司，即穆坪宣慰司，全称即为“穆坪董卜韩胡宣慰使司”。

历史沿革：穆坪在今四川雅安地区宝兴县境内，其地东至木畜三十里，交松坪土千户界；南至泸河六十里，交清溪县界；北至吗列一百二十里，交松坪土千户界；四至共三百三十里，无纳粮差。

明洪武六年（1373年），于灵关以北置“董卜韩胡宣慰使司”，是原部落酋长丹紫江楚，古来领辖其地，后由他领其土司衔，世领其地。

康熙元年（1662年），董卜韩胡土司坚参南喀归诚清王朝，授给其原职，并重新颁发给印信号纸。

乾隆三十年（1765年），再度颁发给号纸，住牧穆坪。明确辖领境内东七百余里至卧龙关，与瓦寺土司为邻，南四十八里至灵关，与天全州交界，西六百余里至色勒库谷交界于冷边土司地，北六百余里至板噶落交沃日土司界地。

乾隆朝金川之役时，该土司随征调派，主要是搬运粮草，并八方游说宣传归顺清朝，很有功绩。穆坪土司最早与明正土司互为联姻，自康熙后期至道光年间，常由一土司来兼二土司职。穆坪土司官衙住今宝兴县城关镇处，宝兴即旧之穆坪土司驻地。由于其地近临内地，是嘉绒十八土司中吸收汉文化较早的一个土司，当地百姓在清末就多有操用汉语和使用汉文记事了。

民国十七年（1928年），“改土归流”，改设“建县筹备处”，后建立宝兴县。

在新编《宝兴县志》[①]“大事记”的第一条：

明·洪武六年（1373年），首领始祖苍旺业卜率部归顺，屡建边功，被召回京师，颁给（束刀）印，授“董卜韩胡宣慰使司”。

众所周知，但凡写史写志，都要尽量往前“追溯”，而《宝兴县志》只追溯到明洪武六年（1373年）。为什么要从洪武六年说起，其实很简单，因为设立了“董卜韩胡宣慰使司”，即穆坪土司的前世。

穆坪土司管辖的地方，穆坪便成了地名。

在此之前，穆坪又是一番什么样的境况？

《华阳国志》是中国现存最早而又基本完整的一部地方志书，是由东晋著名史学家、我国历史地理学的开创者常璩编纂的。《华阳国志》

① 四川省宝兴县地方志编纂委员会：《宝兴县志》，方志出版社2000年版。

成书于公元355年之前，记载了中国今四川、云南、贵州三省及甘肃、陕西、湖北部分地区之远古典籍、神话、传说、沿革、地理、风土及人物史事。

对于四川的过去，今人大多从《华阳国志》中窥探一二。常璩本人生长在四川，为官也在四川，见闻广博，熟悉资料，他吸收了前人成果，所以他编的《华阳国志》具有极高的史料价值。加之编纂得法，内容充实，议论诚笃，结构严谨，历来被人们所推崇。宋代吕大防称“蜀记之可观，未有过于此者”；清代廖寅则说“后有修滇、蜀方志者，据以为典”。历代大多史学家认定该书为地方史志之佳作。直到今天，《华阳国志》仍是我们了解中国西南地区古代历史的最重要的典籍。

穆坪在哪？在《华阳国志·蜀志》中，我们也能找到一些蛛丝马迹。

果然在《华阳国志》中，找到了这样一段话：

（杜宇）自以功德高诸王，乃以褒斜为前门，熊耳、灵关为后户，玉垒、峨眉为城郭，江、潜、绵、洛为池泽，以汶山为畜牧，南中为园苑。

这段话虽然没有直接提到穆坪，但提到了“灵关为后户”，“后户”是什么？就是“后门”，走出后门是什么地方？是穆坪。

公元前700年左右，蚕丛氏在今宝兴县灵关镇立国，到了杜宇王时代，搬到了今天的成都崇州，灵关便成了“后户”。2000多年过去了，灵关的地名一直没有变过。

宝兴县建县历史并不长，1928年建县。今天的宝兴县不但有灵关镇，还有穆坪镇，而在宝兴建县前，也就是从明洪武六年至宝兴建县（1373—1928年）的550多年间，一直是穆坪土司管辖之地。

在交通较为发达的今天，宝兴并不遥远。从成都出发，如果取道京昆高速公路（成都至雅安）、雅叶高速公路（雨城区至天全县多功乡）、再经国道351公路（天全县多功乡至宝兴县城），顶多两个小时就可抵达。虽然路程并不遥远，但我们对宝兴县过去的了解，一直较为模糊。

“后户”以外的事，自然也就管不着了，所以《华阳国志》中，并没有出现“穆坪”。于是咫尺之间的“后户”灵关之外的穆坪，似乎便成了“灯下黑”，既然说不清也道不明，干脆也就不说了。

清康熙元年（1662年），设四川穆坪董卜宣慰司，开始简称穆坪土司，土司署衙设穆坪（今宝兴县城）。1928年，穆坪土司承袭无人，民国政府内政部准将穆坪土司辖地设县，以地富五金矿产，取《礼记·中庸》“宝藏兴焉”之义，定名为宝兴县。

在《宝兴县志·社会风俗篇》中，对邓池沟天主教堂也有记载。

> 清康熙年间，从云南二果山传入，据法国驻成都总领事贝珊称：“查天主教在川以该地设堂为最早。”
>
> 道光十九年（1839年）在邓池沟口设立教堂，并办灵宝学堂，又承垦贡石乡土地1股，在羊村、盐井、邓池沟、陇东、赶羊设立分堂，神甫定期到分堂传教。主教堂一年有4次重要瞻礼——耶稣复活、圣母降临、圣母升天、耶稣降世。此时，各分堂教徒都来邓池沟天主教堂顶礼膜拜。

文字中，有两个时间和一个重要地名。

两个时间，一是清康熙年间天主教传入，二是道光十九年（1839年）设立教堂。康熙在位60年（1662—1722年），是清朝在位时间最长的皇帝，所以“康熙年间”到底是哪一年？我们不得而知。

“道光十九年（1839年）”，时间倒是说得很清楚，但对照罗安伯

罗安伯神父

寄回法国的书信，倒是把邓池沟的历史往后推了9年。

重要地名是云南二果山，多方检索，没有查找到出处。

罗安伯从遥远的法国来到中国，再到大山深处的邓池沟传教，他是怎么来的？是谁带他来的？

从罗安伯的书信中可知他并非到邓池沟天主教堂传教的第一人。

那么，在他之前又是谁？还有谁？而他们又是怎么来到穆坪的？

## 第二节　穆坪考察

在距离成都西南方向230公里便是四川省雅安市宝兴县蜂桶寨国家级保护区，大约3.5小时的车程。

保护区位于四川省雅安市西北部，东邻芦山，南毗天全，西连康定，北接小金，东北与汶川交界，是成都平原与川西高原的过渡带，与省级风景名胜区夹金山形成整体景观。这里是四川盆地西北边缘向青藏高原的过渡地带。地形以山地为主，分属夹金山和九龙顶山脉，地势由西北向东南逐渐降低。境内群山屹立，沟壑纵横，林木葱郁，属于亚热带季风性湿润气候，潮湿多雨、云遮雾罩。茂密的原始森林中，动植物资源也十分丰富，仅维管植物就有164科、566属、1 054种；野生脊椎动物有29目、77科、377个种和亚种。其中有国家一级保护植物1种，二级保护植物5种；一级保护动物9种，二级保护动物33种；以宝兴产地命名模式种及亚种植物有30种，动物有51种。世界第一只大熊猫模式标本即产于宝兴，同时，宝兴也是向国外提供科研与展出活体大熊猫最多的地方，被誉为“大熊猫的故乡”。

距宝兴县县城将近30公里处便是蜂桶寨乡，从盐井乡过宝兴河桥，沿村道上行8公里，盐井乡邓池沟龙门山的半腰间转入一个平台，远远就能看到这座风格独特的木质大屋。教堂坐落在半山腰较为开阔的地带，海拔大约1 780米，视线和景观极佳。

在停车场远看这栋建筑，眼前所见让人有点不敢相信这是一处教堂。外观上它是四川传统的木质穿斗结构合院建筑，坐东南向西北，四面平脊，双坡水屋顶，小青瓦屋面，南侧向西为悬山式翘屋角，四侧前后檐为双挑双吊墩。正面是宽大高耸的门廊，檐廊矗立多根直径为30～40厘米的大柱，采用的是穿斗式结构，门廊显得高大宽阔，如果有人说这是一个大户人家的祠堂，也一定让人深信不疑。

教堂除了在屋顶正脊中堆的地方立了一个十字架的装饰，没有像成都平安桥天主教堂、彭州白鹿镇上书院、崇州元通天主堂、邛崃牟礼天主堂等教堂建筑那样，有着钟楼、尖顶、西式拱券之类较为鲜明的外观特征，几乎看不出和当地传统合院民居建筑有什么两样。如果不是从它

失而复得的“圣母领报堂”匾

门外高悬的“圣母领报堂”牌匾中得知这是一座天主教堂，真会让人以为导航出了问题，走错了地方。

站在教堂所处的山腰向北望去，山下宝兴东河蜿蜒而过，河谷对面是气势磅礴的夹金山。这里地势险要，是过去人们进藏的必经之路之一。

教堂建筑现存大部分为清代建筑。该教堂坐东向西，占地面积3 667平方米，外观看为木穿斗结构的中式四合院，进入教堂便呈现出欧洲哥特式意境。中西合璧的教堂坐东南向西北，东、北、西三面为一楼一底建筑，南侧为礼教堂，堂内10根大圆柱支撑10朵瓜瓣式拱顶篷，整座教堂建筑四周，内檐和外檐均施两挂垂花柱，其雕刻精湛，教堂内则有圆拱天穹，雕刻花窗。

整座建筑是由三组建筑围成“U”字形，同正面的开敞门廊共同形成的一个回字形格局。其中东南、西北两面是一楼一底建筑，二楼有走廊连通，四角檐下设木梯登楼，西南面的单层建筑是礼拜堂，是通经、传教礼拜之地，堂内可容纳约500名教徒同做弥撒。建筑的木柱下均有石质柱础，素面台基，无踏道。教堂建筑造型独特，布局严谨，封闭且高大，气势雄伟。

邓池沟天主教堂

根据教堂纵向布局，主入口设在了山墙面上。由于教堂在整体布局上并不在中轴线的位置，因此教堂的大门也没有开在建筑中轴线位置，而是处在右侧“厢房”的山墙位置，即在前庭西侧三间内。教堂侧面面向内院也开有一个小门，为方便平时内部人员使用。

从中轴线上的大门走进四合院，是一个较为开阔的院子，宽大屋檐和内部的庭院，让“四合头”院落格局形成自然“呼吸”的气流，走入院落中就能明显感觉到气温凉爽了些许。

平时如果不是举办活动，人们都是从院内的小门进入右侧礼拜堂。当你走进礼拜堂的侧门的一霎，会惊叹于眼前突然出现的画面，十根木柱“支撑”着木质的尖券穹顶，把室内空间营造出一个相对较宽的“中厅”和两个较窄的“侧廊”，中厅向端部延伸就是圣坛的位置。阳光从侧壁尖券造型的窗子洒进幽暗的室内。此刻宗教的神圣而庄严的气氛油然而生，令人不敢大声说话。这种全木质结构的哥特式教堂拱顶在天主教堂中所见不多，是外来文化与川西中式建筑结合的产物，是哥特式风格的地域性表达。

礼拜堂内部拱顶曲线优雅，造型顺畅，宏大中不失精巧。整座教堂

邓池沟天主教堂

四合院内便是教堂

建筑四周，内檐和外檐均施两挂垂花柱，雕刻甚为精湛。中间由十根红色木柱支撑，柱头呈现模仿科林斯柱式的造型，但是柱基结构却完全是中式的。与中式建筑所有的木料都要用油漆包裹不同，屋顶的木制穹顶是原木色的，与红色柱子形成了良好的对比，使得空间庄重且大气。可是仔细再观察，会发现边上的柱子落在半高的矮墙上，与穹顶似乎没有形成支撑关系。可以确认这个建筑整体支撑结构还是中式的，里面的哥特式穹顶只是一层装饰，与结构之间还有一层夹层。传统中式建筑的结构与西式教堂的装修在同一建筑中完美融合，一览无遗，这不正是气势不凡的法兰西圣殿与巴蜀庙堂的有趣结合吗?

经历了岁月的洗礼，教堂的部分木构件朽蚀、虫蛀，梁架脱榫，檩条和椽糟朽，构架歪闪，柱与础错位，但整体结构完整，保存较好。

进入21世纪后，2008年发生“5·12”汶川特大地震，2013年发生“4·20”芦山强烈地震，5年两次地震，将修建时间晚于邓池沟天主教堂的彭州白鹿上书院毁于一旦，而邓池沟天主教堂依然矗立在深山中。

白鹿上书院培养了几代神职人员。如今教堂已被废弃，但建筑保留尚好。教堂主体部分损坏，但墙体正面保存完好

深山中的邓池沟天主教堂

## 第三节　洋教入川

为什么在深山中有这么一幢中式院落的天主教堂呢?

历史上总有很多巧合，偶然间的碰撞，也许就会发生“火星撞地球”的事，偶然得让人怀疑世界的真实性。

邓池沟天主教堂也许就诞生在这离奇的“偶然间的碰撞”。

笔者梳理了邓池沟天主教堂历史，也许就是这三个人不经意的“碰撞”，一个在中国史书中都几乎没有出现过的地名，后来因邓池沟天主教堂而频频出现在西方的图书中。

三个人中，其中有两个人有“双子星座”之称，他们是利类思、安文思，另外一个是张献忠，两个不同国家的外国人，一个中国人。

三个人三个国家，却被一个小地方联系在了一起。这个地方，就是今天的四川省雅安市芦山县大川镇。

是什么原因让他们“碰撞”在了一起?

先从“双子星座”入川传教说起。

要说利类思和安文思入川传教，还得从天主教进入中国开始说起。

天主教在中国有悠久的历史，最早可以追溯到唐朝。由聂斯脱利派传入，在唐代称之为景教。在明朝天启三年（1623年），“大秦景教流行中国碑”在西安出土。据碑上记载着，基督教聂斯脱利派在唐贞观九年（635年）传入中国。碑文内容简略叙述了基督教基本教义以及阿罗本主教来华后，景教在唐朝太宗、高宗、玄宗、肃宗、代宗、德宗多代帝王优待下的发展过程。此外，碑文中对六位皇帝不吝赞颂之词，也记载了有关唐朝景教的七种文献300多年后在甘肃被发现的史实。这些资料足以证明，在1 300多年前基督教就开始在中国传播，而且在唐朝发展了200多年。会昌五年（845年）唐武宗下诏“灭佛”，景教同时被禁，基督教在中国的第一次传教最终以失败告终。

大秦景教流行中国碑

基督教再次传入中国地区是在元代，而且盛行一时。11世纪下半叶，经过辽朝统治者的允许，基督教在中国的北方重新出现。到了13世纪中叶，随着蒙古族入主中原，基督教在中原地区重新流传。元代时基督教分为两支，一支是唐代习称的景教——聂斯脱利派的东方教会。由于成吉思汗及其继承者西征，打通中亚、蒙古诸地交通，使景教在中国重新复苏。另一支方济会是受罗马天主教会派遣来中国传教的，“也里可温”是元朝蒙古人对他们的统称。因十字架为两派标志，故又称“十字教”，称教堂为“十字寺”。基督教有元朝统治者的支持，依附元朝的政治势力，在当时几乎遍及全国。也因此，基督教随着元朝的兴旺而发展迅速，14世纪中后期随着元朝的覆灭而衰落绝迹。

明清之际，由于西方宗教改革运动以后基督教新教的兴起，罗马天主教在欧洲传播受阻，便试图开始向东方传教。明代中期，天主教伴随着殖民势力葡萄牙在东方的发展，重新在中国取得了传教的机会，基督教拉开了在中国第三次传播的序幕。在此期间，耶稣会的影响和势力最大。

1582年，耶稣会教士利玛窦来华，他是最先到达明朝京城，获得合法的传教地位的传教士。他传教时顺应中国传统文化及社会习俗，同时向中国介绍了大量的科学技术知识和西方宗教理论，在他的带领下，许多城市都建立了天主教堂，信教人数也不断增多。利玛窦去世后，由意大利西西里人龙华民接管中国天主教教务。他禁止教徒参加中国传统仪式活动，如祭祖、拜孔等。因而，引起人们的反感，反教风波也随之产生。

1616年12月28日，明朝天启皇帝颁发禁教令。但明末因边防告急，需要西方传教士的帮助，被驱逐的传教士又被召回。至崇祯末年，天主教已传入我国13个省。清兵入关后，随着明王朝的灭亡，基督教在宫廷中的传播前功尽弃，但在民间的传播一直持续到清朝初期。清康熙中叶以后，天主教内发生了“礼仪之争”，教皇于1704年发布禁止中国天主教徒遵循中国传统习俗的政令。康熙认为这是干涉中国内政，因此在1720年批示“禁止天主教在中国传播”。

雍正、乾隆、嘉庆、道光四朝帝王也一直实施禁教政策，史称“百年禁教”，天主教在中国几近绝迹。

但在芦山县大川的深山中，明末清初传入这里的天主教“火种”却一直没有熄灭。

来华耶稣会士利类思和安文思不仅是天主教在四川的开教者，而且也是唯一进入张献忠“大西政权”的传教士。

在风云际会的明末清初这一时期，“双子星座”在有意无意间，深深卷入了中国历史与思想的发展进程之中，他们所留下的文献，至今依然是研究明清之际张献忠在四川活动的十分重要的材料。

因为没有张献忠在成都建立“大西政权”，利类思和安文思也许就不会逃到与邓池沟一山之隔的“天全大山中”，也许也不会进入清廷。有意思的是，“双子星座”在这一时期留下了大量的文字记载。

在17世纪来华的欧洲传教士中，利类思（Lodovico Buglio）和安文思（Gabriel de Magalhães）神父的地位和功绩并不十分显赫。但在中国天主教明清时期传教史中，却是不能忽略的重要人物。

正是他们将天主教引入“大山中”，不仅让天主教得到了“喘息”的机会，同时也为后世阿尔芒·戴维在中国的“旅行考察”提供了极大的方便——当年的传教路，成了后世的科考路，邓池沟天主教堂，从单纯的宗教殿堂，成为后世的宗教和科学、文化的“殿堂”。

利类思，是意大利西西里岛莫乃奥（Moneo）人。

1606年1月26日，他生于一个贵族家庭，1635年4月13日离开欧洲启程东行，1636年到达澳门，1937年离开澳门进入内陆，在南昌学习中国语言。利类思学习汉语十分刻苦，进行了大量的强化训练，因而他的学习速度较一般的外国人快了许多，“他不允许任何事物阻挡他的学习进度，为了强化记忆，甚至用汉字装饰卧室的墙壁和书架”。三年后，他的汉语已经达到了很高的水平。

安文思，葡萄牙人。1610年生于科英布拉附近的佩德罗高镇，为葡萄牙著名航海世家麦哲伦的后裔。1634年3月21日启程并于同年到达印度果阿，1639年抵达澳门，后到杭州学习中文。

利类思入川前在江南传教，曾进京助修历法，在京中与大员刘宇亮相识。刘宇亮在崇祯十年（1637）做宰相，是四川绵竹县人，虽未奉教，却极敬慕西方修士。刘宇亮人称“刘阁老”，他们相处极为融洽。

刘宇亮给利类思介绍四川“天府之国，田肥美，民殷富”，并请利神父到四川开教。利类思十分向往，于是他们一拍即合，他决定入川传教。

刘宇亮不但派人护送，还给四川官员写信，请他们给予利类思关照。

1640年，利类思手持刘宇亮的介绍信，踏上了入川之路。

刘宇亮的信函，有写给好友的：

> 致函川督及各当道，游扬利君之贤。

也有写给家人的：

> 饬在成都省垣本府第内，另备馆舍，招待利君。

信中说的“利君”，显然就是利类思。

凭着刘宇亮的大力“引荐”，利类思到了成都，如入“天堂”。不但有了住处，一来就拥有了众多的“朋友圈”。

利类思住进了刘宇亮府中，并与城中士大夫结识。

> 为利君将中堂装饰一新，堂中悬救世主及圣母像，设祭台，上置黄蜡烛台及各花草，宛如圣堂然。利司铎常在此处，不独向各绅宦讲论圣教道理，而各等人民来游玩者亦为之讲道（成都人士从未见经堂，闻风来观者殊不乏人）。听者皆乐而忘倦。于是进教者实繁有徒。

8个月后，利类思通过传教，很快就积累了一定的财富，于是他在成都城中购买了一处大房子，既作为住院，同时又把最好的大厅辟为教堂。

利类思虽只身一人到四川成都开教，但他工作十分勤奋，教务发展很快。当年，他为30名由他在地方上挑选来的对象付了圣洗，成为该地教会的基本力量。其中有一位翰林，洗名为伯多禄，学识渊博，又是明室皇亲，在成都很有影响力，经他劝化，不但他一家老小都领洗入教，他的亲朋好友也纷纷入教。

“榜样”的力量自然是无穷的。其他人都跟着仿效入教。利类思四处奔走，很快四川各大中城市都有了不少的教徒。没有助手的利类思，显然一个人已应付不过来，他只得向教会发出求助信息。

于是，在杭州学习中文的安文思神父得知这一情况后，请求前往四川，“去照顾协助”利类思神父。

安文思的请求很快获得了批准，他踏上了前往四川的旅程。

安文思是什么时候启程的，没有查到，但到达成都准确的时间是：1642年8月。

安文思且行且记，他对四川省进行了详细的描述。在他看来：

> 四川是这个国家最富裕的省份之一，优越的地理位置也非常利于传教。在那里，不仅可以将基督教传到广西、云南、贵州三个省，还可以辐射周边的国家。四川是新的传教领域的起点。

安文思的到来，让在成都传教的利类思神父有如虎添翼之感。

后世有人评价他们两人在四川的传教：

> 往往出生入死，如得神助。

谁也想不到的是，从此，他们的命运紧紧联系在一起了，他们在一起共同生活、工作了35年。

利类思和安文思，虽然是来自欧洲两个不同国家、不同民族的神父，但来华以后，特别是到四川以后，两人的生活、经历都被完全捆绑在了一起，不论是传教，还是为中国政权服务，甚至遭受种种灾难和痛苦，他们都生死与共，从未分离。

在“双子星座”的发动下，四川的教友群体很快发展到较大规模。“利不离安，安不离利”。他们不仅出身相近，学历、经历相同，就连死后墓志铭的评价也大体一致，在当时人眼中，“利”“安”几乎已成为一个“合体”。他们两人共同生活在一起的时间至少35年。这在早期来华的传教士中，恐怕是耶稣会记录中唯一合作共处时间长达数十年的。

在当时社会开放的上层士绅中出现一种“赶时髦”的现象，以入教受洗为荣，故当时四川官绅的入教还应是一种“时尚”的追求。

开教如此顺利，完全出乎安文思、利类思的意料。

除了刘宇亮最初的引荐外，两位神父还得到了从北京刚到成都任职的成都知县吴继善的保护和帮助。他们充分利用刘宇亮、吴继善给他们搭建的上层路线，通过“榜样的力量”，实现了“滚雪球”发展。仅仅两年时间，四川接受洗礼的教徒就达到了230人。

但好景不长，就在利类思、安文思沉醉于他们的幻想世界时，命运的“拐点”已悄然出现。

崇祯十六年（1643），成都发生了一场大规模的道教与天主教的冲突，参加反天主教的人士多达6 000多人。但这一场风暴很快就平息了下来，两位神父取得了胜利。

这一次反教运动，是继万历四十四年（1616）南京教案及崇祯十年（1637）福建教案之后的第三次大规模的教案，参加反教运动人数最终达数千人，涉及社会层面广泛。

“双子星座”取得胜利的背后依然离不开官府的支持。

吴继善一上任就拜访了利类思。在吴继善等人的支持和保护下，反天主教的风暴很快就平息了下来。四川天主教又获得了一段平稳发展的时期。但时间很短，随着明朝灭亡，清人入关，张献忠在成都建立大西国——接连不断的社会动荡，利类思、安文思两位神父的“传教事业”自然大受影响，险些遭受“灭顶之灾”。

于是，大川——一个在四川传教史上绕不过的地方出现了。

## 第四节　避难大川

“双子星座”入川传教，正是明末农民起义风起云涌之时。1644年，李自成攻占西安，建立大顺政权，后占领北京，明朝灭亡，随后清人入关。

> 流寇纷纷入蜀，天下鼎沸。明室沦亡，四川一省，被祸最烈。

1643年12月，张献忠部自湖北荆河口搭浮桥渡河，入荆州；1644年6月，张献忠相继攻陷四川涪州及泸州，当月底破重庆，两个月后，张献忠部包围了成都。

在利类思撰写的《安文思传略》中记载：

> 不久后，他们面临比前次更可怕的迫害。因为反叛者张献忠率一支大军，用火和屠杀扫荡了所至之处，逼近省城，意欲成为当地的主宰。因此，许多百姓逃往山中避难。

二位神父自然也在其中，他们要做的只有一件事，那就是寻找一个安宁的地方躲起来，等待这场动乱结束后，重操旧业。

城中百姓人心惶惶，大有朝不保夕之虞。

大难将临，各自逃走，其中就有300多教友逃难到天全土司管辖的大山中。避难教友大多拖家带口，举家迁到大山避难。很快在大山中形成了一个天主教徒社区——“教徒村”。

教徒逃难了，两位神父自然也待不住了，他们也跟着教友的脚步艰难地逃出了成都，向着大山直奔而去。

古洛东在《圣教入川记》中，有详细的记载：

> 成都百姓无日不闻献忠贼残虐，惨杀无辜，愈为恐怖，人心惶惶，大有朝不保夕之处。城中百姓见大难将临，各皆逃走，教友亦多奔难天全山中。利、安二司铎见事不佳，亦作暂避之计，即将圣堂托安当看守。二位神父妥备一切，即往绵竹县，寓刘阁老府第。此时刘阁老已死矣。利、安二神父在绵竹亦受危险，盖是土匪作乱，互相报仇，数千土匪涌入绵竹，掳杀兼施，全城大乱。阁老之家人二名，恐二神父落入乱民之手，将遭不测，乃于更深夜静，用索将二神父及安当先生由城墙吊下，逃往他方。
>
> 安当先生因成都王府中人肇事，致将神父住所损毁，乃逃往神父处，故此时亦在绵竹。利、安二神父黑夜奔驰，大受艰辛。次日，欲买舟由大江出省到南京。不幸张献忠在各河道及各要隘均一一派人防守，不准人民往来。二神父不得已逃奔天全山中，遇一城而居焉。

山在哪？城又在哪？

文中说“天全山中”，城则在“山中”。

“山中”的“城”，即今天的芦山县大川镇。

今天的大川镇面积有好几百平方公里，占了整个芦山县总面积将近一半。但大川镇的人口不多，如今也只有六七千人。

据《天全州志》（咸丰八年）记载，当时大川属天全州灵关乡，而天全州当时有三乡共18大村、51小村。利类思、安文思“遇一城而居焉”的“城”，其实就是天全州灵关乡的冷砧村（大村）大川（小村）。逃难到一个小得不能再小的村，说来也许是件羞于开口的事，但又无法回避，于是只得含含糊糊地“指鹿为马”，说是“城”了。

《圣教入川记》（1918年由圣家书局出版，1981年4月由四川人民出版社再版）恰好记载了这一段史实。

张献忠入蜀，完全打破了利类思、安文思二位神父的传教计划，为了躲避暴虐的张献忠，他们不得不放弃成都的住院与教堂，颠沛流离，四处奔波，最后躲进一座位于大山之中的“城”中。

《圣教入川记》成书时间，与当年“逃难”的时间，已相隔了200多年。对当年利类思、安文思“落难”的“城”自然有一番考证。

这座城市即属于当时雅州府的天全州。

不知此城名谁？

有前指天全州里。此说可信。因成都大乱，教友多奔避山中，至今相传这是天全州地也。故二神父亦逃往该城，与教友同住一处也。此时四川教友多在山中，买地不少，又有圣名之称谓，有名若瑟湾才，有名圣母坝者，皆昔时教友之地也。

《圣教入川记》的作者，是被张献忠封为“天学国师”的西方传教士利类思和安文思。

由于他们都是张献忠制造四川大屠杀的目击证人。因此他们所撰写的《圣教入川记》也应该说最具有权威性。国内长期不知此书，直到1917年上海教会的法国传教士古洛东（Gourdon）才把它翻译成中文。其中最有价值的是利类思、安文思两名传教士的口述。

《圣教入川记》的翻译者古洛东也是一个法国人。1866年，古洛东由巴黎外方传教会派往中国，在重庆从事教会活动。

在重庆传教期间，古洛东开始翻译此书。

《圣教入川记》是研究四川近代天主教传教史和四川地方史的重要参考书。该书主要记叙天主教在四川的活动，其中包括明朝末年天主教传入四川的最初情形、清初四川地区教徒的概况、外国传教士的活动、四川人民反洋教的斗争，同时也记载了一些明末清初四川政治、经济、文化等方面的情况以及明末张献忠制造四川大屠杀的详细经过。

大川原是天全土司的辖地，就是邛崃市的背后。从成都到大川，不需要经过雅安、天全，从成都到大川有一条小路直通。

在当时，大川虽是一个小山村，但与今邛崃、大邑山水相连，仅一山之隔，是一个避难的好地方。

从成都到邛崃，出邛州城西门，沿西河经马湖、油榨等地后，翻越南宝山，就进入了大川河谷地带，大川就坐落在大川河谷中。当年从成都到大川，只需要两三天的路程。

如今，已有公路相通，从成都出发往返大川只需半天时间。

大川村有一小乡场叫三汇场，逢农历四、七、十赶场。三汇场因地处大川河、小河子、草坪溪等河流交汇处得名。中华人民共和国成立后不久（1951年1月），大川划归芦山县管辖，并以大川河为界，分为大川、快乐两个乡。几经变迁，快乐乡并入大川乡，后成为大川镇。

中华人民共和国成立之初，三汇场有住户70户共200余人，其中商户14户共70余人。

一个数千人的山乡自然算不上是一座“城”，这里地处西岭雪山腹地，前后都是山。翻越瓮顶山（大瓮顶），可至穆坪邓池沟，再往里走，可到打箭炉（今甘孜藏族自治州康定市）、懋功（今阿坝藏族羌族自治州小金县）藏族聚居区一带。川西物资进入康定、小金等藏族聚居区，一条快捷通道经过这里。大川三汇场就成了这条通道的“枢纽”，进可到成都，退可到藏族聚居区，是一个可进可退之地。

更关键的是，大川地广人稀，靠山吃山，就是不种粮食，大山里也有着无穷无尽的食物来源，算得上是一个能“安身立命”的富庶之地。

在利类思、安文思眼里，大川无疑是一个“避难”的最佳场所。说是“城”，虽有些夸张，但对于“逃难”者来说，一个不愁吃不愁喝的地方，自然是一个好地方。

不仅于此，这里离天全州土司衙门很远，由于山高路远，来回一趟，即使什么事不干，也要走上七八天，天全州的土司根本管不过来，对大川的管理自然是有心无力。久而久之，大川便成了一个无人管理的“权力真空”地带。

咸丰八年刊印的《天全州志》记载：

> （大川）山路崎岖，悬崖峻峭，蚕丛汗菜，飞鸟不通。凡有命案重件，只抬来相验，令书役经理其事。地方官有四五年不到者。

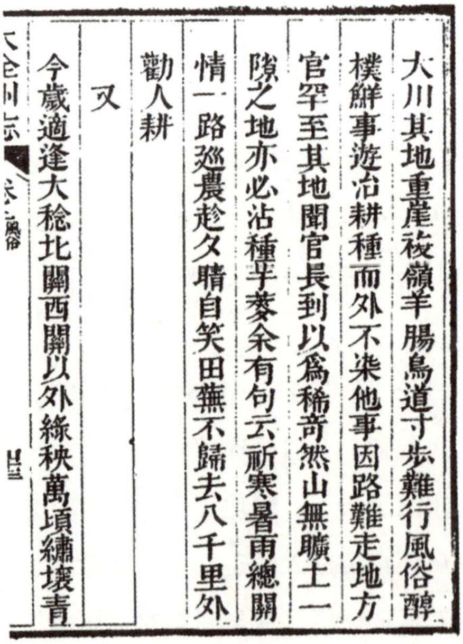

大川其地重崖複嶺羊腸鳥道寸步難行風俗醇樸鮮事遊冶耕種而外不染他事因路難走地方官罕至其地間官長到以爲稀奇然山無曠土一隙之地亦必沾種芋麥余有句云祈寒暑雨總關情一路巡農趁夕晴自笑田蕪不歸去八千里外勸人耕

又

今歲適逢大稔北關西關以外緜秧萬頃繡壤青

《天全州志》记载

冷砧村离天全州治二百里，《天全州志》刊印的时间是咸丰八年，即1858年，离利类思、安文思逃难的时间已过了两百多年，这里依然是“地方官有四五年不到者”，山高皇帝远，便给了天主教一个“宽松”的传教环境。

《芦山县志（民国版）》（1943年出版）也有内容几乎相同的记载：

> 盗匪出没之地，宰天全者，实有鞭长莫及之势。不但该地居民受害甚巨，芦山境内影响亦深甚。或遇事变，群起而出，杀官劫狱，横行无忌。该地实烟匪聚会之地，复查该地远离天全，学务团务暨一切要政，诸多废驰。

可想而知，当年利类思、安文思逃难到一个无人管理、有吃有喝、教徒甚多的地方，惊魂未定的他们无疑进入了“洞天福地”。

于是，刚安顿下来，他们便开始在这里传教。

1644年8月，张献忠攻占成都，当年11月6日，张献忠在蜀王府宣告建立大西政权，即大西国，改元“大顺”称帝，以成都为西京。不久，便召见利类思、安文思进京（成都）。

> 献忠性情残暴，稍有不顺，狂怒随之，或刑或杀，视人命如草芥。故当时之人因不虐不过，均称之为人面兽心。后利、安二位司铎见献忠残虐如此，殊觉不安，屡被召见，皆先预备，如赴杀场。
>
> 献忠命令，不敢有违。遂同来使不分昼夜趋赴成都。

随后不久，张献忠派人到大川，将利类思、安文思迎接回成都。

利类思、安文思为什么入了张献忠法眼？张献忠又是如何知道利类思、安文思逃到大山中躲藏的？

原因是吴继善又在为他们“说话”了。明朝灭亡后，前朝成都知县吴继善归顺了张献忠，被任命为“礼部尚书”。

当了大官的吴继善心系利类思、安文思的安危，自然不能让朋友长时间地东躲西藏。

张献忠占据成都后，自然出现了一段时间的“权力真空”，明政权已失去其合法性，而皇室的地方代表——蜀王已自尽。对许多明代的前朝官员来说，“西王”建立的新中央政权，是他们继续政治生涯的机会，耶稣会士的记述甚至称许多人认同了张献忠为新王朝的建立者。吴继善任成都县令时，在与本土传统力量起冲突过程中，他曾保护过耶稣会。经多方打听，吴继善得知利类思、安文思藏在大川后，“苟富贵，勿相忘”，颇有“江湖义气”的他便将两位神父推荐给了张献忠，他说利类思、安文思是不可多得的人才。

《圣教入川记》是这样说的：

> 继善上书献忠，极赞二位司铎才德兼优，现驻附近天全山中，若迎二人出山匡助国事，必有可观。

张献忠一听，“龙颜”大悦。能“匡助国事”的人，自然要重用，怎么能让他们躲藏在大山中呢。

张献忠自崇祯三年（1630）起兵，至崇祯十七年（1644）的十余年间，纵横陕西、河南、湖广、山西、江北、四川数省，而这一时期正是天主教在中国传教的高峰期，他虽然没有直接与欧洲传教士亲自接触和交往，但对各地传教士之事一定有所耳闻，特别是对“西士利玛窦前在北京，为万历皇帝所器重，为国出力”之事更是熟知。再加上吴继善到成都赴任，在北京与汤若望神父有过一段时间的相处，彼此十分熟悉，而且对汤若望神父的数学和历法十分佩服，知汤若望神父在清宫中具有很高的声望。因此吴继善向张献忠建议让利类思、安文思二位神父进入礼部下属的钦天监。

张献忠对利类思、安文思二人十分重视，马上让吴继善派遣礼部官员前往大川找到他们的下落，并迎回成都。

遂发命令，遣礼部之官往迎之。

虽然大川地盘大，但人口并不多，两位洋人也很显眼，礼部官员很快就找到了他们，于是日夜兼程地将他们迎接回了成都。

两人到了成都后，旋即得到了张献忠接见。

张献忠问欧洲各国政事，二人对答如流。

张献忠听到了许多闻所未闻的“洋知识”，十分高兴，不仅赐予两人银两，给他们分配住所，将两人封为“天学国师”，还给他们画了一个“大饼”：等到平定全国之后，他会在全国修建礼拜天主的大教堂。

《圣教入川记》是这样记载的：

问泰西各国政事，两位司铎应对如流。献忠大悦，待以上宾之礼，请二位司铎驻成都，以便顾问。并令遵己命，同享国福。且许将来辅助教会，国家太平之后，由库给赀，建修华丽大堂，崇祀天地之主，使中国人民敬神者有所遵循云云。二司铎唯唯而退。

两位神父回到住所后，张献忠又命官员送去礼物。

携点心各色、绸缎数匹、白银百六十两、袍套各二送至司铎处。二位司铎除未收袍套外，余皆照华礼拜受。

据《1647年耶稣会中国年报》记载，这次会见后，张献忠还赐给了两位神父一块赞扬《圣经》的牌匾。

在张献忠的威逼利诱下，利类思、安文思只得领受了大西国的"重礼"——穿上了大西国的朝服。

两位洋人便身着官袍，成为大西政权中地位显赫的"天学国师"。

1645年新春，张献忠给两位"天学国师"下令：制造天象仪和地球仪。

利类思、安文思随即便开始为张献忠修订历法，造天球、地球。经过8个多月的日夜奋战，天球、地球终于完工。

> 按二球之大，须二人围之。天球有各星宿及部位，七政星官环列其上，配以中国天文家所演各畜类；又分二十八星宿，以合中国天文家之天图。而地球分五大部洲，国名、省名、城市及名山大川历历可数，经线、纬线、南北两极与黄道、赤道、南北温带线无不具备。至于日晷，列有黄道午线及十二星官与各度数，日月轨道如何而明，岁时因何而定，了如指掌。
>
> 见者莫不称奇，献忠尤为称美，视若异宝。饬令将天、地球仪排列宫中大殿上，以壮观瞻。又令厚赏司铎。

在《圣教入川记》中，寥寥数语，不仅把利类思、安文思制作的天球仪、地球仪介绍得十分明白，而且还告诉我们，天球、地球深得张献忠喜爱。

为什么张献忠如此喜爱天球、地球？称帝的张献忠想的是早晨醒来，睁眼就能看到世界。也许在张献忠眼里，拥有了地球和宇宙的人，自然也就是"天子"了。

更让人难以置信的是，在张献忠军营中，利类思、安文思依然不忘传教。

他们首先在蜀王府发展了教徒150人，其中就有张献忠的岳父。张献忠的岳父带领全家老幼32人信教，甚至还在家中设了圣堂。

利类思、安文思深处宫中，但心系传教。尤其对他们曾经避难的天全州特别关注。

卧榻之旁，岂容他人鼾睡。张献忠自然视近在眼皮底下的天全州为眼中钉、肉中刺。当时从成都逃到邛州（今邛崃市）、天全州的明朝宗室成员及富豪甚多，他们跑了，跑去的地方跟利类思、安文思一样，都是大川。他们走了，自然也带走了大量的财富。大西国刚“开张”，国库银两不多，急需补充。

于是，张献忠的眼光盯在了天全，盯在了携带家产逃难的教友身上。

而近在咫尺的天全州全境成为大西国权力的“真空地带”，张献忠自然不允许这样的情况存在。在他看来，一旦天全州归顺了，便可以不断掠夺他们的钱财，而且还消除了“权力真空”地带，一举多得。

此时，张献忠又想到了能“匡助国事”的利类思和安文思。

张献忠认为“天学国师”无所不能，能人就应该多干事，多干大事。于是，他下令让“天学国师”制造一门“红夷大炮”。利类思和安文思这下傻眼了，一双能制造出天球、地球仪的手，未必就能把枪炮造出来。但他们不敢不造。毕竟造不造是态度问题，“红夷大炮”打不打得响是水平问题。

最终他们也造出了一门硕大的“红夷大炮”，但毕竟这是另外一门专业，是他们依靠记忆中大炮的样子，“照葫芦画瓢”制造出来的。

此时刚好遇上彭州民众造反，正好就有了试炮的时机。

大炮装上大车，看上去依然威风。遗憾的是成都街道太窄，炮车出城都很困难，更别说上山了。于是拆房子修大道，经过一番折腾，大炮好不容易拉到了他们逃难歇过脚的彭州时，不料炮车压垮了大路，结果就连炮带车滚落下了山沟。

大炮一炮未发，便摔成了一堆破铜烂铁。

大炮出了意外，责任不在利类思、安文思身上。张献忠倒没有过多计较，也没有责罚他们。

大炮能不能打响自然不得而知，利类思、安文思有惊无险地躲过了一劫。

最让利类思、安文思感到安慰的是，尽管征讨数年，天全州土司依然固守不降。虽然大西国号称：

纵越高山大谷，有匿崖洞者，举火熏之。

事实上，大西国的军队并没有打进大川，尽管风云变幻，总算给了逃难在大川的教徒一块生存和发展之地。

但在靠近大川的邛州天台山，留下了藏有数百僧人骸骨的“万人坑”，相传是张献忠剿杀后形成的。

在邛州和大川交界的南宝山下，还留下了带有时代特征的“大胡椒”（大胡剿）、“小胡椒”（小胡剿）等地名。

张献忠的残暴让利类思、安文思不寒而栗。最终礼部尚书吴继善也死在了张献忠的手上。安文思在《有关四川省和基督教传教事业的丧失及利类思、安文思神父俘囚经历的纪述》中记载了此事：

礼部尚书吴继善因为撰写的一篇冬至祭天文不合暴君之意，便受到鞭杖、酷刑，而且被活活割成碎片。

利类思、安文思在四川传教一次次逢凶化吉的背后，实际上离不开吴继善的全力支持。吴继善死了，利类思、安文思自然失去了庇护，但他们无处可逃，整天提心吊胆，生怕张献忠的屠刀落在他们头上。

1646年秋，张献忠决定放弃四川，率其军队返回老家陕西。安排利类思、安文思随军向北而行。

1647年正月初，张献忠大军行至西充，突遇清朝肃亲王豪格的5人骑兵小队骚扰。张献忠很不以为然，大军面前，区区5人，何足挂齿。张献忠没有穿上铠甲就走出大帐。

结果迎接他的正是一阵乱箭，张献忠刚出大帐就中箭倒地，痛得他满地打滚，不久就一动也不动了。

利类思、安文思一直待在张献忠身边，亲眼见证了一代暴君张献忠的死亡。

在《圣教入川记》书中，自然也有记载。利类思、安文思目睹了张献忠的中箭和死亡过程，为张献忠的结局提供了一份宝贵的资料：

> 有探兵入营告急，谓满兵马队五人已到营外对面高山矣。献忠闻警，不问详细是否果系满兵马队，随即骑马出营。未穿盔甲，也未携长枪，除短矛外，别无他物，同小卒七八名及太监一人奔出营外，探听满兵虚实。至一小岗上，正探看之际，突然一箭飞来，正中献忠肩下，由左旁射入，直透其心，顿时倒地，鲜血长流。献忠在血上乱滚，痛极而亡。
>
> 太监见献忠已亡，先奔回大营，高声叫道："大王已被射死！"声震各营，一时大乱。各营军队不击自散，各奔一方。二位司铎见守自己之兵已去，仓皇失措，不得已随之逃避。

大西国灭亡，走投无路的利类思、安文思只得向清军首领豪格亲王投诚，后来被押解进京。

"战俘"神父的苦难尚未结束，好在汤若望出现在了他们面前。豪格亲王刚好是汤若望的友人，免他们不死，并且把他们交给两名军官，并要求善待他们。

他们不得不跟随他们新的主子进行余下的征战。大约在1648年初，利类思、安文思到达北京。最终靠着汤若望的脸面，他们获允留在了北京。

几番辗转，利类思、安文思后来被顺治帝接见，两人献上自鸣钟等西方物品，获赐银米和一座房屋。后经豪格亲王家人和佟家的捐款，1662年，两人建立起一座西式教堂，其建筑风格为爱奥尼亚式，名为“救世主堂”，又称“圣若瑟堂”，俗称“东堂”。后来，“东堂”成为葡萄牙传教团在北京的中心据点。

利类思、安文思先是在成都开教，后到北京传教，继续从事传教和为清廷服务的工作。

安文思到北京一住就是29年。

皇城内有二十座宫殿，它们从北到南呈一线。

“客居”北京的安文思在北京又有了新发现。安文思对北京相当熟悉，这里犹如他的第二故乡。1688年，安文思在巴黎出版了《中国新史》一书，书中对北京城市中轴线有非常详细的记载。他掌握了皇城、宫城中轴对称的建筑特点，沿中轴线逐一介绍皇城、宫城的主要建筑，指出了其系统化、有秩序的城市规划意图。

北京作为“东方文明的交汇点”，其所展现的宏大与辉煌，对欧洲充满着巨大吸引力。而南达永定门，北到钟鼓楼的中轴线，以其恢宏大气的建筑形象和空间气度，给海外使者留下了深刻印象。经过安文思等人的传播，中国城市规划中轴线的理念对欧洲的城市规划产生了深刻影响。欧洲各大城市在近现代化的进程中，纷纷寻找与建立象征城市新形象的城市轴线。

1677年5月6日，安文思去世，享年66岁。康熙皇帝赐予其200两银子、10匹绸缎，评价安文思“无不竭力”“质朴夙着”，随后为他举行了葬礼。1682年10月7日，利类思去世，清廷为他举行了与安文思同样规格的葬礼。

话又说回来，利类思、安文思虽然离开大川后，再也没有到过大川，但当年饱受逃难之苦的其他教徒留了下来。

这些教徒不仅在大川繁衍生息，还给后世传教打下了深厚的基础。

# 第二章　平静的穆坪

## 第一节　求助土司

17世纪中叶，一个法国传教团——巴黎外方传教会成立，主要致力于中国和南亚的天主教传教。在随后的18世纪，中国西南地区是巴黎外方传教会传教的重点区域。

1702年，一个叫白日升的传教士到了成都，此时正值康熙朝的中后期，由于康熙优礼来华传教士，当时的传教氛围比较宽松，白日升的身影出现在了雅安这片土地上，他给后人留下了一部《白日升书信集》。

在白日升的信中，就有他与雅州天全土司交往的记载，对于研究土司时代的天全，很有价值。

天全土司虽然不大过问外国传教士在大川的具体事务，但对于外国传教士在大川一带的活动，还是多少有些耳闻。

1706年4月，白日升举行了一次康熙帝万寿节庆的斋戒祷告仪式，四川巡抚能泰等成都官员均来天主堂叩拜天主像，为康熙帝祈福。此事在成都影响甚大，远近传播。

3个月后，白日升收到了一封信，是天全土司高一柱写来的。信中说他对天主教很有好感和兴趣，邀请白日升前往天全晤谈。

白日升一看，大喜。他认为这是巴黎外方教会进入川西土司地区的一次大好机会。他在日记中兴奋地写道：

天主为我们打开的一扇绝妙大门。

在此之前，安文思对天全土司早有认识。在他的《中国新史》一书中，对天全土司已有相关记载。

当年，安文思和利类思逃到天全大山中，他们不仅知道天全州的高、杨土司，还对中国土司制度进行过一番认真的研究。在北京期间，安文思撰写了另外一本书《中国新史》。

> 在这个帝国的城镇中，有一些在云南、贵州、广西和四川省，它们不向皇帝纳贡，也不归顺他，而是由特别的王公统治。这些城镇大部分有高山悬崖环绕，好像是大自然格外赐予它们的防御工事。山岭之间是几天旅程的田地和平原，从那里可以看第一等和第二等的城市及许多乡镇村落。中国人把这些王公叫作土司。

不久，白日升带了四名助手从成都启程，欣然赴邀，经过雅州时，他还在雅安城区购置了一处房产，打算作为在雅州传教的大本营。走走停停，11天后，他们才抵达天全土司衙门。

天全土司高一柱，在乾隆版的《雅州府志》中有小传记载。

> 国朝高一柱，际泰子，字梅坡。临政安静，遇人以礼，颇尚儒雅。十九年，征取小关山，建昌立功赏赉有加。著有《漫吟诗草》。

在康熙朝《实录》的记载中，高一柱曾因事革职，戴罪暂理土司职，后因从征讨打箭炉有功，才得以官复原职，重任天全招讨使。1706年，高一柱已经72岁，年逾古稀，似乎还壮志未酬。

白日升的到来，高一柱予以热情款待，多次在土司衙署会见白日升，白日升也认真地为他讲解教义。

白日升很快发现这位土司其实对天主教教义兴趣不大，当神父讲道时，高土司常顾左右而言他。经过进一步了解，白日升这才知道，高土司平日沉溺道术，雅好炼丹，期望炼出黄金和长生丹药。

由于高一柱长期荒于政事，服食铅汞，炼丹炉已所费不赀，身边还养着一批“江湖术士”，耗费了大量金钱，因而入不敷出，四处借贷，以致债主盈门，令其平日只能躲在府中，不敢出门。

无计可施之时，土司身边的一位方士，游历甚广，还有一些见识。于是，他游说高一柱，说北京宫中有一位大西洋教士南怀仁，神通广大，被当今皇上奉为上宾。如今成都的这位白先生，也来自大西洋，想来也有法术，不妨请来天全，加以礼遇，也许会大有好处。高一柱听信了此人意见，于是写信邀请白日升来天全一晤。

高一柱见白神父只讲高深教义，对自己的处境全无实际好处，也就怠慢下来。

白日升了解了事情的原委后，不免有些失望，逗留了15天后，便告辞离去。

白日升此行，尽管未能达成预期的目的，却为后来巴黎外方传教会在雅州传教开了先河，也不能说一无所获。

从已披露的《白日升书信集》内容来看，没有关于白日升是否到过大川、邓池沟的记载，但在他离开四川后，他的学生李安德的日记中明确记载了李安德的活动范围“西至穆坪”。

白日升之后，管理四川教区的神父是李安德，他在四川的活动时间，前后加起来长达46年，足迹遍布四川各道府州县。当时，巴黎外方教会制定了严格的传教报告制度，因此，神父在四川活动的情况基本上都被记录下来，至今这些报告仍保存在巴黎外方教会和档案馆中。其中《李安德日记》是最为完整的记录。

李安德（1695—1774年），陕西汉中人，他是白日升的弟子。1703年，8岁的李安德就跟随白日升修习天主教。1734年，他主持四川教务工作。此时，正会值雍正禁教时期，传教活动从公开转入地下，西方在华传教士大多被驱赶至澳门，本土教士开始担起了“大梁”。

按照巴黎外方教会的要求，李安德每年都需要汇报日常传教工作。他是用拉丁文写作的，仅从1746年到1763年，他就留下了一部长达700页的拉丁文日记。从内容上看，堪称是一部了解18世纪中期中国底层社会日常生活的密码书。从他的日记中，也可看出他在四川的传教范围。

《中国天主教史人物传》[①]记载：

李安德每年必视察其所辖堂区，自成都东北直至保宁府，西至木坪（穆坪），南至叙川府，东南至重庆。

从李安德的视察之地可知，在18世纪中期，穆坪不仅是四川最西边的天主教传教地，而且已拥有较为固定的传教场所。

而穆坪当时有无教堂，教堂又叫什么名字，至今无信史可查。

李安德在四川天主教传教史上，算得上是一个传奇人物。小时师从白日升，后赴暹罗（今泰国）天主教总修院学习，接受了正规的拉丁文、哲学、神学、人类学和远东语言教育，学成归来，准备入川传教，遭到穆天尺抵制。

穆天尺为法国遣使会成员，当时遣使会和巴黎外方教会都希望“独占”四川，相争不下，最后只得由罗马裁定四川隶遣使管理。

后经巴黎外方传教会士马青山代李安德请求：

但有一藏身之地，有小屋一间，能容一床一桌即可。

① 方豪：《中国天主教史人物传》，宗教文化出版社2007年版。

1928年的穆坪旧貌

言辞恳切。穆天尺最后同意了李安德的请求，准许其入川，但禁止购置任何产业。

李安德入川传教，正是清朝禁教非常严厉的时期，他采取了“背篼传教”式的流动教学方式，利用巡视各地教友的机会，帮带徒弟，传授教理和教仪知识。同时他致力于本土神职人员的培养，将天主教本土化向前推进了一大步，并尝试在本土自办修院。

1757年，李安德利用成都一教徒捐献的地产，在成都北郊修建了一间简易茅屋，作为修院，取名“圣诞神学院”，先后招了12名学生。后来李安德为躲避官府追捕逃往山区，1665年“圣诞神学院”宣告关闭。虽然时间不长，但开创了四川天主教会自办修院的先河。

## 第二节　落脚穆坪

1756年，傅方济入川，在神职人员的培养上，教会开始了两条腿走路，一方面派总修院选派修生，一方面开始筹办修院。后来在成都修了一间茅屋，招收了4名学生，但不久就被当地人告发无果而终。

后来，傅方济认为修建修院的时机成熟，决定启动修院计划。但鉴于先前的教训，建在城里或城边的修院，“树小也招风”，他决定将修院最好选在川滇交界“三不管”地带。这样既可“提供长期的安宁”，也可在“困难突然而至的时候，由于接近两省边界而使川滇两边传教士便于相互走动，往返躲避两省当局的搜捕”。经过考察，地址最终确定为今云南省大关县龙台乡（昭通府大关厅）龙凤场的龙溪。

1778年前后，一个叫艾若望的比利时人穿越崇山峻岭来到这里，在当地教徒的协助下，以种植茶叶为名，购得一块地皮，登记在当地人的名下，兴建修院。为了保险起见，修院按地方民居风格修建。

这不是一座独立的院落，它与当地教友的房屋一样覆盖瓦片，房子宽6英尺，长17英尺，两侧各有两间通往教堂的小房，从外边任何地方看都发现不了教堂。里面还有一间宽14英尺的卧室，床必须一字摆开，卧室的旁边有一个类似厨房的建筑物和两间房。总的来说，这显然不是一个宏大壮观的工程。

经过几年艰苦努力，艾若望终于在龙台建起第一座培养特殊人才的学校，他亲自担任首任校长。可即使身处偏僻的山区也不断遭到清政府的排斥和打压，“三不管”的地方也并不安全。1885年，龙溪修院遭当地人告发查禁，修院只得悄悄迁过长江，躲避到60多里以外宜宾县横江乡落壤溪。此时正值法国大革命如火如荼开展中，巴黎外方传教会的教产收归国有，资金严重短缺，四川教会“断奶”。无奈之下，他们只得让教徒以家庭为单位进行捐赠，使得落壤溪修院生存了下来。

1786年，艾若望在龙台去世，被安葬在学校后面的山坡上。两百多年过去了，当年的一切似乎随风飘散，但在龙台依然有遗迹可寻，这里还有残缺的山门、石碑、祭台、石刻等遗存。

1805年，嘉庆禁教，落壤溪修院一度关闭。1801年，常明上任四川总督，视教如仇，禁教进一步加强，落壤溪修院遭人告发，1814年予以查封，1823年再次开办，不久又被查封。为了保存神职人员的本土化成果，1814年，教徒们在大川建立“立书堂”。

据徐杉考证，“立书堂”最早的地址就在今天大川圣堂沟一带。

1814年落壤沟修院被清廷捣毁后，学生遭逐散，时任法籍院长罗弗南（若望）带领两名学生逃到越南，不久他在越南去世，落壤沟修院似乎就此画上了句号。

然而出乎意料的是被驱散的师生却以另一种方式延续了下来。一些人到达四川天全州大川（大川在1951年前属天全），历经磨难之后学校再次开课，修院也更名为“立书堂”。同时又筹划在穆坪土司管辖的邓池沟修建校舍，1831年“立书堂”正式迁到邓池沟，负责修建的法国人罗安白担任“立书堂”校长。

几经变迁，“立书堂”已不见踪影。在大川镇的一条小巷里，还有一个小教堂

徐杉的考证，与罗安伯信中所述虽有一些出入，但内容基本一致。

天主教顽强地在民间求生存，西方传教士没有机会在达官显贵中发展教徒，反而转向农村，在山区和边远地区发展起来。

传教士采取隐蔽方式传教，以原有教徒的住宅作为举行宗教活动的场所。法国传教士荷尔在秘密游历中国的日记中写道：

> 19世纪40年代的川省教务较任何省份为兴盛，且能在较为优裕的社会阶层中获得信任。

至此，四川教会自办修院总算在大川、邓池沟一带落脚，并站稳了脚跟。

谁也想不到，当年利类思、安文思的一次逃难，在“大山中”播了“火种”，在100多年后终于“生根”“发芽”。

不仅于此，在1871—1872年，四川教会还在大川、穆坪一带购买了大量地产。

> 整块地的面积不小，横行需一日，竖行需半日。已有200多教徒在那里耕种。

曾在大川、邓池沟一带传教的法国人冯若望向巴黎外方传教会报告了购买土地耕种一事。

“横行一日竖行半日”，购买的土地面积究竟有多大？

我们试着计算一下：走一天、半天能走多远？

如果我们按一天行走50公里、半日行走25公里来计算，“横行一日竖行半日”的面积约为1 250平方公里。已比今天的大川面积大多了，显然没有那么多；我们再把行程减一半，按一日行走25公里、半日行走

12.5公里计算，大约是300多平方公里，将近今天大川面积的一半。

方圆300多平方公里的土地需要耕种，要多少人才能耕种得过来?

面积也许有些夸大，但在人口稀少、土地面积大的山区，花很少的钱就可以买到。四川教会的经费来源主要由巴黎外方传教会向在川传教的神父（包括中国籍神父）提供经费资助。这经费包括传教士的生活补助和宗教用品的开支，其中一部分来自罗马教廷的常规年度拨款，一部分来自传教会本身。但这些经费对于在动荡中艰难发展的四川教会来说，无异于杯水车薪，更多的经费仍以自筹为主。

笔者在大川做田野调查时，当地人告诉笔者，以前这里的人没有面积概念，土地买卖，大多以溪流、山谷为界，随手一指，这匹（座）山、那匹（座）山的归属就定了。

土地收益成为教会筹款的首选。在教产的周围，自然聚集了大量的教徒，大多举家迁入，在这里繁衍生息。随着教徒家庭越来越多，便形成了一些生活和生产相对独立的教徒社区——大川圣堂坪“教徒村”。

除此之外，还有一些教徒投亲靠友，散落在大川各地，大川成了四川教徒聚居最多的地方。也许是为了交流方便，原先的土话逐渐消失，邛崃话成了大川的“官话”。直到今天，大川人联姻的主要对象还是邛崃、大

昔日圣堂坪，如今已是一片荒野

邑人。逢年过节走亲访友，穿行在大川河谷的车辆，大多是成都牌照。

1784年，成都府温江教徒彭三桂迁入大川，受彭三桂的邀请，法国传教士冯若望也来到这里传教。

“山高皇帝远”的大川也不完全是“世外桃源”。

冯若望刚来大川第三个月，就传来一个不好的消息，一名教徒供出他在大川传教。四川总督立即命令雅府知府、天全知州协同把总邓璋，全力缉捕冯若望。

大川教徒众多，冯若望虽然在这里传教仅3个月时间，但他工作十分勤勉，尽管积劳成疾，但他每天行走在山间小道上，已巡视了500多名教徒，上门传教。

得知官府要抓捕自己，冯若望只得躲藏起来。

大川已是大山，往哪儿躲？大山后面还有更大的山，大山之中还有大山深处。冯若望只得往大山深处躲藏。

但在没有人烟的深山丛林里，身心俱疲的逃亡生活，加重了他的疾病。

我几乎不能在黑夜中生存，剧烈的咳嗽使得我难以入眠，而我

《木坪土司》所绘穆坪土司管辖区域

不得不攀爬那些高耸的山峰，我走了大概半法里路，就已经精疲力竭了。

无力再躲藏的冯若望便悄悄下了山，他躲到了彭三桂家中。

此时，他已做好了束手就擒的准备。

1785年2月8日，他在彭三桂家中落网，10天后，他被押解到了成都。

在乾隆五十年二月初七（1785年3月17日）“成都将军保宁抓获西洋教会士冯若望讯明解京由”奏折中提到：

（乾隆）四十九年（1884年）九月，因入教之温江人彭三桂在天全州大川地方置地移居，将冯若望接往。本年正月，被访拿获。

随后，聚集在大川的教徒再次转移，只得翻过了瓮顶山（大瓮顶），退到了穆坪土司管辖的邓池沟一带。在此以前，已有部分教徒举家迁到了穆坪，子女长大后，又与当地人联姻安家，教徒如同滚雪球似的越来越多，邓池沟便成为四川境内最西边的传教区。

## 第三节 穆坪平安

考虑到大川已不是“太平之地”，他们的眼光盯在了大瓮顶的另一面——穆坪。

1815年，主教冯美思、马伯乐开始筹划在穆坪邓池沟重建修院。

到了道光年间，禁教政策开始松弛，四川教会重整旗鼓，复办修院。道光十年（1830年），巴黎外方传教会神父罗安伯在邓池沟一带买田购地，重修修院“领报堂”，俗称“穆坪修院”，自任院（校）长。

在邓池沟天主教堂工作期间，罗安伯手绘了一幅四川地图，并特意在图上标明“MoPing”（穆坪），说明他在这里传教。他给家乡教区法国普罗旺斯写了两封信。

地图和信件等珍贵资料原件，至今还存放在法国普罗旺斯教区。

在此以前，1801—1815年，法国人徐德新就到大川、邓池沟一带传教。道光后期，清政府忙于应付英殖民者武装侵略，原有的禁教政策松懈起来，传教环境宽松，天主教活动开始处于公开和半公开状态。此后，教案此起彼伏，清末四川以教案次数多、规模大、赔款重而闻名全国。但邓池沟相安无事，十分平静，没有教案发生，发展十分平稳。

平静的穆坪，让四川教会修院总算结束了东躲西藏的日子，进入了一个平稳发展时期。

1830年9月，罗安伯给朗格卢瓦（Langlois）写了一封信，同时寄回了他手绘的四川地图。

他在信中说：

以前在法国看过类似的地图，但以前的地图跟现在的地区情况不一样了，地图上的地名已经发生了变化，不再适用了。所以重新绘制了一张。

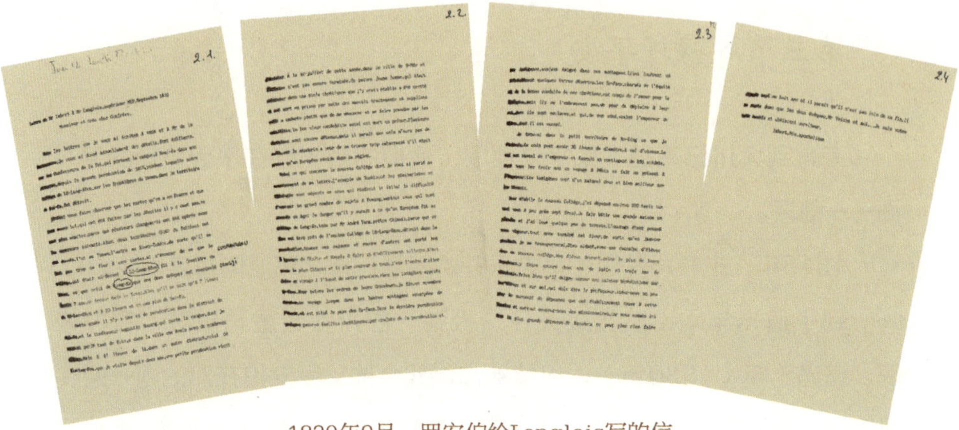

1830年9月，罗安伯给Langlois写的信

罗安伯还说，他以前呆的修院已经被当局捣毁了，这所修院在哪里，他没有说。在到穆坪之前，他已在四川活动了5年时间。

罗安伯此前在哪里传教，信中没有明说。罗安伯到穆坪考察后，他决定在这里重建一所修院。

罗安伯还在信中介绍了穆坪土司的情况。

> 穆坪土司管辖的地方很大，大约有直径120公里的范围，土司每三年要到京城去拜见皇帝。穆坪土司拥有850名士兵，他的性情比较温和，比其他地方的官员要好得多。
>
> 我在这里建修院，得到了土司的支持。修建修院花了大约200两银子，用了一些木材并且租了一些地。修建修院的工匠都很健壮，修院正在修建中，估计这个冬天就能完工。明年一月，就可招生了。大约可招12名学生。
>
> 我的学生要学2年的拉丁文和3年神学，我要让他们将来成为神学的老师。
>
> 目前修建修院很困难，经费不足，需要提供帮助，同时还需要传教士。现在跟我一起在这里工作的艾斯科德卡先生，从七八年前

起就做不了什么事了，我估计他很快就要过世了。

第二封信写于1833年7月。

罗安伯在信中说：

我在这个偏僻的地方和当地人已经住了三年。我不知道这里准确的经纬度，因为没有仪器无法测量。但海拔不算太高，冷起来温度跟巴黎差不多，七八月下雪，反而十二月和一月不常下雪。当地人很强壮，离这里不远的地方曾发生过战争，政府军打不赢对方军队，还请求穆坪土司帮忙打仗（笔者按书信时间推测这里说的打仗指的是康熙、乾隆平定大小金叛乱）。

穆坪的大山里有许多动植物，有大黄，黑熊，野猪，狼，野牛，麝猫，等等。

两封信的篇幅都不长，但信息量很大。罗安伯在这里传教，却不是最早来的，虽然信中没有介绍艾斯科德卡是什么人，也没有记录艾斯科德卡是什么时候来的，但提到了此人早就病了，七八年前就不能动了，

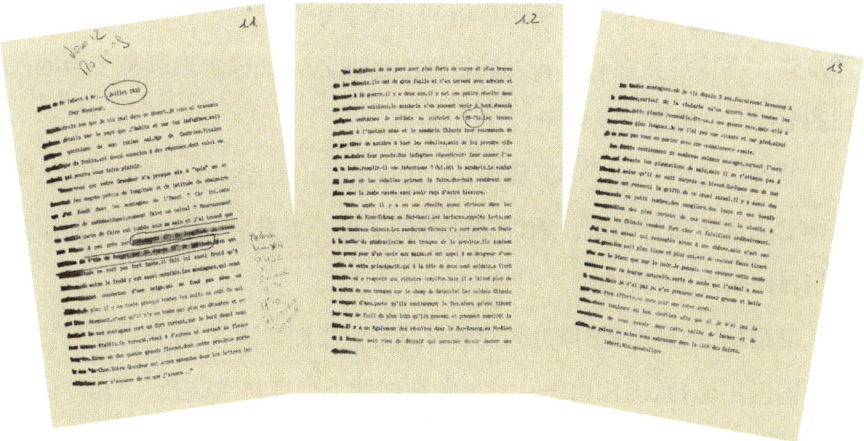

1833年7月，罗安伯给Langlois写的第二封信

言下之意即穆坪早就有了外籍传教士。另外，信中还提到土司对人很好，而且罗安伯跟当地人处得也很融洽，他在这里建修院也得到了土司和当地人帮助。最后还介绍了这里的气候、物产等。

在现任邓池沟天主教堂神父陈勇的帮助下，经他与法国普鲁旺斯教会联系，笔者得到了罗安伯的简介：

> 罗安伯（St. Lanrent Imbert），1796年3月23日出生于法国马里尼亚纳，在艾克斯接受教育。1818年10月18日入巴黎外方传教会；1820年3月20日赴四川传教。五年的巡回传教之后，他于1830年在穆坪（今宝兴县）创办了一所小修院。在此期间，他引进了石版印刷术，印制教理书籍。1837年5月14日—12月18日，经满洲里进入韩国。因巡视教友团体，于1839年8月10日被人告发而被捕之后，次月被杀。

笔者在邓池沟、大川一带进行田野考察时，这里的村民告诉笔者，邓池沟、大川一带是四川最早种植玉米、土豆的地方。种子就是洋人带过来的，土豆外形像本地农作物芋头，以致今天这里的人称土豆为“洋芋”，意思是洋人带过来的芋头。

产量较高的玉米、洋芋引种成功，改变了当地人广种薄收的落后生产方式，不仅让教会有了较为稳定的可观收入，还极大地刺激了当地人口的增长，很快就普及开来。

罗安伯走后，一个叫艾嘉略（Louis Chales Delamarre）的法国籍神父来到了穆坪修院。穆坪修院得到了进一步发展，逐步成为四川教会培养神职人员的摇篮。

艾嘉略，1833年6月进入巴黎外方传教会神学院，1935年离开巴黎赴中国四川传教。1839年，艾嘉略被任命为穆坪修院院长。1847年艾嘉略离开穆坪，到四川叙府（今宜宾）工作。

1860年，当英法联军决定发兵进攻天津和北京时，从中国各地召集了一大批所谓的"中国通"，充任翻译、向导和中国事务顾问。其中大多数人是在华生活多年、精通汉语和熟悉中国国情的传教士。艾嘉略也由此而应法国军队之邀，充当法国特使噶啰（Jean Baptiste Louis Gros）男爵的翻译，全程参与了英法联军的远征，并且参加了与清政府钦差（桂良和恒福）的谈判，直至签订《中法续增条约》（即《中法北京条约》）。

1860年11月18日，艾嘉略向巴黎外方传教会写了一份《随军远征报告》（即《传教士与远征军——法国传教士艾嘉略第二次鸦片战争亲历记》）一文。他的这份报告，成了今天研究英法联军发动"第二次鸦片战争"的宝贵资料。

前文已述，雍正二年（1724年），清政府颁令禁止天主教之后，明清之际活跃的天主教传教活动逐渐转入"地下"。在清代档案里，天主教被称为"西洋教""洋教""邪教"，其事迹混杂于中国民间秘密宗教的教案中，传教士重新公开进入中国本土的时间则在鸦片战争之后。

清朝末年，列强的炮声惊醒了清王朝的美梦，中华民族的屈辱史和抗争史——中国近代史开始了。咸丰末年，随着清政府被迫与西方列强签订了一系列不平等条约，天主教能够在内地公开活动了。

第二次鸦片战争后在清政府被迫签订《北京条约》（包括《中英北京条约》《中法北京条约》《中俄北京条约》等），在翻译过程中，艾嘉略为了宗教利益挟带了"私货"。

1860年10月25日（咸丰十年九月十二日），法国使华全权专使噶啰、清朝政府钦差大臣恭亲王奕䜣在北京礼部大堂分别代表各自国家在《中法北京条约》上签字，并互换了咸丰八年（1858年）签订的《中法天津条约》。

留存至今的中国近代历史文献中，极少有资料记载条约签订的过程。但是，当时法国人却用了不少笔墨去描述它。曾目睹整个换约和签约仪式的法国传教士艾嘉略，于1860年11月18日（咸丰十年十月初六）在自北京寄给教廷传信部枢机们的信中报告了当时的情景：

法国使节隆重进入礼部大堂，亲王在那里恭候法使葛罗男爵，并向前走了几步以迎接他。经过互相致意之后，他们于大堂的后部就座，各自坐在一张桌子前。法使在右，亲王在左。一排扶手椅摆在一张长案之后，一侧是法国将军及其高级军官，面对他们的则是中国的官吏。验证和交换双方的全权代表资格的文书后，两名谈判代表于共分10款的新条约上签字和盖印，一式两份条约签字时，在城门上放21响礼炮。

新条约便是《中法北京条约》（原称《中法续增条约》），是关于结束第二次鸦片战争的不平等条约。条约分为中文本与法文本。《中法北京条约》中文本第六款内容是：

第六款　应如道光二十六年正月二十五日（1846年2月20日）上谕，即晓示天下黎民，任各处军民人等传习天主教、会合讲道、建堂礼拜，且将滥行查拿者，予以应得处分。又将前谋害奉天主教者之时所充天主堂、学堂、茔坟、田土、房廊等件，应赔还交法国驻扎京师之钦差大臣，转交该处奉教之人，并任法国传教士在各省租买田地，建造自便。

光绪二十一年六月十八日（1895年8月25日），《中法北京条约》签订近35年后，湖广总督署两江总督、南洋通商大臣张之洞上了一份奏折，在指出教堂在内地置产之弊的同时，还向朝廷揭露了这一条约中的一个惊天秘密：

> 查近年各国教士皆引法国第六款（《中法北京条约》第六款），有并任法国传教士在各省租买田地，建造自便等语，以为借口。殊不知，法文续约并无此语。

不懂外语的张之洞又是如何发现中、法两种文本条款内容互歧这一重大问题的呢？张之洞在奏折中是这样解释的：

> 臣尝见光绪十二年（1886年）美国议院所刊《各国交涉政书》，有美使田贝致外部一书，光绪十二年九月十二日即西历1886年10月6日由北京发，所论此事最为公允。谨撮译大意云："法约华文载各省租买田地，建造自便二语，法文并无一字一句可强译为此义者，不知当日华文约内何以增此二语，殊不可解"等语。

张之洞在奏折中同时还说，自己利用这一发现，将前来纠缠的法国领事的"无理要求"，彻底驳回，让其"默然而去"。

> 前湖北利川县教堂买地一案，法领事悻悻来见，词气暴横，经臣援引指出法国条约法文并无准其买地之语明白揭破，严词驳斥。该领事竟无词以对，气焰立沮，默然而去，自后遂不复引约纠缠。

1865年3月15日，法国驻华全权公使柏尔德密在致法国外交部信中，指责该条款系艾嘉略等人"背着陛下公使馆加进去的"。

这一"私货"，法国政府心知肚明。从此，法国传教士深入中国内地城乡，进行宗教传播的活动便有了一道"护身符"。

艾嘉略虽然离开了穆坪教堂，也是这一“私货”，给民国时期宝兴县收回邓池沟天主教堂地产带来了麻烦，一度产生了“国际纠纷”。

让我们的思路又回到穆坪，回到邓池沟。

有了《中法北京条约》的“支持”，天主教发展的机会来了，四川教区加快了建设修道院的步伐，积极培养神职人员，正式取名为穆坪圣母领报修院，后任成都主教的杜昂曾任穆坪圣母领报修院院长。

原法国驻成都总领事馆总领事杜满希曾编印过一本《法国与四川：百年回眸》画册①。书中多次提到穆坪教堂：

> 成都主教杜昂从1870年就住在四川，主持开展了许多社会工作，修建了大量的医院、孤儿院、诊所、学校等。杜昂早年在附近的穆坪圣母领报修院担任院长。

位于大山深处的穆坪教院虽然平静，但远离中心城市，不利于教会的发展和神职人员的培养。修院开始从乡村向城市转移。

1865年，一个名叫洪传广（又称洪广化）的法国传教士，带着圣经和他法国式的浪漫理想，千里迢迢来到彭州白鹿乡，开始兴建白鹿上书院。

这个法国传教士不仅带了图纸、资金，还从法国带来了彩色玻璃，大理石、木材等建筑材料也是从远方运来的。而迷惑的村民就在不远的田地里徘徊观望，他们不知道这个洋人带着一大批工匠究竟要修建什么。

11年过去了，洪广化消失了，不知所踪，白鹿乡那一大片土地，还是一个没有完工的工地。

光绪九年（1884年），成都主教杜昂指派谷布兰到白鹿乡，在未

---

① [法]杜满希：《法国与四川：百年回眸》，成都时代出版社2007年版。

完的工地上重修修院（俗称“下书院”），光绪十一年（1886年）落成后，取名“无玷书院”。

1895年，“无玷学院”开始招收学生。穆坪修院的学生迁到了“无玷学院”。同年，白鹿书院由首任院长白历山（Alex Pecrdin）开始动工兴建。

1908年，历时13年，白鹿书院修建完工，沿袭“领报学院”的名称（俗称“上书院”）。民国二十一年（1932年），中修院（白鹿书院）改为神哲学院。

1916年，骆书雅任川西北代牧区主教时（1929—1948年任成都教区主教），大修院（四川总修院）迁到领报修院内，当时是大、中修院合办，骆主教委任林方济（Fnang Beauguis）为大修院院长兼中修院院长。

骆书雅主教（1870—1948）从1916年起在成都主持天主教会工作，直到1948年在成都去世

成都主教杜昂（1841—1915）

1920年，大修院迁至成都平安桥49号开办，骆主教委任其副主教古德（Alpboh Coudeux）为院长。1933年秋，大、中修院互换地址，四川总修院迁至彭县白鹿镇，彭县中修院迁至成都平安桥，成为当时培养全川乃至中国西南天主教神职人员的重要场所。

至此，穆坪修院完成了培养神职人员的使命，从昔日的修院兼教堂，慢慢变成了单纯的教堂——圣母领报堂（俗称邓池沟天主教堂）。

今天我们看到的邓池沟天主教堂，已经不是罗安伯修建的修院，而是后世重修的，1902年动工，历时11年，落成于1913年。

光绪二十六年（1900年），法籍神父兰耶来邓池沟天主教堂，见教堂窄小，不宜开展教务活动，拟定扩建。后来，法籍主教杜希（杜昂）从成都来，首先拜谒穆坪土司坚小亭，并提出扩建邓池沟天主教堂一事，土司慷慨答应，并将教堂后的荒山（二道坪、三道坪）送给教堂。

《宝兴县志》记载：

> 光绪二十七年（1901），法籍神甫兰耶来邓池沟，见天主堂窄小，拟定扩建。后，法籍主教杜希从成都来拜谒穆坪土司坚小亭，坚土司便将二道坪荒山1座赠给教堂。光绪二十八年（1902），神甫赖维先来邓池沟购置木料，次年与兰耶、杜希等开始重建天主堂，由罗若瑟、刘洪顺、黄世光、载才芳督工营造，绳墨师为大川竹永年、竹永铿、竹远昌、赵永柱。
>
> 民国元年（1912），教堂竣工，取名“报领堂”。教堂以木结构为主，建筑精美，饰以圆拱天篷，四壁雕刻牖窗，具有民族特色和异国情趣。礼拜堂可供数百教徒祈祷弥撒，堂内设有耶苏、圣母立体像和巨照，为天主教的活动中心。报领堂建成后，灵宝学堂迁至彭县。不久，杜希离去，继任赖维光。后四川的刘神甫继任到民国十五年（1926）。从民国十五年（1926）起，历任邓池沟天主教

堂神甫的有王品山、陈静安、杨国祯、严神甫、袁神甫、易致远。1950年，天主堂无神甫主持，由会长广全定、谢跃南负责。

教堂建成后，就地为主发展教徒，据解放初调查，全县有信教群众1 000余人，其中教堂所在的盐井乡有760余人，占全乡人数的32%。

天主教不乏经费，有土地300多亩出租，年收租80余石。此外，还有荒山1座，耕牛1条，民国三十五年（1946）普种鸦片，收租7～8石。并成立“堆子会”，每个教徒每年纳礼1石。

神甫除公开传教外，还组织人狩猎、采集标本、普查矿源。同治八年（1869），法国苦修会神甫阿尔芒·戴维在邓池沟捕获大熊猫标本带回巴黎，公诸于世。

建国后，邓池沟天主教堂曾一度作为宝兴石棉矿的厂房。1982年，中共中央制定《关于我国社会主义时期宗教的基本观点和基本政策》后，宝兴县政府于1985年8月正式行文，决定将邓池沟天主教堂退还给天主堂教务管理小组。此后，又建立“宝兴县天主教爱国会”。信教群众在“自传、自养”方针的指引下，在宪法和法律允许的范围内，恢复了天主教的正常教务活动。

# 第三章　神奇的教堂

## 第一节　教堂特色

走近邓池沟天主教堂，一座雄浑朴实、精致高雅的中西合璧木楼映入我们的眼帘。它既有异国情调的哥特式穹顶，又有本地特色的四合院。

历经近两百年的风雨洗刷及其他自然灾害的侵蚀，至今安然无恙，巍然屹立在大山之中。

在邓池沟现存的天主教堂因岁月的沧桑，被蒙上了一层神秘的面纱。

熊瑛专程考察邓池沟天主教堂后不久，撰写了一份考察笔记，从邓池沟天主教堂的“教堂特色”“历史价值”“建筑价值”等方面进行了全面深入的考证。

邓池沟天主教堂位于四川省宝兴县蜂桶寨乡，这里既不在城市，也不在县城，而是在距县城几公里的半山之中，是川西北一带天主教大本营，邓池沟天主教堂是四川最早建成的天主教堂之一。

根据前文对天主教在中国以及四川的发展情况可以知道，由于张献忠的原因，天主教不得已避到天全等地的山区里活动。邓池沟天主教堂修建时间正是处于禁教的冲突时期，因此四川的天主教会不得已在这里修建修院，其目的就是更好地传教。

将修院建在通往康定地区的交通要道之上可谓是一个绝佳的选择，因为这里不仅隐蔽而且交通方便。

禁教期间，天主教传教方式有了重大变化，一些西方传教士以开展治病施药的慈善活动作为传教的手段，在民众中赢得了不少信徒，对天主教义和西医疗效的认可动摇了当地居民的传统生活观念，这为后期的西方宗教文化传入和天主教堂的建造奠定了社会基础。

秘密建立的邓池沟天主教堂虽在山中，但地处交通要道，中高山地貌，属于亚热带季风气候，气候湿润，阳光充沛，这里既方便又隐秘，自然环境十分优美，还可以借用别处难以企及的地势和茂密的丛林保护自己，修建者们极力把建筑的外观修得与当地建筑几乎一致，就连教堂的标志——十字架也不敢修建得太过显眼。虽然在教堂的外观上做了妥协，但丝毫无法影响这些信徒内心的信仰。只要走入礼拜堂，走进这个宏伟精巧的空间，就能感知他们的虔诚。

邓池沟天主教堂采用的是中国传统的合院式建筑风格，从外观上看采用的也是中国传统的木构架双坡屋顶的形式。从远处看，它与传统的中式建筑无异，这刚好实现了使其保持低调隐秘的目的。

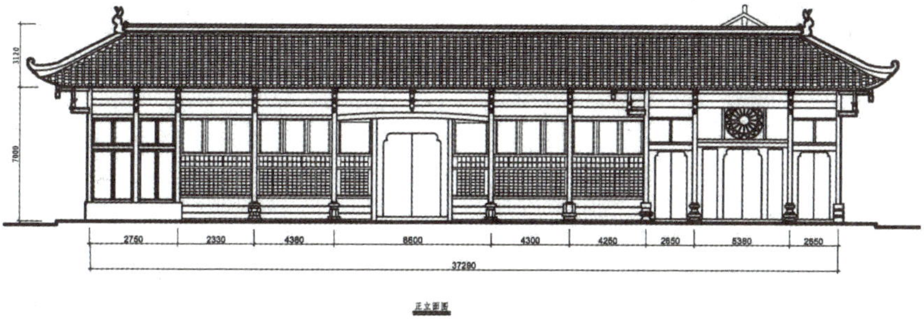


邓池沟天主教堂正立面图

天主教传入川西地区的初期，为避免被官府发现，教堂建在家境富有的教徒的宅院内，定下了此后该地区教堂建筑格局的基准。由于川西民居一般采用小天井结构，可供传教士使用的院内空地不多，只能见缝插针地在稍大的庭院或在菜园内另辟一处。在以后的天主教发展过程中，因为合院建筑可为天主教堂内各项活动的开展提供适宜的空间，所以合院式格局成为川西天主教堂的较早形态。鸦片战争后，教堂的平面布局出现了变化，出现了三合院、四合院式布局，既与中国传统文化相统一，又与传统建造技术与工艺相结合。由于其功能是低调的内部教化，与西方的教堂不同，因此整个院落的空间尺度和内向围合空间形式与位于西方城市中心的教堂外面有较大广场的建筑形式有所不同。

邓池沟天主教堂坐东向西，前厅和正厅屋面分别与两侧廊屋屋面相连，形成四合头屋顶。前厅为山门，面阔十间41.62米，进深一间5米，为九架二柱；正厅面阔八间30.76米，进深四间7.5米，为十一架五柱；高三层10.28米，中层廊道与北廊道相连，北廊屋面阔18.7米，进深一间5米，为九架二柱；南廊屋为教堂，是诵经、传教礼拜之地。门设在前厅西侧三间，纵向布局，整座教堂建筑四周，内檐和外檐均施两挂垂地花柱，其雕刻甚为精湛，严谨，封闭，建筑高大，气势雄伟。这种布局一般院落较大，以楼围合，没有中式合院空间的进深与层次，文化上的差异造成了不同的院落观念。教堂偏于一侧，正中是传教士住宅，另一侧及上层是供远道而来的教民暂住的厢房，以围墙围合中间的庭院，住宅后留有菜园。

邓池沟天主教堂的西向特征，打破了原来固定的场所秩序，总平面布局并不遵守完全固定对称的格局而是比较灵活地处理建筑关系，形成特有的教堂建筑平面，采用西式教堂与中式四合院相结合的新平面类型，将中式四合院一侧厢房的体量加大加高，超过正厅，作为缩小版的教堂空间，在整组建筑中等级最高，而门厅、正厅与另一侧厢房则相当于修道院的敞廊空间。从整体外观上看仍是中式民居的风貌，但从使用功能上看又是西式的布局。

邓池沟天主教堂采用了中国传统的木构架结构，即南方地区的穿斗式结构，这种特征的出现正是中西方文化交融的结果。它的建筑风格与形式既存在中西方建筑理念的矛盾，但又将这种差异完美地融合在了一起，如穹顶、柱之间的过渡形式是在中西建筑风格之间往返交叉出现，相互渗透。民间传统文化灵活地吸收和适应了外来文化，变化出许多新的技艺形式，使川西传统建筑技术在该教堂的建造中得以传承。传统的结构体系应用其成熟的、配套的装饰手法，对于结构延伸到室外的梁、斜撑和半露柱形成的室内外过渡空间，采用相应的地方材料（木材）与结构体系衔接。砖石墙体使原来梁柱与木制外墙交接处的处理手法简化，不再使用斗拱或撑拱之类的构件，这是因为传统的结构使西方石材装饰的精雕细刻无处附着，只能在砖石围护体系上的西式联窗和柱头上施展，所以教堂柱头、柱础和窗户是中西装饰最集中的两个地方。受木材高度的限制，欧洲教堂高耸的建筑特性消融在平静祥和的东方建筑群体空间之中，人们很难从邓池沟天主教堂的外部得知天主教堂的形式和位置。然而，天主教堂必须显示它的特殊性，邓池沟天主教堂强调西方结构带来的空间形式要素——利用地方材料（木材、石材）制作成西方的哥特式建筑结构，骨架券、飞扶壁、尖券、柱头、柱础、玫瑰窗等结构的装饰“吊顶”形成一个“哥特式”意味的内部空间效果，这正是中西方文化交融的多样性结果。

邓池沟天主教堂采用中国传统建筑形式

木质结构的邓池沟天主教堂虽然历经近200年的风雨，但是至今基本无腐木。即使遭受过如2008年“5 · 12”汶川特大地震、2013年“4 · 20”芦山强烈地震等严重自然灾害的影响，教堂也没有受到严重损坏，仅仅是出现了部分木构件朽蚀、虫蛀、梁架脱榫、檩条和椽糟朽、构架歪闪、柱与础错位的问题，但整体结构完整，保存较好，可见其建筑技术之精湛。

无论是在欧洲还是川西，教堂始终是供天主教徒集会和收敛心神的场所。大量有关西方文化的内容以教堂造型艺术的形式，被施加于不同建筑部位，带有一定的欧洲建筑特征，所以邓池沟天主教堂的空间仍然反映出西方文化内涵。但是不同的文化对空间的宗教意义有不同的领悟。中西方不同的结构体系赋予建筑空间不同的文化特征，甚至改变了天主教堂的建筑风格。邓池沟天主教堂通过材料、技术、形式，以哥特式建筑标准营造出极富感召力的内部空间。

邓池沟天主教堂保留了西方哥特式教堂内部空间的定式：教堂内部空间被抬梁式木屋架的两行柱子分隔成中殿和侧廊，仅在平面上突出祭坛的中心地位，尽管邓池沟天主教堂与欧洲哥特式教堂内部的图式一致且界定空间一致，但是邓池沟天主教堂是传统木构架建筑的穿斗式结构承重体系，教堂柱子材质不同，柱间距可能更符合木构架标准，柱式处理不算特别正统，趋向乡土化，墙面习惯连续开窗。邓池沟天主教堂的内部空间吸收了川西地方建筑特色，构成教堂进深方向的连续性的柱、墙壁开窗等组合要素，蕴藏着传统文化的精神。同时，哥特式建筑空间的高耸、空灵加强了天主教堂浓重的宗教气氛，这与古罗马的巴西利卡形式类似。

巴西利卡最早是古罗马的一种公共建筑形式，其特点是平面呈长方形，外侧有一圈柱廊，主入口在长边，短边有耳室，采用条形拱券作屋顶，可作为法庭、商业贸易场所和议会厅等场所使用。早期的基督教堂几乎都是利用原有古罗马巴西利卡的建筑遗存进行改建，将入口改为短边进入，另一边本来放有法官或者皇帝的宝座的半圆形龛改造为供圣坛的位置。原来巴西利卡的结构被保留：一座长的大厅被立柱分为三个部分。中间的中厅最宽，也最高，其终端是供奉圣坛的半圆形龛。两侧的侧廊则比较低、窄。后经罗马建筑风格过渡为哥特式建筑风格，使天主教建筑的形式变为拉丁十字的平面、双圆心尖券的结构形式，透视门、玫瑰窗、束柱等成为其“标志”。

教堂的内部空间需要以一定的围合空间手段才能满足宗教活动的要求，在建筑空间的外围构件中，垂直方向限定建筑空间的墙壁和水平方向划分建筑空间的屋顶具有相互依存的关系，二者直接反映出建筑外在形象。邓池沟天主教堂的围合体系与承重体系共同制约空间，影响着建筑外部形象特征的变化。

巴黎圣母院是哥特式建筑独具一格的代表作品，哥特式建筑中对玻璃花窗的运用有很多讲究，五彩斑斓的花窗在光线的映衬下，使教堂显得更加华美与神秘。

过去，一部分民众因不识字而无法通过文字来读圣经，这就需要通过图画来帮助人们理解圣经故事。于是这种优美的彩色玻璃窗画就成为不识字的信徒们的圣经。这些彩色镶嵌画和窗玻璃画上的圣像和各式缤纷的装饰图案，在白天的阳光照射下朦胧飘逸，在夜晚的烛光映衬下摇曳不定，令人目眩神迷，沉醉其中。这种内部空间的处理以及空间氛围的营造，增加了教堂内部神秘、绚烂、华丽的观感。

哥特式建筑是中世纪美学思想的实物体现，也是中世纪艺术的巅峰。这样的美早已远超各种含义，这样的美是触及人类灵魂的“大美”。

邓池沟天主教堂的内部空间，便很好地诠释了这种“大美”。整座教堂四壁都有镂空花窗，极为精致，内檐和外檐均施两挂垂花柱，雕刻甚为精湛。地方建筑中，屋顶重量是从水平的梁加载到垂直的柱，梁柱交接处会产生极强的剪切力，需要加固，由于材料不同，中西采取不同的抗剪切构件。西方的柱式以刚性支撑——柱头将横梁的荷重合理传向柱身，中国的柱子与梁榫卯交接，梁柱是一个整体，没有柱头这种立体构件，但是中国木建筑在梁与柱之间加有弹性支撑——斗拱，构成了富于几何叠加感的立体造型。当砖石取代木构架的一部分功能作为承重体出现时，木斗拱失去作用，成为纯粹的装饰。西方柱式精美的柱头引起人们对柱头装饰处理的兴趣。地方工匠根据自己的技术和审美经验对西式柱头重新诠释，形成各种柱头的装饰并逐渐代替斗拱的位置。

不同的教堂有各自不同的柱头做法，根据现存教堂中的廊柱，大致有以下三种类型。

第一种，植物纹样。教堂建筑中的柱头雕刻多数是照搬西方的卷草或藤蔓等，这种做法的本意是通过仿植物自然生长形态过渡柱与梁的交接，但是将西方的卷草直接“移植”到中式柱子上，反而没有了生机。变形的卷草或平贴在柱表面，或向外弯曲过度，柱头不再丰满有力。大城市中的教堂因为出入的外国人较多，其中不乏专业人士，会提供完整的柱式图样，花篮柱头的比例和形式较为传神。有的教堂修建手法更加大胆，将传统的如意嫁接到柱头，竟产生了意想不到的效果。因为雕刻外形光洁，没有过多的卷曲线条，所以柱头反而显得挺拔而更有生命力。

第二种，抽象形体。多数柱头仅仅保持与西式柱头相似的轮廓，由简单的几何体构成，以方石代替柱帽，以圆盘或球体代替柱头，二者叠加，球形柱头表面做卷草浅浮雕。因为不得西式柱子的建造要领，无从遵循欧洲柱式的比例、尺寸和样式要求，所以柱头做法改动较大而且处理手法生疏，难以呈现出好的艺术形式。工匠在柱头处添加了过多的装饰，柱子各部分衔接不自然，拼接的痕迹明显。如崇州天主教堂内的柱头组合就过于复杂，虽然柱端方正而且尺寸适宜，但综观整根柱体，顶

中西合璧的邓池沟天主教堂，全木质结构的哥特式教堂穹顶装饰及镂空花窗

端猛然膨出硕大的长方体，其下以扁鼓和莲瓣组成的花蒂承托，使整个柱子上重下轻，视觉上失去了平衡感，也破坏了柱身柔和的线条。

第三种，特殊造型。在天主教堂中还出现了特殊形式的柱头装饰，它不再是受力过渡构件，而只具有纯粹的装饰性功能。从柱头位置延伸出装饰构件，如同普通民宅大门上方的门簪，上面雕着梅花、牡丹等传统植物图案。

总体上说，相对于其他地区，邓池沟天主教堂的柱头线条简单，形式朴素大方，没有僵硬地套用欧洲柱式，并且每根木柱底部都使用了柱础，这是本地气候使然，雅安以雨水较多著称，素有“雅雨、雅鱼、雅女”的说法。因此木质结构体系木柱下方采用石质柱础是雅安民间建筑的智慧。建筑柱础是石头，当地人称之为“上墩”。大户人家的“上墩”大多经过雕刻，一般人家的“上墩”或方或圆，也有一些造型。

## 第二节　历史价值

邓池沟天主教堂始建于鸦片战争之前，1913年经维修完成，延续了原本的建筑风格。虽历经200年的风雨，现今仍保存完整。其独特的中西合璧式建筑风格，具有较高的艺术价值和研究价值。

邓池沟天主教堂建筑的形式，不能简单地理解为中西建筑形制的“嫁接”，这种“中西合璧”的形式是由中国工匠使用中国的营造法式、材料，并融入中国传统文化的符号，使得其在选址、建筑格局、建筑形式、外观风格上都体现了中国特色。并且，在内部空间和装饰上，它又充分体现了教堂是信仰的外在表现形式，透过建筑的外在形式彰显出其内在的思想。

中西合璧的邓池沟天主教堂

建筑本来就是帮人类遮风挡雨、躲避风险的产物，邓池沟天主教堂是宗教建筑，也很好地担负起了这个责任。教堂建筑采用的是四合院的格局，木质穿斗式结构，使其在经历了近两百年历史并且在五年内连续遭受“5·12”汶川地震、“4·20”雅安地震这样的重大地质灾害后得以屹立不倒。如果是西式的石质建筑，有可能已经毁于地震中（砖石结构的彭州白鹿镇上书院，在“5·12”汶川地震中轰然倒塌）。这也充分体现出中国传统木构建筑的智慧，对我们研究穿斗式结构建筑的抗震性能有重要的参考价值。

邓池沟天主教堂的建筑形式不仅反映了欧洲古典文化与中国地方文化的交流，同时也预示了近代建筑技术的发展趋向。异质建筑文化也促进了地方建筑技术向现代材料技术的发展，改变了传统木建筑的结构和形象，蕴藏着近代以青砖为主的西式住宅建筑发展的萌芽。

邓池沟天主教堂建筑的中西融合模式让我们在其中可能找到某些失传或被遗忘的传统建筑特点，这些建筑反映了当时中国建筑工匠的施工水平、西方建筑艺术在四川的传播情况以及地方建筑艺术发展的状况，提供了多种外来文化和地方文化相结合的建筑视觉形式，对我们研究近代建筑有重要的参考价值。

近代西方殖民主义的急剧扩张使中国传统建筑形式赖以保持稳定的基础受到严重冲击，刺激了近代中国建筑文化的形成及建筑形态的演变。欧洲教堂建筑向中国内地的移植在传统建筑重复、循环的封闭圈上打开了一个缺口，显现出影响和调整传统建筑文化结构的趋势与能力。成功的文化交融应该是在全面开放的基础上，对彼此不同的因素进行选择和整合，而鸦片战争后一段特定时期内的天主教传播是一场以经济掠夺为目标的侵略，是有自己的宗教目的的政治化传教活动，因而造成中国文化在交流中处于被动地位。但中国文化毕竟源远流长，地域文化更是根深蒂固，其悠久的历史传统并非一日可变，邓池沟天主教堂的特殊性恰好证明了这种充满矛盾与冲突的中西文化交流，最终导致了川西天主教堂建筑风格的无序性和不稳定性。

深入研究探讨天主教建筑体系的中国化、历史与现状、艺术特点、社会功能、核心文化属性及其潜藏的社会价值等问题，意义重大。在我国天主教坚持中国化方向的今天，不仅在理论上要中国化，也要在教会礼仪生活、圣乐艺术、教堂建设等方面深入探索，大胆尝试。而“中西合璧”的邓池沟天主教堂，可以在天主教建筑中国化方面，为今人提供有益的借鉴。

## 第三节　建筑价值

天主教堂建筑作为“中西合璧”“川洋结合”的文化融合下的产物，不论是直接移植西方建筑形式还是与当地文化传统结合后形成的建筑形式，都是半殖民地半封建文化的载体。

教堂建筑在川西地区的落成，不仅是宗教文化的传入，同时也是建筑文化的传入，不仅反映了当时的建筑本身所具有的艺术美学、历史价值，更是反映出近代四川的社会概况、经济发展以及文化风貌。天主教堂具有一定的特殊性，它作为一种全新的建筑形态，在当地的形成与发展经历了漫长的过程且与当地文化产生了激烈的碰撞，中西文化在碰撞中相互妥协达到一定的平衡，从而形成了兼具西方文化和地方文化的建筑形态。

在《四川省志 · 建筑志》中记载：“天主教堂是四川最早出现的近代西式建筑。”清朝末年，天主教传入四川地区，建造天主教堂，其建筑形式独特，既与西方教堂、本土建筑均存在相应的差异，又和西方教堂、本土建筑之间存在息息相关的密切联系。四川天主教堂有机地结合了西方教堂建筑与中国乡土建筑的特征，使欧洲的古典文化与我国的传统文化彼此短暂地交融与碰撞。蕴涵着西方建筑文化的建筑模式呈现了本土化的特点，以时代的痕迹为基础，以区域的烙印为主线，以文化的感召为核心。

传教活动在初期带有宗教、文化侵略性质，严重损害了各阶层人民的权益。西方传教士试图在交通枢纽与重要的经济发达的地方修建高耸的教堂并进行传教，从而引发了大量的教案。民众身处传统文化作用的社会之中，只能以固有的知识体系为基础，对外来的建筑形式加以消化、承袭。

高调的传教方式极有可能会招致更多民众的反对，从而引发教案，这是早期传教的教训，再加上当时的政府禁教，于是四川天主教将信徒迁徙至边远区域，形成教徒家庭聚居的独立村落，教徒潜藏在村落之中，采用隐藏式传教法。芦山县大川镇圣堂坪的形成，就是一个典型的例子。

邓池沟天主教学经堂穹顶柱

隐藏在民间、深入民众生活的教堂在修建过程中，由对教堂施工、建造技术不甚了解的传教士和初次接触西方建筑的地方民众共同商议，双方语言和文化背景不同，导致了信息交流的障碍性，从而直接影响到西方教堂建筑风格样式及其文化内涵的完整表达。

天主教与乡土文化的融合，将对西方宗教的觉悟渗透至传统的宗教情感之中，世俗化的潜移默化、乡土化的渗入，使天主教堂的某些宗教功能消失，从而改变了教堂的外形和内饰，使其根植于中国传统文化之中，并留存以往建筑形制的痕迹。因此，邓池沟天主教堂的结构、外表已与欧洲教堂的原型大相径庭。

四川的合院住宅体现了家庭中森严的等级制度，建筑群中轴线清晰，中心主轴上设置了厅堂等核心建筑，次轴线上排列了附属房屋，轴线建筑物的排列次序的准则是公上、私下。邓池沟天主教堂表现出来的合院式格局，教堂沿用川西传统的建筑布局，以中轴线为核心，合理区分了教会的尊卑位置。

与传统住宅建筑形式彼此交融，宗教的教义与西方文化使空间布局有所更改，并使已经固化的场所秩序被打破，平面布局突破了以往固定格局的禁锢，采取了灵活的手段平衡建筑关系，从而产生了独特的教堂建筑群布局。教堂的建筑利用经堂、附属房间围成三合院式的格局，与西方修道院的布局一致，同时在中间形成“天井”。

天主教注重仪式。根据教会规定，教徒在进行圣礼仪式时必须面向圣地耶路撒冷的方向。所以西方古典教堂多坐东朝西，大厅的尽头也就是东端为圣坛，入口处则位于西端。

四川地区教堂平面均采用西方古典教堂的常规平面形式：欧洲的三廊式巴西利卡平面。纵向的若干排柱子将长方形的大厅划分为若干个长条空间，较宽的中央部分为中厅，较为狭窄的两侧为侧廊。入口采取三门式格局，简洁大方，有的教堂则在入口处设置二层夹层。中厅的尽头是圣坛，圣坛前面设置栏杆，将神与人有效地隔离，突出的圣坛在平面上也不再保持巴西利卡式的凸出的半圆，而转变为多边形或正方形。平面形制上一般将圣坛的长方形后部做成圆形或其他形状的突起，使圣坛的核心地位突显。

教堂建筑的风格与天主教传教士所属国关联密切。法国处于哥特复兴式建筑时代之时，从巴黎出发的传教士进入中国，因为这些传教士有接触和掌握哥特式建筑风格的可能，所以可将该建筑风格渗入四川教区。虽然前门廊的设置、柱子没有遵循古典的比率，但四川地区的天主教堂承袭了西方教堂内部空间的形制：圣坛上设置祭台，祭台上供奉十字架，圣坛上方的墙壁供奉耶稣、圣母等神像，供天主教徒礼拜。

教堂的办公用房、生活用房等都为四川传统民居建筑形式。两坡屋顶、柱柱落地式穿斗结构、砖墙或泥巴墙、长方形木窗或雕花门窗做装饰。没有做任何与主体建筑相配合的改造。

西方古典教堂主要呈开放式布局，多半离居住区不远。作为市民活动中心、节日和重大纪念日的活动场所，要能够容纳相当规模的群众集会。所以在教堂的入口前面，往往有一个面积大的广场。西方基督教认为人作为上帝的造物，需要受上帝的庇护和引导，因此教堂往往选择在城市中心，耸立于闹市之中，几乎随处可见，并基于城市广场的选址满足相当规模的群众集会需求，从而形成以单体建筑结合广场的形式。广场承担聚集人流的作用，有时城市道路也是由教堂发散出去的，这样也突出了天主教徒所认为的“上帝在人世间的绝对统治地位”。除此之外，教堂建筑注重实体，强调体积感和雕塑感，形成一个封闭性极强的内省空间，以此传达庇护教徒的意识和营造集中注意力进行虔诚忏悔的氛围，从而形成主体建筑经堂、宿舍、食堂、学校或医院等组成院落围合的建筑群布局。

教堂的建造遵循天主教教会特殊朝向要求以及圣坛神圣感的营造等

圣坛

教规，在满足宗教功能为主的前提下，依地形或社会因素灵活多变地处理教堂平面，使天主教堂的平面形式与欧洲的三廊式巴西利卡平面不完全相同。西方教堂大多采用石材，其严格选择具有一定硬度和光泽的石材，展示出一种凝重的美感，且石材的坚固也象征永恒。结构上随“尖拱技术”的发展，使用两圆心的尖券和尖拱，推力较小，有利于减轻结构体自重和增加跨度。教堂的修建源于对上帝的敬畏与亲近，构建一种神圣的氛围，表达气场与灵性的无限延展，提供空间上的庇护、时间上永恒的皈依，以求灵魂上极致的栖息和安慰。所以西方教堂建筑除了满足集会、礼拜这样的功能要求，更需要表达的是对宗教的信仰与激情。用远远超出人体比例的高度表达着一种“无限的象征”，让人意识到自己的渺小并激发人崇高的敬意。再加上西方教堂建筑普遍以承重墙的结构为主体形制，这种结构方式易达到内部空间狭窄、深长、闭塞，隔绝于世俗的要求。所以在西方，教堂更倾向建筑个体的封闭，以厚重的墙壁将教堂内外空间完全隔绝开来。其空间形制与四川地区的庙宇、道观存在本质上的区别。

近代四川的天主教堂是建立在西方教堂文化发展到一定规模和技术的前提之下，乘着西风东渐的势头修建的。但因为地域文化的差异性，在建筑材料的运用上，教堂建筑因地制宜，许多都采用了青砖和木材，发挥了地方传统工艺和技术的精湛特性，使得西方教堂建筑方式传入当地与本土文化和技术融合。教堂建筑通常以本地传统结构为载体，选择砖木混用或石木结合，结构上仍然保持梁柱承重的木结构体系，尽材料最大限度满足建筑在高度和形式上的要求。建筑群体空间的整体形态集中，讲求自然界中“气”的通畅：外部空间倾向于多层次的组合和自然的空间秩序，以群体的方式水平地展现一种平缓舒展的空间形式和外貌；内部空间形式受传统材质性能的限制，更倾向于亲切、祥和的氛围，以此来表达“圣凡一体”的精神。再加之，天主教在四川地区传播，其建筑必然以亲民的方式更容易让人接受，所以大部分近代四川教区的教堂空间具有开放性。四川教堂内部空间构成基本与西方一致，都是由中厅、侧廊和圣坛等组成，且应用抬梁式木结构来满足中厅高、侧廊低的空间需求。如果不考虑教堂西立面的视觉效果，其空间营造出的宗教含义是完全符合原型建筑的空间形式特点的。但与异质文化结合的矛盾恰恰产生于传统结构对外来空间内容的重新诠释，木材性能的局限性使传统的木结构限制了教堂内部空间，地方材料的性能和构造技术使天主教的物化形式趋向传统建筑风格。

除此之外，欧洲古典建筑封闭的、形式完整对称的外部空间，尽管充满秩序感和几何美，却无法适应中国当时的社会文化环境，只能让位于中国传统外部空间多层次的组合和自然的空间秩序。教堂建筑以群体的方式水平地展现一种平缓舒展的空间形式和外貌，富有四川乡土建筑的特征。

总之，由于中西方文化的艺术创造方法差异很大，建筑内部空间蕴涵的意义有所不同，中西建筑外部空间也都在各自思想、文化基础上形成了不同的形态。地方的建造者在修建教堂时尽量保持了宗教文化特色，但施工条件的限制和建筑工匠们对教堂建筑理解的差异，使中西结合的天主教堂建筑带有模糊性和多义性。他们只能在建造过程中保持大致相同的构图方式，在相同之中做变化，做强调。随着变化的重点和造型不同，产生不同的效果，形成了不同的教堂形式。

教堂采用中国传统木构建筑形式

四川天主教堂建筑的总体布局多采用中国传统庭院式布局，因天主教特殊的方位要求，建筑群多以东西向作为主轴线走向。教堂平面全部是基督教早期采用的巴西利卡平面形式，在祭坛处稍有不同。教堂的外部形体的屋顶多采用两坡顶和与当地气候相协调的小青瓦，少有圆筒瓦，屋脊正中多有压胜，檐下用撑弓支撑水平挑梁。外墙也多采用当地民间的修建方法。外部形态与装修体现出更多的传统建筑与西式建筑形式融合的特点。教堂空间形式多较简单，没有西方天主教堂营造出的浓厚的宗教氛围。在建筑材料上，四川天主教堂建筑大多采用当地传统的建筑材料石、木、砖。建筑结构形式也多采用抬梁和穿斗结合的中国建筑技术形式。教堂建筑总体上反映了天主教文化和中国传统文化的冲突与交融的特征。

教堂建筑本身是一种特殊的建筑形式，能够反映出特定历史时期人类的生产活动，涵盖了当时经济、政治、文化等多元化的信息。四川地区天主教堂见证了天主教在四川乃至全中国传播的历史和变迁，是研究天主教历史的重要例证，同时也是一部承载了中西文化在四川地区碰撞和交融的“史书”。它作为四川近代建筑最早也是最独特的组成部分，是不可再生的文化遗产，并以欧洲古典文化为基础，与中国的传统文化相互交融与碰撞，是中西文化短暂融合、碰撞的结合体。天主教早期进入四川地区时，民众对教会有强烈的抵触心理，因此传教士的活动与模式均对中国的传统文化予以尊重，使教堂的建筑充分融合传统建筑模式，以取得民众的认可与支持。在这一时期，民众们没有完全理解教堂建筑涉及的西方文化内涵。工匠虽然工艺纯熟，但并没有掌握太多西方教堂建筑方面的知识，只能以既有建筑知识体系为基础，诠释天主教堂中融合与渗透的各类建筑文化，在四川教堂建筑发展的初始阶段，他们顺其自然地选择建筑元素，从而形成了“营造环境不同、天主教堂的建筑特征相应地存在差异化”的局面。当在构建教堂时，工匠们仅注意到了教堂横贯东西的明显特征，希望通过教堂恢宏的气度、雄伟的建筑、丰富的空间吸引居民的眼球，使教堂建筑的外观成为居民信仰宗教的潜在原因。四川天主教堂建筑的不稳定性因素来自不完整、不系统的文化片段，要充分发挥区域建筑文化的调节作用并与西方文化彼此交融，共同实现调节的功能。传统建筑要以海纳百川的包容能力为基础，依托传统的建筑工艺与技术技能，优化可利用的环节与既有的建筑形式，探索出适宜教徒使用、观赏的合理空间形态。

由于区域风俗习惯、传统文化的禁锢，受播者对于天主教的概念不清晰，工匠们对教堂的结构、形式存在较大的想象余地，从而凭空赋予教堂诸多的寓意。中国传统的住宅建筑对教堂建筑均发挥了潜移默化的渗透作用，立足于建筑的不同功能，加以适当改造，使改造后的建筑与原始构想的建筑存在一定的差异化与独特性。教堂作为天主教的外化实体，经过承袭、创新、发展的过程，转变为新的建筑形式，从而折射出区域内传统的价值观、生活方法、文化形态等。无论教堂的外观是保持本土传统的清新质朴，还是向西方的精致典雅方向前进，其正立面均有显著的宗教标识。传统建筑凭借其海纳百川的包容精神，使教堂添加任何附属物都不会给视觉造成冲击。于是原本是欧洲建筑风格的教堂，其建筑形式与设计风格在中国实现了本土化。四川地区的教堂建筑，有的是由外国传教士带来图纸，工匠照葫芦画瓢进行施工建造的；有的教堂是工匠模仿其他已在本地建成的教堂建造而成的。

工匠们凭借自己对宗教的理解，完成了教堂流程的建筑，通过有待成熟的技艺，模仿西方的装饰性元素，在教堂建筑中融入中国传统的文化，并创造为崭新的艺术形式。

四川地区的天主教堂建筑虽然受到西方文化的影响，但并没有完全承袭教堂在欧洲本土的形态，而是融合了区域内社会传统建筑的风格与形制。教堂建筑没有受到欧洲古典建筑形式、材料工艺方面的禁锢，而是立足于实际情况，因地制宜，就地取材，承袭了区域内的院落格局、结构形式、工艺材料，使教堂建筑在我国呈现出本土化的特色。

四川地区的天主教堂建筑是西方文化、四川区域传统文化交融与撞击的产物，是中国建筑形制与西方建筑风格的结合体，有机地联结了教堂与民居的关系，使天主教的教义和区域内民俗文化彼此交融，使欧洲的巴洛克式、哥特式装饰与工匠纯熟的技艺结合。环境条件不同、人的个性不同，演绎出来的物质、文化类型便有相应的不同之处，这些差异化的交融与碰撞将丰富我们的历史与现实，延续人类的文明，当然这些差异化中也涵盖一些消极或引发争议的元素。

从遗留下来的四川天主教堂来看，影响四川教堂风格的主要有罗马式和哥特式，还出现过巴洛克典型的装饰纹样，这些建筑风格在重新解读的过程中被挑选出来，体现了中西建筑文化的融合。

雨果曾经说："建筑是用石头写成的史书。"建筑作为"石头的史书"这一价值所在。根据前文所述，邓池沟天主教堂从选址、建筑格局、建筑形式、建筑风格等多方面都体现了特定历史时期的社会、政治、文化等，其建筑本身作为"木头的史书""石头的史书"，是我国西部一颗璀璨耀眼的明珠。

巴黎外方传教会属于天主教会的培训机构，专事神职人员的培养，设在巴黎市中心一座已有200多年历史的教堂内。除了这座教堂是用石头修建的以外，1345年竣工的天主教巴黎总教区主教座堂——巴黎圣母院大教堂，更是举世闻名，它也是哥特式教堂的杰出代表。1695年，巴黎圣母院重修了围墙、南钟楼、拱门、廊道和露台，改造跨度拱顶、屋面框架、垂直度，建有新地窖、主祭坛，锻铁格栅等设施。19世纪在建筑创作中的复古主义思潮正在欧洲流行，邓池沟天主教堂修建的年代，正值法国浪漫主义思潮流行，很多建筑都在模仿中世纪的哥特风格，也称为哥特复兴。作为教堂建筑修建的"主人"的偏好，无疑要受家乡建筑风格的影响。作为到异国传教的外国人，早期一般没有条件聘请建筑师到现场进行设计，而是凭借自己对家乡教堂的记忆，或者拿现成的教堂建筑的图纸，与当地匠人进行沟通，来完成建筑的建造。法国是哥特式建筑的发祥地，巴黎圣母院又是天主教巴黎总教区主教座堂，相信会对传教士有一定的影响。

虽然四川天主教堂没有为近代建筑发展提供一个具体的、稳定的中西建筑交融模式，但邓池沟天主教堂为我们提供了一个西方宗教建筑在川西地区传播、发展并与当地乡土建筑融合的全过程展示样本。

邓池沟天主教堂在选址、建筑格局、建筑形式、外观风格上呈现的特点，究其背后的原因，都与天主教在四川乃至中国的发展息息相关。

西南民族大学教授、四川大学基督教研究中心兼任研究员秦和平对天主教在四川的发展史颇有研究和心得。得知笔者在研究邓池沟天主教堂的历史时，他赠送了一本由他编著的《基督宗教在四川传播史稿》予我，同时为笔者梳理了天主教在四川的传播路径图。

秦和平认为，大川、穆坪一带是禁教时期保存完好的“火种地”，在四川乃至在中国天主教传教史上，有着举足轻重的地位——

> 这里是明末首批入川外籍传教士教利类思、安文思的“避难所”；
>
> 这里是四川教徒躲避清朝禁教最为稳定的“根据地”；
>
> 这里是四川早期神学的“传播地”；
>
> 这里是天主教中国化表现最为完整的“示范地”。

秦和平还认为，在推进生态文明建设的今天，邓池沟天主教堂最有世界影响力之处还不在宗教本身，而在于大熊猫文化——邓池沟天主教堂是世界大熊猫文化的发源地。

2019年，在邓池沟天主教堂的大门上，又挂上了一块牌子——大熊猫起源馆，里面陈列了1869年法国传教士、生物学家阿尔芒·戴维在这里科学发现大熊猫以来，大熊猫走过的150年历程相关资料。

2019年4月15日，纪念大熊猫科学发现150周年暨大熊猫起源馆开馆仪式在这里举行，来自阿尔芒·戴维故乡——法国艾斯佩莱特的50余名友人参加了此次开馆仪式。

邓池沟天主教堂除了“宗教殿堂”外，又多了两项功能，“科学殿堂”和“文化殿堂”。

# 中篇

## 发现大熊猫

——熊猫物种记

从40亿年前地球上开始出现生命算起，地球上先后存在过约5亿种生物，至今尚存的约有1 000万种，很多物种在漫长的岁月中被大自然淘汰。

大熊猫的诞生远早于人类文明，它们栖息于青藏高原东缘的高山峡谷中，经历了漫长的地质变迁和第四纪冰川的洗礼，顽强地生存下来。这种早在800万年前就出现的稀有物种还保持着原始的外貌特征、生理习性，成了当今地球上动物的“活化石”，原始生命的“遗老”。

人类学科认识大熊猫的历史并不长，从1869年法国博物学家阿尔芒·戴维在中国发现大熊猫算起，只有150多年。然而谁也没有想到的是，大熊猫一经发现就有了“国际范儿”，它的乳名有很多，如“黑白熊”“竹熊”“食铁兽”等，但它在国际上的大名只有一个“PANDA”。

PANDA出现在哪里，哪里就会热闹起来，因为大熊猫不仅是中国人民的宝贵财富，也是世界各国人民关心的自然历史的宝贵遗产。

# 引 言
## 一只百年蝴蝶的环球旅行

2017年3月30日，上海自然博物馆（上海科技馆分馆）迎来一只来自法国巴黎国立自然历史博物馆（Museum National Histoire Naturelle）捐赠的飞蛾标本，上海科技馆副馆长姚强代表博物馆接受了捐赠标本。

小小的飞蛾背后有着一段鲜为人知的有趣故事。

这只名叫匀点尺蛾（*Percnia belluaria*）的飞蛾标本已有近150年的历史，是由法国阿尔芒·戴维（Armand David）神父于1870年在四川境内采集并由其本人亲自制作的。当年该标本通过海上船只长途运输到法国巴黎，在法国巴黎国立自然历史博物馆保存至今。阿尔芒·戴维（1826—1900）是法国人，天主教遣使会会员，动物学家和植物学家。他因于1869年发现了大熊猫（*Ailuropoda melanoleuca*）这一物种而闻名世界。

时隔几个世纪，在法国巴黎国立自然历史博物馆与上海自然博物馆开启鳞翅目昆虫合作研究之际，法国的合作者Claude Tautel教授发现了这只有特殊身份的飞蛾，并经由法国巴黎国立自然历史博物馆将其捐赠给上海自然博物馆。

# 第四章　戴维来了

大熊猫在地球这个蓝色星球的第一次漫步，据说是在遥远的800万年前。

人类第一次听到大熊猫的脚步声，是在一个乍暖还寒的早春。

1862年2月，法国传教士、生物学家阿尔芒·戴维从法国马赛港乘船出发，远航去中国；经大西洋、印度洋和太平洋5个月的漫长航程到达上海。1862年7月5日，戴维到达北京。

## 第一节　到中国去

在《法国与四川：百年回眸》一书中，对大熊猫的发现是这样描述的：

从很早开始，法国就在中国传播天主教……

从保存下来的许多教堂——其中一些建筑具有很高的艺术价值，和今天众多的天主教信徒身上，我们还能找到当初传教士留下的痕迹。

在四川，人们对于阿尔芒·戴维神父（1826—1900）的记忆最为深刻。他既是天主教遣使会会员——一位身披长袍的传教士，也是一位精通动物学、植物学、地质学，经验丰富的博物学家。1869年4月，他在雅安以北的宝兴县的大山里第一次发现了大熊猫。他对大熊猫进行了科学研究，并向科学界发送了研究信息。在邓池沟，天主教堂和他当年居住过的乡间寓所至今仍发挥着功用。

邓池沟天主教堂的历史悠久，较周边天主教堂历史更早一些。四川

中年戴维神父

老年戴维神父

省著名的教堂有：小金县天主堂（建于1919年）；泸定县磨西天主堂（建于1892年）；成都平安桥天主堂（建于1896年）；彭州白鹿镇领报修院（始建于1895年）；西昌天主堂（建于1908年）等。

承载着四川天主教传播史的邓池沟天主教堂，有着独特的文化价值和艺术价值。2000年7月8日，原中国博物馆馆长俞伟超曾到邓池沟天主教堂考察，他连声称赞："堪称国宝！"

在俞伟超眼里，邓池沟天主教堂除了它独有的文物价值外，更重要的价值还在于它的科学价值——世界珍稀动物旗舰物种大熊猫的发现地。

大熊猫的发现者是阿尔芒·戴维。

阿尔芒·戴维是谁?

他是怎么来到邓池沟天主教堂的?

他在这里有什么惊人的发现?

1989年，邓池沟天主教堂被宝兴县政府公布为第一批县级文物保护单位。2002年由四川省人民政府公布为第六批四川省文物保护单位，2009年，该地曾申报第七批全国重点文物保护单位，但并未成功。

左：邓池沟天主教堂纪念碑

右：邓池沟天主教堂在宝兴北部，阿尔芒·戴维“发现”大熊猫的地方

阿尔芒·戴维在这里的旅行考察虽然只有短短的10个月时间，但他在这里有震惊世界的科学发现。

从此，邓池沟天主教堂不仅作为一所宗教殿堂，更是作为一所科学殿堂而名扬海内外。

“蜜蜂的本意是采蜜，但它在无意中传播了花粉。”

清康熙二十七年二月二十日（1688年3月21日），奉法国国王路易十四之命到中国进行科学考察的法国耶稣会士洪若翰、白晋、张诚等人，受到了康熙皇帝的接见。17世纪80年代的法国，正是波旁王朝路易十四统治时期。

路易十四与康熙皇帝具有惊人的相似之处：都是冲龄即位，都凭借雄才大略建立了中央集权的统治，并把各自的国家推向了鼎盛，成为当时的区域性的强国——一个成为欧洲大陆科技文化的中心，一个称雄亚洲。

为了绘制航海图，法国已经向世界许多国家及地区派出科学考察人员进行天文观测与地理考察，唯独对派人到中国、印度感到棘手，他们对东方古国实在是知之甚少。考虑到天主教的一个修会——耶稣会自利玛窦明朝万历十年（1582年）来华传教，其传教士不仅在中国的土地上立足，而且其中的一些人还直接为中国政府、中国皇帝服务，同官方一直有密切联系，路易十四决定选择精通数学、擅长舆地工作、掌握中国最基本的艺术和科学知识的传教士来华，从而开始了以科学传教团为媒介的中法之间的交往。

欧洲近代自然科学的发展以及路易十四时代法国在欧洲大陆的主宰地位，为科学传教团的派出提供了条件。路易十四所创建的法国科学院、音乐学院、舞蹈学院、建筑学院，使得巴黎成为欧洲科学文化的中心，法语成为欧洲各国宫廷及官方交往的通用语言，而法国军队在荷兰、德意志、奥地利与西班牙的驻扎，更是体现了法国当时的实力及对外扩张的趋势。

根据路易十四的指示，洪若翰等人被接纳为法国皇家科学院的成员，并授予他们“国王的数学家”的委任书。他们的身份是“国王的观察员与数学家”，而“搜集中文书籍和进行天文观测”“完成从中国获取天文数据”“完善法国人的航海图和地图”则是他们来华的主要目的。他们在中国的科学考察经费，由法国政府从国库中拨给，每年给

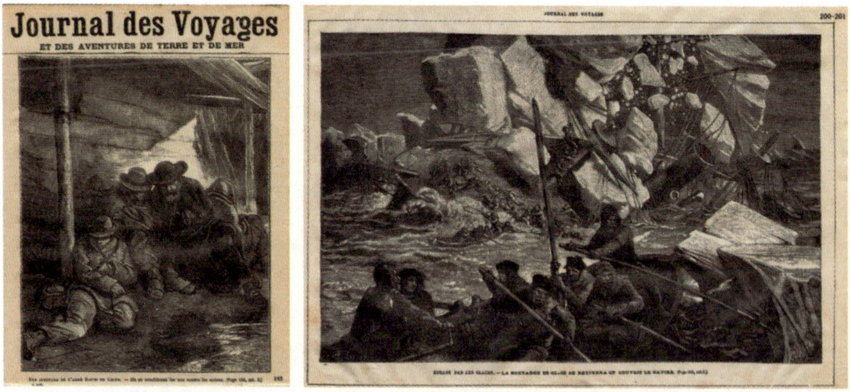

1880年法国出版的《法国旅行画报》，报道了戴维在中国的探险考察

法国巴黎自然历史博物馆

在中国、印度进行科学考察的传教士9 200里尔（约为当时9 200两银子）。对洪若翰等人来说，科学考察是国家赋予的使命，他们每年都要向法国就各项问题提供大量珍贵而准确的考察报告，并提供最有价值的满文和汉文书籍的翻译资料。

虽然阿尔芒·戴维到中国的时间，与洪若翰等人相比，晚了100多年，但他的身份依然是一个从事“科学传教”的传教士，在他的行李中，还有着一张“法国巴黎自然历史博物馆通讯员”的证书，他到中国的主要任务就是收集动植物标本。

1869年2月28日，春寒料峭，夹金山冰雪覆盖。一个步履蹒跚的法国人来到了邓池沟天主教堂。这里是他在中国进行第二次旅行考察的终点站。

“但愿这块陌生而神秘的土地，能给我带来惊喜。”阿尔芒·戴维说。

8天前的2月21日，阿尔芒·戴维从成都出发，一路步行，向着邓池沟进发。在他眼里，他脚下的道路，是一条通往西藏的小道。

他以为有路通向西藏，这里就是西藏了，于是，他称这里是藏东地区，在这里发现和收集的植物标本，被他称为“藏东植物”。其实，邓池沟离西藏还很远。

阿尔芒·戴维之所以能到这里来，是因为邓池沟天主教堂是法国人建的，在这里工作的传教士，收集了不少动植物标本寄回法国。他此行的目的只有一个，一是为法国自然历史博物馆收集动植物标本，二是弄清楚“黑白熊”为何物。

1826年9月7日，阿尔芒·戴维出生于法国西南部一个名叫艾斯佩莱特市的小镇。他的父亲是一名医生和庄园主，也当过市长和法官，热衷于医学和生物研究。阿尔芒·戴维深受感染，从小就喜欢与大自然亲近，经常陶醉于绚丽多彩的大自然中，他学会了诱捕、狩猎飞禽走兽和制作动植物标本，诱捕飞禽的口哨吹得惟妙惟肖，可以以假乱真，制作的动植物标本陈列在当地的博物馆中。

19世纪的法国巴黎，是欧洲汉学的发源地和中心。中国被那些着迷于

飞蛾标本“匀点尺蛾”，标本采集地——西藏MouPin（实际是四川穆坪，今四川省雅安市宝兴县）

马赛港

东方文化的人们描绘成天堂一般的胜地。26岁时，阿尔芒·戴维在日记中写道："我始终梦想着去中国传教，12年来我一直希望自己能从事这样的工作，所以我努力修行成为一名神父。而且从诞生的那一天起，26年来我一直希望到那个似天堂的王国或者类似的地方去学习新的语言和文化。"随后，他向教会提出申请。得到的回答是："实现梦想需要等待。"

从26岁到36岁的10年间，阿尔芒·戴维被派往意大利的萨沃纳市（Savona）教书，萨沃纳市是位于阿尔卑斯山脉和地中海之间的港口城市。

1861年，他的"等待"有了回音。法国宗教界、外交界同意派遣阿尔芒·戴维到中国"科学传教"，主要任务是帮助法国巴黎自然历史博物馆收集动植物标本。

1862年2月24日，36岁的阿尔芒·戴维和其他6名传教士、14名修女从马赛港启程。当年，苏伊士运河尚未开通，要绕远路经非洲好望角才能抵达中国。经过3个多月的漫漫航程，他们5月底到达上海，稍事休整，继续前行，最后经天津，于7月21日到达北京。

从此，他开始了在中国寻找动植物标本的10年历程。

## 第二节　发现“四不像”

在阿尔芒·戴维到中国之前，已有传教士和来华工作的外国人把一些中国物种标本带回了欧洲。但由于缺乏专业知识，收集的动植物标本不但散乱，而且大多也不过是普通的动植物标本，几乎没有科研价值。

阿尔芒·戴维在开始中国的旅行考察前，他在北京香山静宜园、河北承德木兰围场、清东陵等处发现了不少中国特有的物种，比如梅花鹿、马鹿、直隶猕猴等，并将标本陆续运回法国，引起了法国生物界的震动。

1865年秋，阿尔芒·戴维听说北京的南郊有一群“奇异的鹿”。生物学家是不会错过任何一种新奇的动植物的，哪怕是一株枯萎的野草。

永定河在华北大平原上缓缓向东流动，在地势低洼处形成了很多大大小小的湖泊，北京人俗称“海子”。包裹着这些“海子”的，是一片片树木葱茏的密林、中间间隔着低矮的灌丛和蒿草没膝的草地。这一大片如今属于北京南四环到南六环之间的地带，在清朝时被一堵高高的围墙圈起，有宫门，还有重兵守卫，这就是清朝的皇家猎苑——南苑。在这里，戴维发现了一个西方动物分类学中之前没有记载的物种——麋鹿。

麋鹿，俗称“四不像”，角似鹿非鹿，脸似马非马，蹄似牛非牛，

戴维手绘“戴维鹿”

麋鹿

尾似驴非驴，是大型的沼泽湿地鹿类，也是中国独有的物种。从远古到晚清，麋鹿不断地出现在中国人的诗词和其他文字记录中。不过，因为人类千百年来的猎杀，麋鹿数量一直在减少，清末时，基本上已经没有野生的麋鹿了。

1866年3月，阿尔芒·戴维通过贿赂，从皇家猎苑管理者的手中“弄”到了麋鹿头骨和鹿皮。1866年4月，他将自己亲手制作的3只麋鹿标本寄回巴黎，并写信告诉亨利·米勒·爱德华兹：“一种有趣的反刍动物，这是一种奇异鹿。”经亨利·米勒·爱德华兹鉴定——它不仅是一个新种，而且是鹿科动物中的新属——麋鹿属（PereDavid's Deer）。

为了纪念阿尔芒·戴维的贡献，麋鹿在法国被命名为“戴维鹿”（David's deer）。从此，养在“深宫”的麋鹿，开始闻名于世界。

阿尔芒·戴维在北京曾建了一个博物馆，取名“百鸟堂”，展览他发现的鸟类和其他动植物标本，开了中国博物馆之先河。“百鸟堂”就建在北京蚕池口教堂内。据北京救世堂樊国梁主教撰写的《燕京开教略》一书记载：

有达味德者（David即阿尔芒·戴维——作者注）邃于博物之

戴维手绘鸟

学，抵华后，遍游名山大川，收聚各种花卉鸟兽等物，以备格致，即于北堂创建博物所。内储奇禽计800多种，虫豸蝶计3 000余种，异兽若干种，植物金石之类，不计其数，毕博物家罕见者。馆开后，王公巨卿，率带家属，日来玩赏者，随肩结辙，不久名传宫禁，有言皇太后曾微服来观者。

馆内陈列奇禽800余种，虫蝶3 000余种，还有异兽、植物、矿石之类。百鸟堂对外开放后，各界人士包括王公大臣等前往参观，不久传入宫内，据说慈禧太后也曾微服前往观赏。一时间，“百鸟堂”门庭若市，远近闻名，人们争相游赏。

这里便成了阿尔芒·戴维收集动植物标本的大本营，除寄回法国的标本之外，其余标本都陈列在了这里。

当麋鹿开始被世界所知的时候，阿尔芒·戴维走出了北京，开始了他在中国境内的第一次“旅行”。

1866年3月12日，阿尔芒·戴维从北京出发，目标是内蒙古、辽西[①]一带，当年10月26日返回北京，完成第一次旅行考察。

本来很可能我的出征会取得更多更大的成绩，但我未能到达预期的目的地青海和甘肃。我原来的打算是穿过甘肃进入青海，那个地区是尚未开发过的，很难行走，应该是隐藏着不止一类的新东西。

戴维两栖甲

后来，他写下了《蒙古与中国旅行记》。

从内蒙古返回后，阿尔芒·戴维的眼光盯在了中国的南方。随后他离开北京南下，在江苏、上海、福建等地留下了他的足迹，还从长江水道，进入了四川。这是他在中国的第二次旅行考察，从华东到华西。后来，他还进行了第三次旅行考察，从西北到华中、华东。

1868年7月，阿尔芒·戴维到了上海，认识了一个名叫韩伯禄的神父，他们都有一个共同的爱好，收集和制作动植物标本。后来，韩伯禄也在上海徐家汇建立了一个博物馆。

在上海，阿尔芒·戴维与韩伯禄还有过一次有趣的“交锋”。当

① 辽河以西的地区，今辽宁省西部以及河北省山海关以北。

韩伯禄得知阿尔芒·戴维要从长江水道进入长江流域时，他哈哈大笑："我已梳理过的地方，你还去干什么？后来者必将空手而归。"

阿尔芒·戴维说："你是骑马坐轿，我是徒步踏勘，怎能一样？"

也许正是阿尔芒·戴维用双脚丈量大地，与万物更接近，收获才更丰富。

## 第三节　发现大熊猫

在上海，阿尔芒·戴维偶然得知，在遥远的长江上游地区，有一个叫穆坪的地方，是"上帝的后花园"，里面有很多珍稀的动植物。一个曾在邓池沟天主教堂工作过的传教士说，邓池沟天主教堂位于穆坪的大山中，那里生活着一种叫"白熊"的动物。于是，他把第二次旅行考察的目标锁定在了穆坪和栖息地那里的"白熊"。

他不知道，一个石破天惊的秘密正等待着他揭开——传教士口中所说的"白熊"，正是后来风靡全球的大熊猫。

1869年1月10日，阿尔芒·戴维到了成都。他到四川教区拜会主教平雄神父。平雄神父也在穆坪修道院工作过，碰巧的是，平雄神父也热爱自然科学，曾经考察过穆坪的自然资源。

"在穆坪的森林里，生活着两种羚羊，一种野牛，一种黑白熊。"平雄神父对阿尔芒·戴维说。

"是白熊？还是黑白熊？"阿尔芒·戴维追问道。

"当地人对这种动物的名称很多，说'白熊'是它，说'黑白熊'也是它，也许它还有其他名字，我也说不准。"平雄答道。

再一次听说"白熊"后，阿尔芒·戴维再也坐不住了，也许一个重大的发现正等着他。

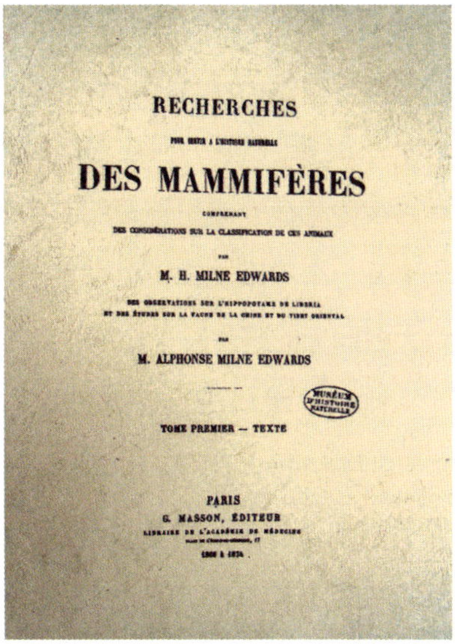

RECHERCHES

POUR SERVIR A L'HISTOIRE NATURELLE

DES MAMMIFÈRES

COMPRENANT

DES CONSIDÉRATIONS SUR LA CLASSIFICATION DE CES ANIMAUX

PAR

M. H. MILNE EDWARDS

DES OBSERVATIONS SUR L'HIPPOPOTAME DE LIBERIA

ET DES ÉTUDES SUR LA FAUNE DE LA CHINE ET DU TIBET ORIENTAL

PAR

M. ALPHONSE MILNE EDWARDS

MUSÉUM D'HISTOIRE NATURELLE

TOME PREMIER — TEXTE

PARIS

G. MASSON, ÉDITEUR

LIBRAIRE DE L'ACADÉMIE DE MÉDECINE

1868 À 1874

大熊猫出生证

1869年2月22日，阿尔芒·戴维雇用了5个挑夫，在青年传教士库帕的陪同下，从成都经双流、新津、邛崃，到达今芦山县大川镇。他的行走路线，正是当年利类思、安文思的“逃难”路线，只不过阿尔芒·戴维走得更远，他不仅经过了圣堂坪，还翻越了海拔3 000多米的大瓮顶，28日到达了目的地——穆坪邓池沟天主教堂。

当天晚上，他在日记中写道：

> 这里虽然离成都不远，但由于崇山峻岭的阻隔，仍是一个封闭的部落。如我预料的那样，这里的高山和河谷都被原始森林覆盖，使得当地的野生动物得以生存和延续下去。

3月1日，阿尔芒·戴维开始工作，邓池沟天主教堂神父格里特特意给他安排了连在一起的两间房，一间作休息室，一间为工作室。3月2日，挑夫送来了行李和制作标本的工具、实验器皿。

阿尔芒·戴维点燃了酒精灯，蓝色的火苗第一次在遥远的大山中闪耀，一束科学的曙光照进了这里。

从3月到11月，阿尔芒·戴维白天以邓池沟天主教堂为中心，四处考察，夜晚就在教堂里整理和制作动植物标本，这盏酒精灯陪伴着他度过了一个又一个不眠之夜，见证了一个又一个奇迹的诞生。大熊猫、川金丝猴等大名鼎鼎的野生珍稀动物，就是在这盏酒精灯下解剖并制作成标本的。

刚到穆坪11天，“黑白熊”就与阿尔芒·戴维不期而遇了。

3月11日，阿尔芒·戴维在学生格尼·厄塞伯的陪同下，来到红山顶下的河谷考察。红山顶是当地一座较高的山峰，阿尔芒·戴维一路收集了很多植物标本。下午在返回教堂的路上，遇上了一位李姓的教友。那人邀请他们到家里喝茶、品甜点。

1869年，法国博物学家阿尔芒·戴维就是在邓池沟天主教堂附近发现大熊猫、戴维两栖甲、珙桐的

当年戴维手绘的大熊猫图

他看着天色尚早，便欣然答应。这一去，一个隐藏了数百万年的秘密，就在李姓教友的家中缓缓被揭开。

一走进李家的中堂，阿尔芒·戴维就看到了墙壁上挂着的一张黑白兽皮。

“莫非这就是传说中的‘黑白熊’？”阿尔芒·戴维疾步向前，仔细观看起来。这张动物皮只有两种颜色，周身雪白，四肢漆黑，全身黑白分明。

李姓教友见他对这张动物皮感兴趣，走过去告诉他：“这是一张竹熊皮。”

“竹熊？”阿尔芒·戴维哑然失笑，一种动物竟然有三个名字。其实，当地人除了称这种动物“白熊”“黑白熊”“竹熊”外，还有一个名字叫“花熊”。

回到教堂，阿尔芒·戴维迫不及待地打开日记本写道：

天啦！伟大的造物主居然创造出如此奇特的大型动物。它可能成为科学上一个有趣的新物种。

第二天，阿尔芒·戴维再次到了李姓教友家，再一次仔细观察黑白熊猫的皮毛。他知道，对于生物学来说，没有见过活体动物，就不能说这种动物存在。

3月23日，阿尔芒·戴维雇佣的猎人带来了一只幼年的“黑白熊”。遗憾的是，为了携带方便，猎人把捕捉到的“黑白熊”弄死后才送来。虽然“黑白熊”死了，但尚有余温的身体还是证明了这种神奇动物的存在。

4月1日是西方的愚人节，但对阿尔芒·戴维来说，这天却是他最幸运的日子。

这天上午，猎人们又给阿尔芒·戴维送来一只活的成年“黑白熊”。他兴奋不已，围着“黑白熊”团团转，终于确认了自己之前的直觉——这又是一个欧洲没有的物种。戴维暂时把它定名为“黑白熊”。

发现“黑白熊”，让阿尔芒·戴维激动不已。他等不及将“黑白熊”制作成标本寄回法国，就要求巴黎自然历史博物馆立即公布他对这种熊的描述：

*Ursus melanoleucus A.D.*（拉丁文，意为“黑白熊”）我的猎人是这样说的：体甚大，耳短，尾甚短；体毛较短，四足掌底多毛；色泽白色，耳、眼周、尾端并四肢褐黑；前肢的黑色交于背上成一纵向条带。

我前些天刚刚得到这种熊的一只幼体，也曾见过多只成年个体的残损皮张，其色泽均相同且颜色分布无二。在欧洲标本收藏中，我还从未见过这一物种，它无疑是我所知道的最为漂亮可人的新品种；很可能它是科学上的新种。在过去20天里，我一直请十几位猎人去捕捉这种不寻常的熊类的成年个体。

4月4日——又一只黑白雌性成体纳入我的收藏。它体型适中，皮毛的白色部分泛黄且黑色部分较幼体之色泽更深沉而又更光亮。

亨利·米勒·爱德华兹收到戴维的信后，出于对戴维严谨求实的科学态度的认可和信任，他毫不犹豫地在当年出版的《巴黎自然历史博物馆之新文档》第5卷刊发了阿尔芒·戴维的来信。

由于饲养不当，这只“黑白熊”不久就病了，最后死在了天主教堂内。

在“黑白熊”生病期间，阿尔芒·戴维束手无策。“黑白熊”的生活习性对他来说，完全是一个未知的领域，最终只得眼睁睁看着这只“黑白熊”一天天消瘦下去，直至身亡。

1869年10月，阿尔芒·戴维把大熊猫的皮毛和骨头寄回法国。同时他附了一封信：

我在成都时，听平雄主教说到白熊，当时想的是这种熊得了白化病。当我看到皮张后，马上就相信这是一个有清楚区别的物种。箱子里装的是一只成年雌性黑白熊的皮毛和全部骨头，另一只是幼年雌

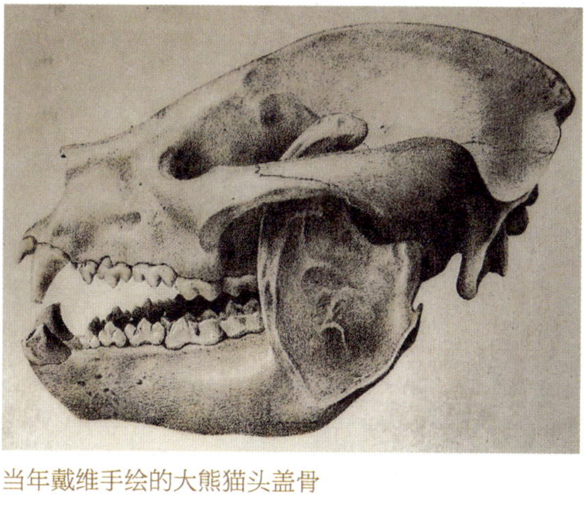

当年戴维手绘的大熊猫头盖骨

性，也是皮毛和骨头。我对这种熊的认识，在到来之前毫无所知。

此时，亨利·米勒·爱德华兹的儿子阿尔封斯·米勒·爱德华兹已接任馆长职务，他也是一个自然科学家。在认真研究阿尔芒·戴维寄回的标本后，他认为“这不是一个熊属”，而是一个新属。

就其外貌而言，它的确与熊很相似，但其骨骼特征和牙齿的区别十分明显，与小猫熊和浣熊相近。这一定是一个新属，我已将它命名为*Ailuropoda*（猫熊属）。

1870年，阿尔封斯·米勒·爱德华兹的研究成果《中国西藏东部动物的研究》发表在《关于哺乳动物自然历史的研究发现》合刊上。他认为“黑白熊”虽外貌与熊很相似，但其骨骼特征和牙齿与熊有十分明显

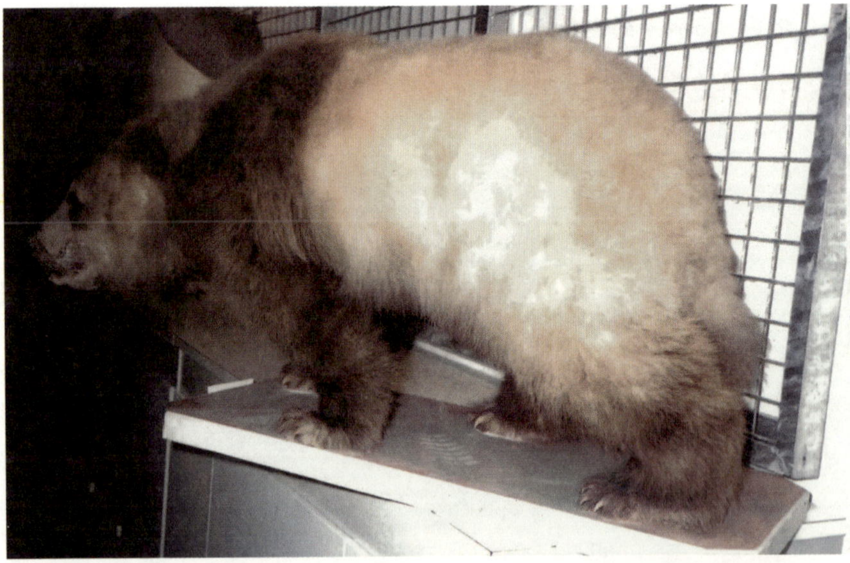

来自雅安的大熊猫模式标本，永远陈列在巴黎自然历史博物馆的大熊猫模式标本

的区别。他确信“黑白熊”是一种新属，遂命名为“大熊猫”。

阿尔封斯·米勒·爱德华兹提到的小猫熊，即我们今天所说的小熊猫，是1821年发现的，因为阿尔芒·戴维发现的“黑白熊”和小猫熊有相似之处，所以阿尔封斯·米勒·爱德华兹将它命名为“大熊猫”（也有翻译成“大猫熊”），并在它的名字中加上了发现者的名字：*Ailuropoda melanoleuca David*。

阿尔芒·戴维当时对大熊猫习性的认知主要来自猎户们的描述：

> 栖息在和黑熊相同的森林里，不过数量稀少得多，分布地海拔也高一些。它似乎以植物为食，但有机会吃到肉食时，它也绝不会拒绝。我甚至认为在冬季里，肉食是它的主食。

150多年过去了，昔日的科学已成今天的常识。我们可以一眼就看出阿尔芒·戴维对“大猫熊”认知上的偏差。

这是一个躲过了第四纪冰川期的古老物种，为了在寒冷的冰川期生存下来，它们改变了原先的食肉特性，开始以竹子为食，但是吃肉的犬牙却保留了下来，偶尔地吃一些肉食，它们的确不会拒绝，不过它们的主食一年四季都是竹子。为了在冰川期繁衍自己的种群，它们缩短怀孕时间，进化出生育早产儿的特性：初生的大熊猫幼崽，没有黑白相间的萌宠模样，而像没有毛的小老鼠，离开妈妈的照顾，很难成活……

不过，正是因为阿尔芒·戴维首次发现了“大猫熊”，才有了更多的后来者，不断地研究和探索这一物种的秘密。因此，1869年4月1日，也就是阿尔芒·戴维见到熊猫活体的这一天，被定为“大熊猫发现日”，而穆坪，也就是今天的宝兴，成了世界知名的大熊猫模式标本产地。

## 第四节　发现珙桐

惊喜还在继续。

1869年5月4日，戴维雇佣的猎人又给他带来了惊喜：6只猴子。经过仔细鉴定，戴维认定这又是一个“新种”——金丝猴。

> 这种猴色泽金黄而可爱，身体健壮，四肢肌肉特别发达。面部奇异，像一只绿松色的蝴蝶停立在面部中央，鼻孔朝天，鼻尖几乎接触到了前额。它们的尾巴长而壮，背披金色长毛，终年栖息在目前有白雪覆盖的高山树林中。它是几个世纪以来中国艺术的神祇，是令人推崇的理想的化身。

戴维手绘川金丝猴

金丝猴在中国境内分布着4个亚种：川金丝猴、滇金丝猴、黔金丝猴和怒江金丝猴。国外还有一个种：越南金丝猴。阿尔芒·戴维发现的是川金丝猴。川金丝猴名气最大，分布也最广，生活在川、陕、甘和湖北神农架的原始森林中。

它们浑身金色的毛发在太阳的照射下闪闪发光，煞是漂亮。当时的欧洲人只在中国的图画和瓷器上见过它们，还以为它们是人们臆想中的动物，正是戴维的发现告诉人们，这种传说中的美丽动物是真实存在的，而且是在中国。

在穆坪还发现了一种被称为“植物大熊猫”的孑遗植物——珙桐（*Davidia involucrata*）。珙桐像大熊猫一样，躲过了第四纪冰川期，幸运地存活了下来。每逢花开时节，成双成对的“花瓣”像是满树飞舞的鸽子。

阿尔芒·戴维看到珙桐时，正值珙桐花开的季节，树上一对对白色花朵躲在碧玉般的绿叶中随风摇动，远远望去，仿佛是一群白鸽在枝头摆动着可爱的翅膀。戴维被这种奇景迷住了。

阿尔芒·戴维给它取了个非常生动的名字——“中国鸽子树”。经后人研究才发现，那些美丽的“鸽子翅膀”其实并不是珙桐的“花瓣”，而是一种特殊的叶子——苞片。

阿尔芒·戴维把“养在深闺人未识”的珙桐写入了自己的植物学著作，并在书中配发了一幅漂亮的手绘彩图，因为花苞片的形状，珙桐被称为“鸽子树”或“手帕树”。可能是这种树的描述和他那幅漂亮的插图引起了商人的注意，英国维彻公司才产生了引种的念头。欧洲的园艺狂人们纷纷前往中国，将包括珙桐在内的多种植物引入欧洲，漂亮的珙桐现在已成为欧美普遍栽培的景观园林树，也成了世界十大观赏树之一。

由阿尔芒·戴维在穆坪发现的其他比较著名的物种还有：扭角羚（又称羚牛），虽然身形庞大，貌似笨重，却是爬山的高手；娃娃鱼

邓池沟的珙桐树

1888年出版的《戴维植物志》中唯一张彩色插图为珙桐。珙桐的模式标本由戴维1869年采集于雅安市宝兴县

（学名大鲵），这种古老的两栖类物种有着娃娃一样的叫声；另外还有藏酋猴、绿尾虹雉等。在植物中则有多种美丽的高山杜鹃和报春花。

从穆坪考察归来后，由于身体出了问题，阿尔芒·戴维曾回法国休养了将近两年时间。在此期间，部分动植物标本被拿到巴黎自然历史博物馆展览，得到了很高的评价。

1872年，阿尔芒·戴维当选为法兰西科学院院士。1872年3月，他再次返回中国，11月2日从北京启程，开始了在中国境内的第三次旅行考察。

这次考察进行了一年多，阿尔芒·戴维在秦岭停留了四个月，后来沿汉水南下，经汉口、九江，又去了武夷山，到达了深山中的一个传教点——挂墩。这个海拔1 800米、位于今武夷山自然保护区核心地带的地方，一年的大部分时间云雾缭绕，因为空气湿度高、生存条件恶劣，这里人烟稀少，原始植被保存完好。

在这里，戴维发现了很多独特的物种，如挂墩鸦雀、挂墩角蟾、猪尾鼠等。因为戴维对挂墩的生物多样性的推崇，使其后来成为当时世界动植物学者向往的“模式标本的圣地”。

1873年11月，戴维还是离开了中国，离开了在他眼里是如此美好的国家：

> 中华文明令人羡慕，除了偶尔的土匪流寇外，这片大地安静、祥和、深沉。人们勤劳、朴素、文雅，人人守礼。
>
> 中国人比我们更有耐心，他们看起来总是泰然自若。我甚至有时候很羡慕那两个北平小伙子，他们和他们的同胞一样，是如此的平静和安详，从没发过牢骚，甚至连一个不满的手势也没有打过。是他们的天性如此，还是后天的教化？抑或是东方宿命论世世代代熏陶的结果，而他们并没有意识到这一点？他们像哲学家一样安静地吃饭，安静地休息，安静地享受这一切，谁也不打扰谁。

虽然戴维在中国工作不到十年，但他的“物种”发现量用“庞大”来形容是一点也不过分的。

1874年，戴维回到法国，带回的动植物标本以及活体，经巴黎自然历史博物馆统计，总计2 919种植物，9 569种昆虫、蜘蛛与甲壳类动物，1 332种鸟类以及595种哺乳动物，而这些还不包括在各种意外中损失的标本。

在随后的岁月里，阿尔芒·戴维与其他自然科学家合作，主要致力于对这些标本的分类、描述、展览和出版等工作。

1877年出版的《中国鸟类》（*Les Oiseaux de la Chine*），记录了阿尔芒·戴维在中国亲眼观察的772种鸟类，其中有58种是新种。《中国鸟类》成为当时研究中国鸟类的经典著作。

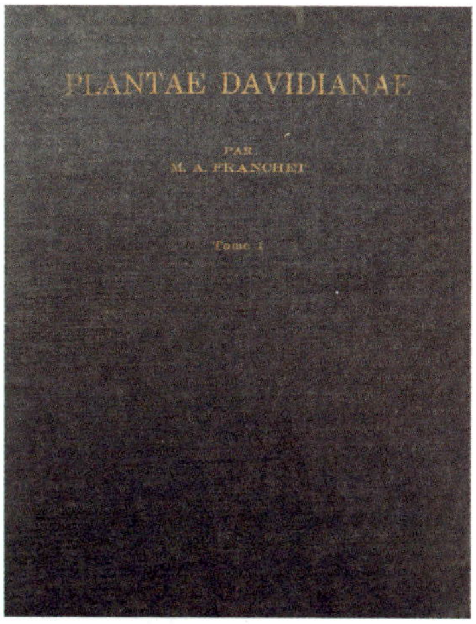


1888年出版的《戴维植物志》封面

法国植物学家弗朗谢和阿尔芒·戴维合作，对阿尔芒·戴维采集回来存放在巴黎自然博物馆的植物标本进行了整理和描述，出版了《戴维植物志》，全面介绍戴维搜集到的植物。此书分两卷，第一卷于1884年出版，副标题是“蒙古、华北及华中的植物”，记载了北京、河北和内蒙古等地的植物1 175种，含新种84个。第二卷于1888年出版，该卷的副标题是“藏东植物”。

《戴维植物志》的插图
——喜树

《戴维植物志》中插图
——宝兴大叶报春

《戴维植物志》中插图
——腺果杜鹃

《戴维植物志》中的插图
——宝兴杜鹃

“藏东植物”，从标题上看似乎范围很大，其实记载的全是来自穆坪采集的植物402种，其中163种为新种。他为宝兴县留下了一本“植物志”。这本书对于西方认识和了解中国植物影响很大。

另外，他还写了一本名为《戴维日记》的书，详细地记载了他从1866—1869年在中国考察的经历。

1900年11月，阿尔芒·戴维在巴黎病逝，享年74岁。

阿尔芒·戴维在中国发生的传奇故事，让他和他所发现的那些物种，在世界博物学发展史上写下了辉煌的篇章，也间接地推动了中国现代博物学的发展。

2000年11月，法国大熊猫寻访旅游考察团一行45人来到邓池沟天主教堂。2003年10月，法国驻华大使蓝峰先生专程到邓池沟天主教堂参观。

《戴维日记》封面

为使中法友谊世代相传，法国艾斯佩莱特市还与宝兴县政府签订了“友好市县协议”，并相互赠送了象征中法友谊的纪念品，希望中法人民的友谊长存。

“145年前，阿尔芒·戴维在这里发现大熊猫，今天我要把大熊猫文化带过去。”2014年3月18日，一场“万里骑行法兰西壮行”仪式在邓池沟天主教堂举行。

在随后的三个多月时间里，64岁的雅安退休工人罗维孝展开了“万里走单骑 戴维故里行”之旅。他骑着一辆自行车，从邓池沟天主教堂出发，历时115天，跨越8个国家，行程15 000多公里，跨越亚欧大陆，穿越145年时空，完成了从大熊猫的故乡到大熊猫发现者的故乡的回访，受到阿尔芒·戴维故乡艾斯佩莱特市民众的欢迎，尊称他为“CHINE骑士罗”。

2000年11月，在阿尔芒·戴维逝世100周年之际，来自他家乡的亲人追寻先贤足迹，来到邓池沟天主教堂

在大熊猫科学发现145周年之际，2014年3月18日，雅安退休工人罗维孝从邓池沟天主教堂出发，万里走单骑，骑行法兰西

从2000年到2017年，法国艾斯佩莱特市市长戴海杜先后4次到邓池沟天主教堂。2017年最后一次行程的目的，就是商定在大熊猫科学发现150周年之际戴维后裔的回访事宜。

2019年正值大熊猫科学发现150周年之际，戴海杜早已办理了签证并预订了机票，就在即将启程前，旧病复发突然去世。而他的47名同乡按时启程，按照他生前愿望，他的葬礼选择在了大熊猫科学发现150周年庆祝活动这天。

4月16日，安静的邓池沟天主教堂内摆放着一张戴海杜坐在宝兴乡间的照片、一串鲜花和两杯他生前喜欢的葡萄酒。法国人围着照片，连续唱了三首家乡的巴斯克语歌曲，献给天国里的戴海杜。最后一首歌叫《他是我的朋友》，是戴海杜生前最喜欢的歌。

法国朋友说，参加戴海杜葬礼的人们也在万里之外唱了这首歌缅怀他。

此时的邓池沟天主教堂又成为中法文化交流的“文化殿堂”。

纪念大熊猫科学发现150周年大熊猫溯源之旅活动

# 第五章 疯狂追逐

## 第一节 李希霍芬的叹息

阿尔芒·戴维撰写的报告虽然已经发表，但大熊猫标本还在路上，所以这份报告并没有引起轰动，毕竟在中国发现的新物种太多了，多得似乎让人有些麻木了。

然而谁也没有想到的是，当“黑白熊”标本运抵巴黎展览时，正值普法战争，虽然普鲁士军队已经逼近巴黎，但天性浪漫好奇的法国人还是跑去观看大熊猫标本。大有“熊猫来了，战争走开”之势。

不看不知道，世界真奇妙。

人们从兽皮上看到一张圆圆的脸，眼睛周围是圆圆的黑斑，就像戴着时髦的墨镜，而且居然还有精妙的黑耳朵、黑鼻子、黑嘴唇，这简直就是戏剧舞台上化妆的效果，太不可思议了！

有人断言，这张来自中国的皮毛绝对不真实，一定是伪造的。亨利·米勒·爱德华兹仔细研究了黑白熊的皮和骨骼以后，否定了有关伪造的说法。他确信这是一个新的物种，而且认为它不是熊。由于它与19世纪早期在中国西藏发现的小熊猫食性相近，但其嘴圆，有着猫的特点，因此确定了它的分类科目、种属关系，最后将这种动物命名为“大猫熊”（Panda）。亨利·米勒·爱德华兹虽然纠正了阿尔芒·戴维的错误观点，但他没有贪功，仍然将“大猫熊”（Panda）命名人的桂冠戴在了阿尔芒·戴维头上。

就在阿尔芒·戴维在中国进行第二次旅行考察时，一个来自德国的地理学家也来到了长江下游，开始了他在中国的第一次考察，他叫费迪南德·冯·李希霍芬。

费迪南德·冯·李希霍芬

李希霍芬到中国的时间比阿尔芒·戴维稍晚一些，但他在中国走过的地方更多，只不过他的考察重点是地质和地理，而阿尔芒·戴维考察的是动物和植物。

在中国与世界的文化交流上，他们都有着卓越的贡献，阿尔芒·戴维的惊世发现，把中国的珍稀物种介绍给了世界，而李希霍芬则是首创了“丝绸之路”这一概念，他把中国的古老文明传播给了世界。

李希霍芬是地理学界神一样的人物，在交通极为不便的19世纪六七十年代，他7次考察中国，足迹遍及当时18个行省当中的13个。

李希霍芬是德国地理学家、地质学家，历任柏林国际地理学会会长、柏林大学校长，曾长期在波恩和莱比锡大学担任地理学教授，一生出版了将近200部地质地理学著作，其中对中国的地质考察和研究是其重要的学术成果。

李希霍芬于1868年9月开始在中国进行了历时四年之久的地理地质考察，对中国的山脉、气候、人口、经济、交通、矿产等进行了深入的调查研究，搜集了大量的经济军事情报，先后出版了五卷《中国——亲身旅行的成果和以之为依据的研究》，在欧洲地理学界引起了巨大反响，并且对中国造山运动所引起的构造变形进行了独到的研究。李希霍芬的研究成果对近代中国地质、地理学的产生和发展有着重大的影响，还首创了“丝绸之路”这一名称。

李希霍芬第一次考察始于1868年11月12日，主要去了宁波、舟山群岛、杭州、太湖、镇江、南京这一带。在宁波周边旅行时，李希霍芬手头没有一张正式的地图，却有一张传教图，李希霍芬之所以能顺利完成考察，实际上与当时西方在华传教士的协助指引有很大关系。但他发现传教图上的内容和实际情况根本不符，因此感慨：如果有传教士爱好地质学并且有点儿地质学的本领就好了。

李希霍芬在给父母的家信中，谈及对传教士工作的看法，认为中国人因为长期受传统思想的熏陶，很难真正信奉基督教，所以传教士们

李希霍芬著《中国》德文版

的努力基本上是白费的。那些整日散播福音的传教士们如果帮中国人在畜牧业、林牧业、水果种植技术方面取得进步的话，说不定会取得更大的传教成绩。他对传教士们在中国的工作前景是持悲观态度的。在他看来：只有铁路和汽船才能真正改变中国的落后状态。

在阿尔芒·戴维离开穆坪后的第三年，李希霍芬的身影出现在了成都街头，不久，他来到了雅安。

这是他在中国的第七次旅行考察，也是他准备离开中国前的最后一次考察。

> 那里有一条远古就有的贸易大道，英国人很想探明它，以便从乘汽轮就能到达的八莫开辟一条将印度产品和英国贸易通往中国的道路。如果我能够成功，就有理由期待所得到的结果与我所花的时间和精力成正比。

李希霍芬眼里的“贸易大道”，就是今天大名鼎鼎的“南方丝绸之路”。

李希霍芬的考察路线是：从北京到西安，经成都、雅安、西昌、大理，最终抵达腾冲，再折转贵州、重庆，乘船到上海，最终从上海返回德国。

由于成都的客栈不愿收留他，李希霍芬不得不住进巴黎外方传教会的传教站里。李希霍芬在中国考察期间，大多靠分布在中国各地的传教站协助完成。由于时空交错，他与阿尔芒·戴维擦肩而过，让人惊讶的是，他不仅知道阿尔芒·戴维，还知道他在生物学上的成就。在他的书中，我们看到了阿尔芒·戴维和大熊猫的身影，他也把四川雅安美丽的山川写在了书中。

然而，成都的教会对李希霍芬并不友好，李希霍芬只得提前离开了成都，前往雅安。

雅安是座大城，因为经水路可达，所以它便成了一个尽管并非人口众多但尤为广大的贸易枢纽，西藏和建昌（今西昌）是经过这里供给物资的主要地区。

没有教会“外援”的支持，李希霍芬一路上比阿尔芒·戴维艰难得多。他在日记中感叹道：

很羡慕遣使会的戴维神父，因为他能得到教会的支持，在成都往西的穆坪传教站获取了大量的动植物标本。就在三年前，戴维神父在此发现了后来闻名于世的大熊猫标本。戴维神父在穆坪时几乎不需要四处旅行，因为众多的基督徒会进山为他搜集东西。

好不容易走过了今天的雅安市荥经县，进入清溪县（今雅安市汉源县）地界，李希霍芬在翻越大相岭时，遭受到了过路的官兵的敲诈勒索，便没有勇气再往前走了，只得沮丧地结束第七次旅行考察，最后取道乐山、宜宾、重庆，走水路到上海，踏上了回国的轮船。

## 第二节　大熊猫倒在了枪口下

虽然李希霍芬最终遗憾地离开了雅安，大批追随者却追逐着阿尔芒·戴维的脚步来了。

随着阿尔芒·戴维在中国的惊世发现，大熊猫标本在巴黎展出，中国出现“冰川活化石”大熊猫的消息很快传遍了世界，引起国际生物学界的轰动，在世界上引起极大反响，穆坪不再平静，一股大熊猫热从巴黎开始，迅速蔓延到欧洲大地，一场席卷整个世界、持续时间长达70年之久的疯狂追逐由此开始，从19世纪70年代初到20世纪40年代初，英、法、美、俄等国的动物学家、探险家、旅行家、狩猎者纷至沓来，生物学家接踵而至……这里成为“神秘的70年淘宝史”的风暴眼，除猎杀大熊猫外，他们还采集珍稀动植物标本和植物种子。这股“淘宝”热潮，极大地丰富了欧洲大陆的植物资源。珙桐、杜鹃、报春花、野生桂花等雅安植物“飞”入了欧洲的皇家庭园和私家花园。

阿尔芒·戴维离开了中国，隐居荒野的大熊猫走向了世界，穆坪成为“神秘70年”的风暴眼。

1891—1894年，俄国冒险家波丹和贝雷佐夫斯基在四川平武、松潘获得一张大熊猫皮。

大约1900年，德国人在中国商人手中得到了一张大熊猫皮。

1914年，德国生物学家沃尔特·斯托佐纳组织了一只探险队，到中国西南部进行野外考察，以创立赫尔果兰鸟类观测站闻名的生物学家雨果·韦哥尔德是这支考察队的一员。

1916年，在今阿坝藏族羌族自治州汶川县，雨果·韦哥尔德从当地人手中买到了一只大熊猫幼仔，但没过多久它就死了。后来，第一次世界大战爆发，斯托佐纳探险队草草解散，搜寻大熊猫的工作也告一段落。

雨果·韦哥尔德被认为是第一个见到活体大熊猫的西方人，在此之前，美国植物学家恩斯特·韦尔森曾经在卧龙花了几个月时间寻找大熊猫，但除了粪便，什么也没找到。英国人的行动则更早一些，早在1897年，他们就在四川平武杨柳坝找到了一只雄体大熊猫的皮毛和骨头。

然而六七十年的时间过去了，无数的西方人来到四川，他们以穆坪为中心，四处寻找大熊猫，除了雨果·韦哥尔德见过活体大熊猫外，其他西方人没有一人见过活体大熊猫，甚至就连熊猫毛都没有捡到过一根。尽管如此，他们对大熊猫的探寻从未停止。

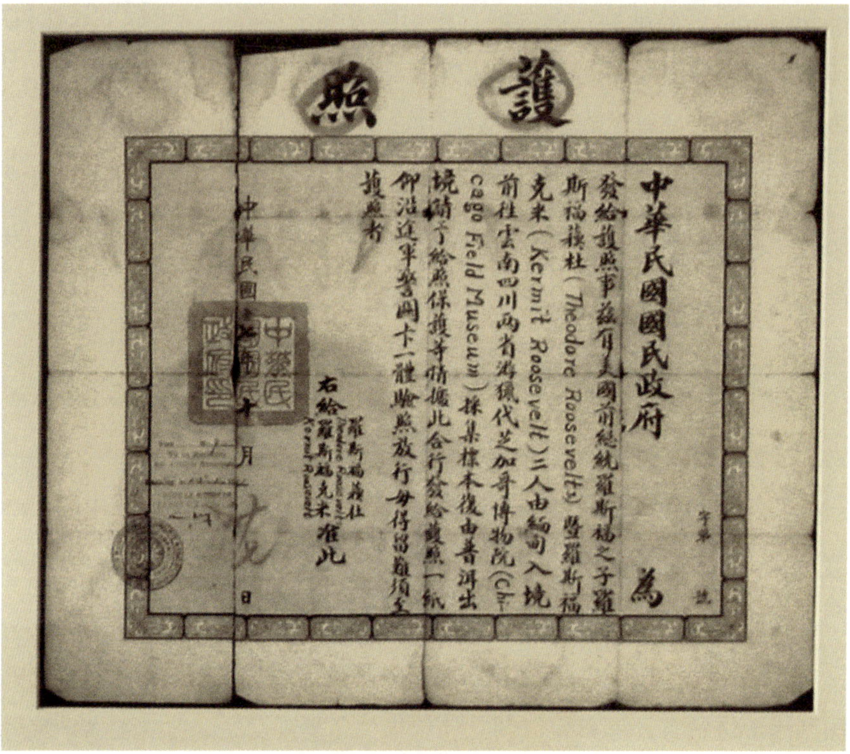
護照

中華民國國民政府　　　　　　　　為

發給護照事茲有美國前總統羅斯福之子羅斯福蘊杜（Theodore Roosevelt）暨羅斯福克米（Kermit Roosevelt）二人由緬甸入境前往雲南四川兩省游獵代芝加哥博物院（Chicago Field Museum）採集標本後由普洱出境請予給照保護等情據此合行發給護照一紙仰沿途軍警關卡一體驗照放行毋得留難須至護照者

右給 羅斯福蘊杜 Theodore Roosevelt 羅斯福克米 Kermit Roosevelt 准此

中華民國[illegible]月 日

字第　號

中华民国国民政府给罗斯福入境游猎收集标本的护照

1929年初，又一群美国人来到穆坪，他们的目标很明确，猎杀大熊猫。

1928年底，美国前总统罗斯福的两个儿子小西奥多·罗斯福和克米特·罗斯福手持民国政府颁发的护照，在芝加哥“菲尔德自然历史博物馆”的资助下，组织“凯利一罗斯福一菲尔德博物馆探险队”到中国狩猎大熊猫。他们经大西洋、印度洋，从缅甸进入中国境内。

中华民国政府给罗斯福两个儿子颁发的护照内容如下：

兹有前美国总统罗斯福之子罗斯福蕴杜（Theodore Roosevelt）暨罗斯福克米（Kermit Roosevelt）二人由缅甸入境，前往云南四川两省游猎代芝加哥博物院（Chicago Field Museum）采集标本后由普洱出境，请予给照保护等情，据此合行发给护照一纸。仰沿途军警关卡一体，验照放行，毋得留难须至护照者。

罗斯福蕴杜

右给　　　　准此

罗斯福克米

中华民国七年十月十七日

1929年初，他们从天全进入雅安境内，直奔宝兴，盘桓半个多月没有狩猎到大熊猫，又经芦山、雅安、荥经、汉源，在今石棉县擦罗乡发现大熊猫的踪迹后，他们一路追踪，最终在今凉山和雅安交界的冕宁县冶勒乡猎杀了这只大熊猫，这是西方人在中国狩猎的首只大熊猫。

由英国生物学家、皇家地理学会会员赫伯特·斯蒂文斯率领的另一支狩猎队，也加入"凯利—罗斯福—菲尔德博物馆探险队"中，他们一起从云南走到康定后，决定兵分两路，赫伯特·斯蒂文斯直接从康定经鱼通进入宝兴县，目标也是大熊猫。

两支狩猎队在宝兴县的东河、西河交汇的两河口，完成了对宝兴的"包抄"，收集了大量的动植物标本，但他们都没有狩猎到大熊猫。

后来，罗斯福兄弟和赫伯特·斯蒂文斯分别撰写了《追踪大熊猫》和《经深幽峡谷走进康藏：一个自然科学家经伊洛瓦底江到扬子江的游历》两本书。书中详尽地描写了考察沿途各地，尤其是奇特的自然风光、民风民情、地理概貌、动植物分布状况等，对我们今天了解当时雅安和宝兴社会、自然风貌具有重要的参考价值。

我们询问了猎人关于狩猎的一些细节，尤其是大熊猫和羚牛的具体情况。这13个人中只有三位曾猎杀到大熊猫，猎杀了两只。到目前为止，这里只有三只大熊猫被猎杀到了，有一只熊猫是在13年前被猎杀的，而其他人都没有见过大熊猫。

我们问是如何猎杀的，他们说靠猎狗去猎杀，被猎杀的大熊猫被赶到树上去了。虽然这个残酷的事实令我们相当沮丧，但猎人们却很有信心，我们也被感染了，期望好运的到来。

我们把话题转向了羚牛。刚开始时，在场的每一个人似乎每周都会出去一次，猎杀一些动物。然而，在我们仔细地追问下，却令人非常沮丧，他们之中不超过一半的人曾猎杀或看到过羚牛。后来，他们又告诉我们，要猎杀到羚牛，只有靠猎狗。

从《追踪大熊猫》一书中，我们可以看到1929年的穆坪，大熊猫对于靠山吃山的猎人来说，也是“惊鸿一瞥”，难得一见。

他们在大山中游荡了10多天，射杀了好几只金丝猴，大熊猫的踪迹也被他们发现了不少，但始终没有和大熊猫打过照面。

《追踪大熊猫》（*Traveling The Giant Panda*）封面

离开穆坪时，当地猎人给了他们一个巨大的惊喜，他们仅用一只机械打火机、一只手枪就从猎获过大熊猫的三位猎人手中，换取了两张大熊猫皮。

另一支队伍在当年9月到了穆坪。只是他们走的是另一条路，即从康定经鱼通，到达穆坪。

> 开始的几天里，如果上午乌云压境，下午天气通常会有所好转，但接着便会下起连绵细雨。村主任是个寡妇，她向我们保证她们会弄到大熊猫。最后达成决议，派出的所有能出门的杂种狗，都跟猎人一起出发了，村主任的大儿子和他的护卫队，在一片铜钹和喜乐声中被送出了村子。
>
> 几天之后捕捉大熊猫的村民们回来了，但没有取得预计的成功，虽然他们在这之前对此非常乐观。没有找到任何大熊猫的行踪，却出现了食物短缺，我也决定此处不可久留。

随后，赫伯特·斯蒂文斯也离开了穆坪。他取道芦山、雅安，最后在雅安乘坐竹筏到乐山，再经重庆、上海，离开了中国。

与赫伯特·斯蒂文斯同行的还有一个大名鼎鼎的人物，他叫叶长青，是华西协合大学教授。这次考察后，他写了好几篇文章，如《自打箭炉经鱼通至穆坪》《造访穆坪——大熊猫之乡》等考察报告。

叶长青是最早发表关注大熊猫栖息地的文章的人，此前，他曾到穆坪考察，称穆坪为“大熊猫栖息地”。

罗斯福兄弟俩率领的“凯利—罗斯福—菲尔德博物馆探险队”在穆坪猎杀大熊猫未果后，取道今雅安市芦山、雨城、荥经、汉源、石棉等县区，准备从凉山回到云南。

没想到在今石棉县擦罗乡，有一个巨大的惊喜正等着他们。

2017年5月1日 星期一 | 新闻报料热线 028+96111

华西都市报 | 08

宽窄巷 | 主题策划

1929年，美国前总统罗斯福的两个儿子来中国猎杀收集大熊猫标本的故事，在四川流传甚广。他们是怎么进来的？外国人在中国猎杀大熊猫，当时的"民国"政府是什么态度？

"罗斯福之子在云南、四川'游猎'大熊猫的事，我很清楚。是我父亲当的向导。"今年88岁，有"丽江鬼才"之称的著名音乐民族学家宣科，讲述了一个并不久远的故事。

美国前总统罗斯福的两个儿子1929年持合法手续来到四川

追踪大熊猫

宣科父亲宣明德给罗斯福之子当向导

"游猎"护照揭秘 当年猎杀大熊猫是合法的

罗斯福儿子忏悔 宁杀儿子也不愿杀大熊猫

《追踪大熊猫》讲述猎杀大熊猫全程

96111健康热线提醒：缺牙吃饭不香？五一种牙好时机

生活服务广告

公告

《华西都市报》2017年对罗斯福兄弟来川猎杀熊猫一事的专题报道

向导宣明德意外地获得了一个有关大熊猫的信息，一只“白熊”正在这里偷吃养蜂人家的蜂蜜。

一名男子来到了我们刚才经过的那个住所请求借一支步枪给他，用它保护村里的蜂箱使它们免遭一只白熊的袭击。白熊即白色的熊，是大熊猫在当地的称呼。似乎是在一个月前这只动物造访过一次蜂房，而且他还打伤了它。现在它又回来了。因为没能借到步枪，那个村民回家去了。

自从离开了穆坪之后，我们就没能获得有关这种野兽的即便是最含糊的消息，我们已几乎放弃了这片区域有白熊的希望。所以这件事当然需要去调查。证实了这条消息后，我们做了跟踪寻访它的安排。

随后，他们发现了这只大熊猫的踪迹，持枪尾随而去。

大熊猫没有意识到危险已经降临，依然走得很悠闲，一路走一路吃着竹叶。它先沿着湍流多石的河床走了一会儿，接着又爬上一个陡坡。追踪大熊猫两个半小时后，他们来到一个更开阔的丛林。这只大熊猫更关注的是自己的食物，在一棵树下，它还用竹枝和竹叶给自己做了个窝。

罗斯福两个儿子后来回忆：

云杉树的树干被挖空了，从那儿露出白熊的头和它的前半身。它一面向前闲散地走着，一面困倦地东看西看。看上去，它的个头很大。它像是在梦中的动物，因为我们已经没抱任何见到大熊猫的希望了，即便是那么一点点。可现在它出现了，它显得出人意料的大，它白色的头上带着黑色的眼圈，身上是黑色的护肩及鞍状的白色背脊及腹部。

大熊猫睡得迷迷糊糊，还没真正醒来，徐徐地走进竹林。要是被吓到，它会像烟雾一样消失在丛林中。我俩同时向正在消失的大熊猫的轮廓开了枪。两枪都打中了。因为不知道自己的敌人在哪儿，它向我们走来，挣扎着穿过我们左边凹地上吹积形成的那堆雪。

按照事先商量好的方式，罗斯福的两个儿子再次向大熊猫开枪。它倒下了，但又恢复了知觉，然后穿过浓密的竹林逃走了。他们一路追

罗斯福和MOHKTA与大熊猫

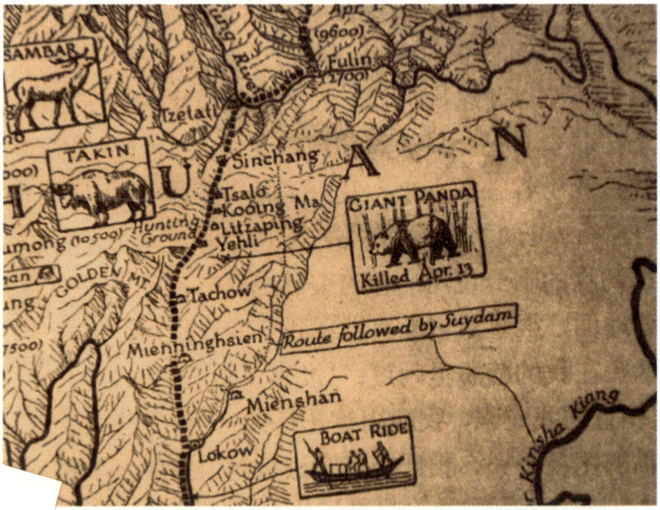

福兄弟在地图上标明了猎杀大熊猫的地址在栗子坪、冶勒之间

在美国费城自然科学院下的自然历史博物馆中的一组大熊猫（*Ailuropoda melanoleuca David*）生境类群的照片。这些大熊猫样本是在1931年，布鲁克·杜兰在华西进行探险时得到的

踪，获得了这只雄性大熊猫。

这是西方人在中国狩猎的首只大熊猫，后被送到美国费城博物馆。人们将这只熊猫标本连同其他熊猫标本组合起来，生动地再现了熊猫们在竹林中生活的场面。罗斯福的两个儿子回到美国后不久，他们开始撰写《追踪大熊猫》。讲述了他们在中国亲手射杀大熊猫的经历。

这本书在西方影响很大，震惊了西方世界。激起了许多西方人亲手猎取大熊猫的强烈兴趣，此后不少探险家都来到了这一地区，目标只有一个：猎杀大熊猫。

美籍华人杨杰克和胞弟杨昆廷等人曾多次到穆坪、康定等地狩猎，他们的猎物就包括大熊猫。上海《申报图画特刊》《良友》杂志曾开辟专栏进行大篇幅报道。

他们成为西方人到中国疯狂追逐大熊猫的向导。美国前总统罗斯福之子猎杀大熊猫，杨杰克是向导；露丝·哈克内斯捕捉到首只活体大熊猫，杨昆廷是向导。

罗斯福兄弟狩猎队

露丝在美国展出苏琳

西方探险狩猎家在雅安坐竹筏到乐山

史密斯先生同他的熊猫在一起。这只熊猫重达200磅，是他从华西地区带来的

Mr. F. T. Smith with his 200-lb. Female Giant Panda, which he recently brought to Shanghai from West China.

宣科5岁时与父亲宣明德（摄于1935年）

YANG DI LIN (*Quentin*)

杨昆廷

近百年时间过去了，罗斯福兄弟在栗子坪、冶勒猎杀大熊猫的枪声早已消散。现在的栗子坪自然保护区天蓝水碧，俨然一个茂林修竹的大熊猫乐园。当年他们猎杀大熊猫的地方，如今已成为中国国家级自然保护区，栗子坪还成为全球唯一的大熊猫放归之地，先后有11只人工圈养的大熊猫在这里放归。

在拖乌山北坡栗子坪放归的大熊猫“张想”，还跑到了拖乌山南坡的冶勒“串门”寻亲，猎杀大熊猫的悲剧永不再重演。

栗子坪——大熊猫放归地

大熊猫“张想”被放归自然，开始独自“野外求生”

## 第三节 彼岸的目光

除了获取大熊猫、收集大熊猫动物标本外，无数的西方探险家和科学家循着戴维的足迹踏访穆坪，采集动植物标本，研究调查雅安的动植物资源。

据《中国植物志》等资料记载，戴维之后的60年间，在雅安采集植物标本的都是外国人及其组建的队伍，累计有8批人马，其中著名的有英国园艺学家威尔逊（E. H. Wilson）、俄国地理学家波塔宁（G. N. Potanin）、英国自然科学家普拉特（A. E. Pratt）等人。他们采集到的标本均运出中国，存于国外各研究机构、博物馆。

随着“4 · 20”芦山强烈地震灾后重建的推进，位于市区张家山上的柯培得故居（又称刘文辉公馆）、明德中学旧址整修一新，柯培得、施勉志等外国人的名字又出现在世人眼里。

柯培德和施勉志虽然在雅安工作、生活的时间较长，但他们还不算是最早到雅安的外国人。

根据现有资料的研究表明，最早出现在雅安的外国人是意大利人马可 · 波罗。

后人根据《马可 · 波罗游记》的描述推测出马可 · 波罗行程图，图中显示马可 · 波罗到过中国的兰州、北京、杭州、成都等地，在他从成都到“吐蕃州”的行程中，雅安是他的必经之地。

公元1280年，马可 · 波罗离开“成都府”后，经雅安进入了“吐蕃州”。在《马可 · 波罗游记》中，我们隐约看到了“洋人”出现在雅安的身影，但遗憾的是，书中几乎没有对雅安的描写。

到雅安有“书”为证的，是意大利籍利类思、安文思两位传教士。1644年8月，张献忠入川，此时利类思、安文思正在成都传教。这段外国天主教传教士进入雅安的经历，知道的人并不多，直到1912年，由法国传教士古洛东在重庆撰写的《圣教入川记》一书出版后，这段鲜为人知的事实才为后人所知，不过，此书对雅安几乎没有什么介绍。

202年过去后的1846年的盛夏，在雅安的街头上出现了一个“洋人”的身影，他就是来自法国的古伯察。即《中华帝国行》的作者古伯察（M.Huc）。1844—1846年，他从南到北，从西到东，完成了环游中国之旅。

古伯察先后写下了《鞑靼西藏旅行记》和《中华帝国行》，一经出版，在西方引起了轰动，旋即翻译成多国文字出版，影响甚大。在西方，他获得了“近代进出康藏的第一人”称号。

外国人到穆坪（宝兴）考察，“由点到面”，自然免不了也要考察雅安，结果让他们感到雅安“别有洞天”。

西方工业文明的兴起使西方资本主义列强的目光盯上了亚洲、美洲大陆。西方国家开始在海外疯狂地“发现”香料、黄金、奴隶、领地时，彼时我国依然处在封闭的封建社会中。16世纪初，“天朝大国”被西方“发现”，他们开始在中国谋求于他们有用的东西。最先进入中国的大多是传教士。不过，在鸦片战争以前，西方人（包括传教士）在中国的活动范围是非常有限的，他们活动的范围大多在中国沿海一带。鸦片战争以后，西方以坚船利炮打开了我国的大门，我国沿海、沿江的大量港口被迫开放，西方人在中国有了相当大的自由活动权。

由于当时西方不同的国家在中国谋求利益的差别，所以到中国的西方人的目的各不相同。英国人首先注重的是在中国的商业利益；法国人注重在中国传教；而沙俄帝国一直对中国领土有野心，他们注重的是地理考察。

古伯察到雅安，其实也很“偶然”，在他的“中华帝国行”的行程计划中，并没有雅安。虽然他是“被”到了雅安，但在他的书中，雅安给他留下了深刻的印象，成为他“中华帝国行”中浓墨重彩的一笔。

古伯察是法国入华遣使会会士。生于法国开鲁斯，1839年3月24日赴中国。古伯察于1844年8月3日开始了横穿中华帝国的旅行。他经过18个月的长途跋涉，在热河、蒙古、鄂尔多斯、宁夏、甘肃、青海等地均留下了足迹。1846年1月29日，他到达了西藏首府拉萨。

在拉萨居住近两个月之后，他被驻藏大臣琦善奉清廷的命令予以驱逐，被解往四川，“礼送”出藏。他于1846年3月15日离开拉萨，经过6个多月的旅行，于1846年6月初到达四川打箭炉，再经过四川、湖北、江西，于1846年9月末到达广州，最后于同年10月中旬到达澳门，阴差阳错地完成了环中国的长途旅行。

1846年6月，古伯察被“礼送”出境时路过了雅安。

在他的《中华帝国行》一书中，第一章写的就是他从打箭炉到雅安的旅程，而且对雅安的山川风物有较多的描写，为我们勾勒了100多年前雅安的大致“轮廓”。

在古伯察“途经”雅安之后，更多的法国传教士到了雅安。究其原因，是法国传教士“独占”了康区[①]及雅安，在雅安修建了无数的天主教堂。

阿尔芒·戴维的《戴维植物志》等书的出版，更是给外国人提供了一个到中国考察的焦点——雅安。雅安被誉为“上帝遗忘的后花园”“动植物基因库”。雅安独特的动植物资源，成为后来西方人到雅安乃至川西一带探险探秘的目的地。

而这一时期，恰逢整个世界“为19世纪地理大发现吞没的时期”，西方国家开始向地图上的空白点宣战。随着生物学等现代自然科学的兴起，国外学术界逐渐意识到，具有独特自然环境和生物多样性的康藏地区，是独一无二的物种宝库；而位于四川盆地向青藏高原过渡地带的

① 康巴地区是中国三大藏族聚居区之一，西至西藏自治区昌都市边坝县，东至四川省甘孜藏族自治州康定市。

“康藏门户”雅安则首先引起了国外学术界的关注。全球各大自然博物馆的目光盯在这里，形成了持续不断、高烧不退的生物采集和考察探险活动风行的局面。继法国、英国之后，美国、日本、俄罗斯、德国、瑞典、奥地利、澳大利亚等国的生物学家、探险家来到了雅安或途经雅安，对雅安等地有了更加全面的考察，雅安的茶叶、大熊猫、汉阙，藏、彝等民族风情都进入了他们的视线，甚至大相岭南北迥异的自然环境也被他们发现。

从此以后，越来越多的外国人到了雅安。他们大多是试图进入当时“地球上的空白地带”康藏地区。而清朝政府的政策要求“入康不入藏”“川康有别”，让他们大多数人被挡在了有着“西藏门户”之称的康定和雅安。

背夫在穆坪的路上

砖茶运往西藏

1899年，世界的目光正聚集于中国。一位从未出过远门的英国园丁，绕过大半个地球，前往中国开启植物采集之旅。他的名字叫欧内斯特·亨利·威尔逊，他的目的地是中国西部。

威尔逊（1876—1930）是英国博物学家、世界著名的“植物猎人”，后供职于阿诺德树木园。威尔逊五次来到中国，先后收集了65 000多份植物标本（共计4 700种植物），并将1 593份植物种子和168份植物切片带到了西方，将1 500余种原产于我国西部的园艺植物和花卉植物引种到欧美等地栽培。据考证，威尔逊先后五次到雅安考察，足迹遍布宝兴、汉源、荥经、雨城等，在雅安及周边发现并将大量有观赏价值的物种，如珙桐、报春花、杜鹃花、百合等引种到欧洲。1903年秋天，威尔逊从乐山出发经雅安城去了一趟宝兴（当时叫穆坪），目的是专程到阿尔芒·戴维最早发现珙桐之地采集珙桐种子。在此之前，他在湖北宜昌西部采集到光叶珙桐的种子，而光叶珙桐是珙桐的变种。威尔逊采回的珙桐种子在英国一家花木公司育成的幼苗茁壮成长，并于1911年绽放出第一朵鸽子花。珙桐在园林中的表现，使其获得了英国皇家园艺学会显异奖。这是英国皇家园艺学会给予植物的最高奖，授予在园艺观赏或应用方面有突出优点的植物。

威尔逊在考察过程中拍摄了大量的照片，其中最为珍贵的是把清溪县城、三交乡飞越岭等地，永远定格在了照片上。

他对中国植物给予了高度评价：

> 在整个北半球温带地区的任何地方，没有哪个园林不栽培数种源于中国的植物。如果没有早先从中国来的舶来品，我们的园林和相关的花卉资源将会是何等可怜。

让人难以置信的是，威尔逊还完整地考察了雅安藏茶的生产、加工

威尔逊1908年8月3日考察途中拍摄的汉源县三交坪

和运输、销售过程，写了一篇题为《茶叶与制茶植物——供应西藏市场的制茶业》的考察报告。

他在报告中写道：

供应打箭炉的茶叶均生长在雅州，特别是其西北和南部的山区。制茶业由政府和地方当局掌握，发放一定数量的执照给雅州、名山、荥经和天全的商号（以上地方均属雅州府）。另一独立单位为邛州，位于雅州东北，也有此项贸易的份额。但执照由中央政府发给，与成都的省府当局无关系。这是一项非常古老的产业，纪元之初这一带就栽培茶树。

在打箭炉，茶叶直接交到西藏人手中。

大熊猫“明”

20世纪二三十年代，有“熊猫王”之称的英国人丹尼尔·史密斯，长期在穆坪、汶川一带出没，捕捉并收购大熊猫。他在汶川等地收购了12只活体大熊猫，曾一次性运送8只大熊猫到英国，途经四川、贵州、广西、广东、香港。大熊猫被装进笼子用卡车运送，其中一辆卡车在中途翻车，两只大熊猫逃脱。到香港装船时，又有一只大熊猫夭折。

幸存的5只大熊猫被装上一艘货轮，经过一个月的艰难航程，在1938年平安夜的暴风雪中，抵达伦敦。遗憾的是一只大熊猫不幸罹患肺炎，到英国两周后便病死了。剩下的4只大熊猫，一只叫“小开心”，被一个德国动物贩子买走，辗转德国的各大动物园，最后又被卖到了美国。伦敦动物园把收购的3只熊猫分别冠以中国朝代的名字“唐”“宋”“明”。

抗日战争期间，四川、西康[①]划分了“绝对禁止区”和“半禁止区”，遇到外国人到来即“礼送”出境，因而进入雅安等地的外国人也相对减少，当然也有被地方政府（如时任西康省主席刘文辉曾邀请华西边疆研究会的专家、美国国家地理记者到西康考察、采风等）邀请前来考察的。

纵观进入雅安的外国人，大多都是受过高等教育的专业人士，他们有着较高的学识和文化素养，因而留下了大量的文献资料。他们的著述堪称“文化宝库”，涉及人类学、宗教学、社会学以及自然科学的多个领域。

通过文献整理发现，外国人在雅安的考察，大致可分为三类，一是自然生态，二是风土民情，三是地方特产。但由于大量的文献还未被后人发掘整理，尚未进入中国学术界研究的视野，就连在西方影响甚广的如《戴维日记》《一个植物学家在华西》等珍贵文献，都没有翻译成中文。“不识庐山真面目，只缘身在此山中”，这在很大程度上影响了我们今天的研究和应用。

## 第四节　大熊猫的“黑与白”

藏匿于深山中的大熊猫，作为一种珍稀物种为外界所了解，并为世界各地人民所喜爱，这完全是侨民学者的始创之功。

1857年10月16日，上海文理学会在上海创立，翌年改名为皇家亚洲文会北中国支会。这是英国侨民在上海建立的文化学术机构，主要对中国的自然生态和社会展开广泛调查与深入研究。1871年，亚洲文会北中国支会会馆在上海落成。1874年成立的亚洲文会博物院，为上海最早的博物院，收集长江流域的动物、植物、矿物标本，同时聘请了大量专

① 中国原省级行政区，民国政府于1939年1月1日设置西康省政府，省会设在康定。中华人民共和国成立后，省会迁到雅安。1955年9月，第一届全国人民代表大会第二次会议决议撤销西康省，原西康省所属区分别并入四川省和西藏自治区，金沙江以东并入四川省，金沙江以西的昌都并入西藏。

家参与此事，中国境内的首只大熊猫标本就诞生在这里。亚洲文会博物院在1924年左右开始以生态景箱形式陈列采集到的动物标本，其中大熊猫、小熊猫均在一个生态景箱中，大熊猫在下方，小熊猫在上方布置的树枝上。按照熊猫生活的自然生态环境，配合竹林山坡，景况逼真，后壁用油画配置远景。当时博物院面向公众开放，影响广泛。亚洲文会先后编辑出版《皇家亚洲文会北中国支会会刊》75卷共计109册，以调查和研究中国为主要内容。

英文汉学期刊《中国杂志》（*China Journal*）（后改名为《中国科学美术杂志》），1923年由苏柯仁联合著名汉学家福开森在上海创办。1923年1月创刊，1941年停刊，共出版35卷214期，19年间共出版35卷214期，影响遍及海内外，深受欧美汉学界关注，被学界形容为“包罗万象的中国人文和自然资料宝库”。20世纪30年代，“大熊猫热”在西方各大城市兴起，一睹中国大熊猫芳容成了人们的奢望，大熊

亚洲文会

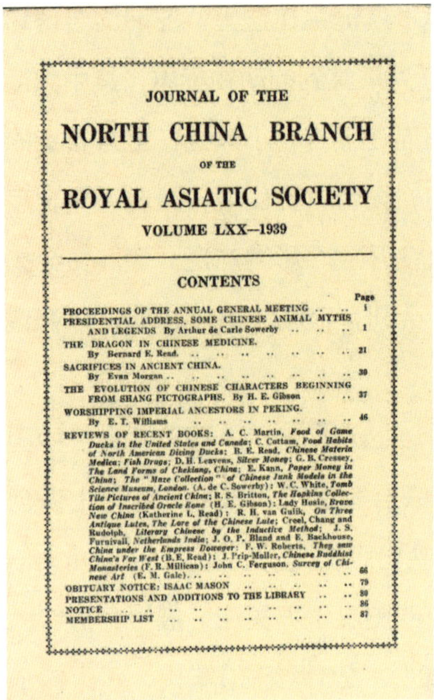
JOURNAL OF THE
NORTH CHINA BRANCH
OF THE
ROYAL ASIATIC SOCIETY
VOLUME LXX—1939

CONTENTS



《皇家亚洲文会北中国支会会刊》封面

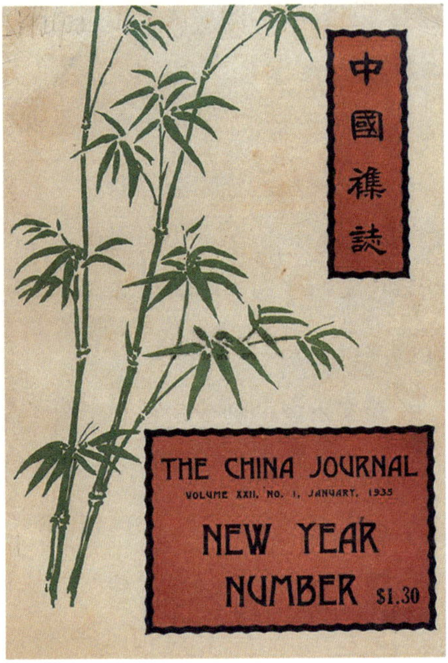


《中国杂志》封面

猫的捕捉、运输和买卖持续不断，《中国杂志》对此进行了跟踪报道。《中国杂志》正是促使大熊猫国际化的重要推手。

《中国杂志》主编之一、英国籍博物学家苏柯仁是一位在中国传教的英国传教士苏道味的儿子，他出生在山西太原，在中国度过童年，回到英国接受高中、大学教育。最后重返中国，20世纪20年代定居上海。

早在1870年，法国巴黎展出大熊猫标本后，西方观众为之着迷，欧美人称大熊猫为“世上最难以捉摸的动物”。西方“大熊猫热”，使一个在上海的西方人开始进行“冷思考”——大熊猫的“黑与白”，他的目光也随之盯在了穆坪。

尊敬的苏柯仁先生：

赫伯特·斯蒂文斯和我一同从打箭炉出发，刚刚才抵达了穆坪。我们行走了33天，穿过了一些地球上最难翻越的地区。现在，我们到了真正的熊猫之乡，但是斯蒂文斯却没带枪，我们也无法射杀熊猫。我们发现了几个熊猫最可能出现的地方，而当地人都说那几个地方熊猫数量多，且数量上远超罗斯福探险队曾搜寻的地方。罗斯福目前离我们距离较远，他去了最有可能出现熊猫的深谷和森林地区。

熊猫的中文名字是“白熊”，但这个名字很可能是古时候熊猫名字的变形。在《禹贡》中，我们知道熊是在梁州上贡的贡品之中的，而当时在梁州就有很多“熊、熊猫和狐狸”。

我们并没有把熊猫和西藏灰熊、长吻松鼠相混淆。斯蒂文斯去博物馆参观熊猫后，将这三种动物分别比作“父亲”“当前状态”和成年的“幼崽”，这十分有趣。

赫伯特·斯蒂文斯将在上海短暂地待一段时间，并打算拜访您。他也会向你报道一些关于穆坪地区的动物群和植物群的信息，虽然60年前戴维神父也在此地进行了长达8到9个月的考察，并认为此地动物群、植物群资源丰富，但是我们的报告可能会让您很失望。

敬启

叶长青1929年9月21日于雅州

1929年《中国杂志》11月号以《穆坪：大熊猫栖息地》为题刊发了这封信。在这封信的前面，苏柯仁还加了一段话：

穆坪地区是著名的基督教传教士兼博物学家阿尔芒·戴维的动植物标本收集地之一，所以一直都倍受博物学家们的关注。而在《中国杂志》1926年10月那期中，我们也报道了西藏边境资深传教士叶长青先生对穆坪地区的叙述。

首只大熊猫的标本是由戴维在穆坪获得的，而那以后的60年内，大熊猫对于科学家们来说都一直是一个谜。叶长青先生在地图上标记出了穆坪地区的位置，因此未来的博物学家也能根据他的信息认识到穆坪地区的位置。

关于这点，叶长青先生给我们写了封信，他目前正和赫伯特·斯蒂文斯先生一同寻找熊猫的线索。赫伯特·斯蒂文斯先生曾加入了罗斯福兄弟探险队，一同追寻大熊猫；后来队伍离开后（他们到康定后，探险队分成了两支队伍），赫伯特·斯蒂文斯决定留下来继续进行样本收集。下面就是这封信的内容，其中就有一则关于大熊猫的记录。

叶长青是澳大利亚人，不仅是传教士，还是华西协合大学的教授。他常年游走在成都、打箭炉之间，既研究藏学，又考察地理，经他发

《中国杂志》插图

《中国杂志》1925年12月期封面

《中国科学与美术杂志》1924年第7期封面

叶长青（中）和华西边疆会主要成员

1929年叶长青在雅安考察

叶长青首次提出“大熊猫栖息地”概念

起，华西协合大学成立了华西边疆研究会，创办了《华西边疆研究会》会刊，他发表了大量的学术文章，并成为《中国科学》的主要撰稿人。其札记《西康的大熊猫和野狗》、通讯《穆坪：大熊猫之乡》分别于1924年、1926年发表。

叶长青曾加入赫伯特·斯蒂文斯率领的另一支狩猎队，成为“凯利—罗斯福—菲尔德博物馆探险队”的一员。他们从打箭炉走到了穆坪，也没有猎杀到大熊猫。

在雅州（今四川省雅安市）与赫伯特·斯蒂文斯分手后，叶长青留在雅安休整。休整期间，他除了写这封信外，还撰写了《自打箭炉经鱼通至穆坪》考察报告，再次提出了“大熊猫栖息地”这一概念。

他首次提出“大熊猫栖息地”概念是在1926年，源自他撰写的一篇文章《穆坪：大熊猫之乡》，并绘制了穆坪在四川的地理位置示意图。

> 它位于西藏边境商业重镇康定的东北方向，位于四川首府成都与康定之间。由于穆坪地区多山且偏远，所以野生动物能够大量繁殖，避免了灭绝的命运。穆坪地区的位置在地图上辨别起来并不难，南起天全北部，东至小金（达维）向东20里处，西至大渡河。

在文中，叶长青还呼吁：

> 希望博物学家不要浪费时间了，马上动身去穆坪地区去收集动物和鸟类标本，以便弄明白这些动物在中国系统动物学中所处的位置。

这篇文章发表在《中国杂志》1926年10月号上。

纵观《中国杂志》，里面有不少报道大熊猫的文章，最早的是在1924年5月号刊登的叶长青的札记《西康的大熊猫和野狗》。

1928年，当苏柯仁获悉一支为芝加哥菲尔德博物馆收集藏品的探险队，由小西奥多·罗斯福和克米特·罗斯福兄弟率领，将到四川捕捉大熊猫。《中国杂志》1928年12月号就此事做了预告。

1929年8月号，苏柯仁以《罗斯福考察队在华西》为题报道了罗斯福兄弟两人在四川捕捉、记录、解剖一只大熊猫的全过程。

苏柯仁在野外考察

晚年的苏柯仁

1929年9月号又报道了考察队回到上海时接受苏柯仁的采访，小西奥多·罗斯福提到他们得到了天主教、内地会、浸礼会和四川、云南地方政府的帮助，暗示此行是在政府监管之下合法进行的。

1930年7月号，苏柯仁刊发了自己撰写的《罗斯福考察队追寻大熊猫》一文，记录了他们在四川一个叫“Yehli”（即今凉山州冕宁县冶勒乡）的地方捕猎到一只大熊猫。罗斯福兄弟是已故美国总统西奥多·罗斯福的儿子，这次探险惊动了美国乃至世界，令大熊猫的名声更大。

20世纪30年代，“大熊猫热”在西方世界各大城市兴起，一睹大熊猫芳容成为每个城市的奢望，大熊猫的捕捉、运输和买卖持续不断，《中国杂志》为此跟踪报道并发表与大熊猫相关的文章多达100余篇，如果集中起来，可出厚厚一大本书，从物种的发现，再到对它的追寻；从对它的猎杀，再到对它的保护……林林总总，洋洋大观，可算得上一部“大熊猫的百科全书”。

苏柯仁有着感性的一面，他对探险队的考察活动有着这样的理解：

> 探险队来中国考察是为了获得动物标本和其他的标本，并不会对中国造成任何伤害；相反，中国还会因这些新获知识而受益。

苏柯仁不仅鼓动科学家、探险家到穆坪一带狩猎大熊猫，他自己也参与其中。他曾到陕西秦岭一带考察后推测，秦岭一带应该有大熊猫。遗憾的是，在秦岭，他并没有发现大熊猫。30多年过去后，中国科学家在秦岭发现了大熊猫，证明苏柯仁当年的推测是正确的。

苏柯仁从内心期盼探险队有所收获，他满怀希望地写道：

“科学家们，大型动物猎手们以及公众们都兴致勃勃地等待着此次探险的结果！”

然而随着国际社会“大熊猫热”导致的过度捕杀和日益猖獗的熊猫走私行为，他又不安起来，担心这一珍稀物种毁在过度捕杀上面。一个科学家应有的良心和良知，让苏柯仁再也坐不住了，他开始出面阻止。1938年12月，苏柯仁向民国政府提出建议，严格禁止国际社会到川康地区捕捉大熊猫。

于是，又开始呼吁：

禁止捕猎更多大熊猫！

大熊猫是稀有动物，不堪长期遭受这种虐待。因此，我们恳求中国政府介入，在还来得及的时候，尽快挽救大熊猫，不要让它们灭绝。

## 第五节　中国科学家在行动

据《近代国人在康区游历考察研究》课题主研人四川省旅游学院教授向玉成统计，1936年至1946年，从中国运出的活体大熊猫超过16只，流往西方博物馆的大熊猫标本达70多具。面对世人对大熊猫的疯狂追逐，有识之士呼吁：如果不对大熊猫加以保护，大熊猫行将灭绝！1946年5月14日，《大公报》发出警告："熊猫将有灭门之祸……"

世界大熊猫热，引发大量西方探险家来到中国疯狂猎杀大熊猫，让中国科学家坐不住了。他们一边呼吁保护大熊猫，一边积极进行科学研究。

中国生物学创建于20世纪二三十年代，收集动植物标本成为中国生物学家的首要任务。他们采集动植物标本的首选目的地，依然是宝兴（穆坪）。

1930年9月，中国著名实业家卢作孚在重庆创立民办科研机构——中国西部科学院。

中国西部科学院生物研究所下设动物部、植物部，特别标明重点是考察宝兴县（1928年废除穆坪土司，设立宝兴县）大熊猫。生物研究所1931年至1935年开展的较大规模调查就有20余次。《中国西部科学院二十年年度报告》中关于动物园饲养的动物名录有这样的记载：

猫熊，数量一，产地穆坪。

1930年12月19日，中国西部科学院派出郭卓甫、洪克昭与为美国芝加哥博物馆采集动物标本的特派员史密斯合作，赴宝兴县采集动物标本。1931年1月15日方始到达，就穆坪、鱼通、懋功等诸地详细收集，至当年10月13日返院。采集到兽类标本74件、鸟类标本102件、爬行动物标本10件、鱼类和两栖动物标本14件；采得活动物3只，饲养在博物馆的动物园内，其中就有采集至穆坪的小熊猫，但大熊猫标本和活体均没有采集到。

上海《大众画报》著名摄影记者王小亭、《良友》杂志记者跟随采访。随后，《大众画报》《良友》相继刊发《川边行猎》等图文。

西康狩獵記

《良友画报》1936年0118期
——《西康狩猎记》1

《良友画报》1936年0118期
——《西康狩猎记》2

川邊行獵

《川边行猎》——《大众画报》1934年5月总第7期

川边木坪（穆坪——笔者注）以西有赶羊沟及乱石角两地，山势险阻，草木茂盛，为川省狩猎的所在。该地土人都是猎户，他们全以打猎为主。山坳内，小屋数间，就是他们的聚居处。这一带，直至乱石角，产著名的金丝猴，全身金黄色，修尾丰毛，且善于攀缘跳跃，不易捕获。

在山中猎狩，使人最感兴趣的，是架木为壁，过最简单的露宿生活。当夜静更深，万籁俱寂的时候，一轮残月，当空西照，人生的富贵荣辱，早付诸流水。

猎户的智识虽浅，可是善于察气味和地上的足迹，每于要路上安放各种木卡、陷阱等，没有不捕获到一些的。记得曾猎得数头野牛，重约八百余斤，最奇怪的是它们的头和羊一样。小牛则饷之以食，亦为这种兽类，大多跳跃灵活，偶一不慎，就易为所乘。其他如贝母鸡的蓝白分明，花鸡的五光十色，都是美丽异常。

猎狩，虽是在余暇时的苦中求乐。但在旅行的时候，倒亦足以解跋涉之困苦。

《大众画报》聚焦标本采集地，一条不知名的小山沟——宝兴赶洋沟，刊发了整整两大页的照片。

中国西部科学院档案资料表明，当年中国西部科学院在宝兴采集了白熊皮，雪豹、金钱豹、青猴子、小红猫熊等动物标本。在“白熊皮”中，特别注明：

下体灰白，腹侧灰黑，下尾简白，全长150厘米。四肢、肩部及头额中央毛色棕黑，其他各部分毛色均为白色。采集地点：宝兴。

彭鸿绶——中国大熊猫研究第一人

北平静生生物调查所成立后，与中国西部科学院合作，在四川、云南省等地采集动植物标本，曾到过宝兴、天全、芦山、汉源等地。

民国时期，夏元瑜曾任北京动物园园长，在随笔《一错五十年——为猫熊正名》中写道：

> 北平的静生生物研究所在1933年时从西康采了一只大熊猫回来，我仔细看过它的头骨，可惜当时照的相全没有带出来。

1940年6月，北平静生生物调查所专家彭鸿绶参加了西北资源调查团赴西北考察，在考察期间与大熊猫“美丽邂逅”。1943年，彭鸿绶以英文撰写的《大熊猫之新研究》在《静生所汇报》（1943年新一卷第一期）发表，这是中国科学家撰写的第一篇大熊猫科研论文。

有“中国解剖学的先驱”之称的卢于道是《科学画报》的创始人，他曾解剖过大熊猫，写过一篇《大熊猫的脑》，发表在1943年出版的《读书通讯》（第79—80期）。

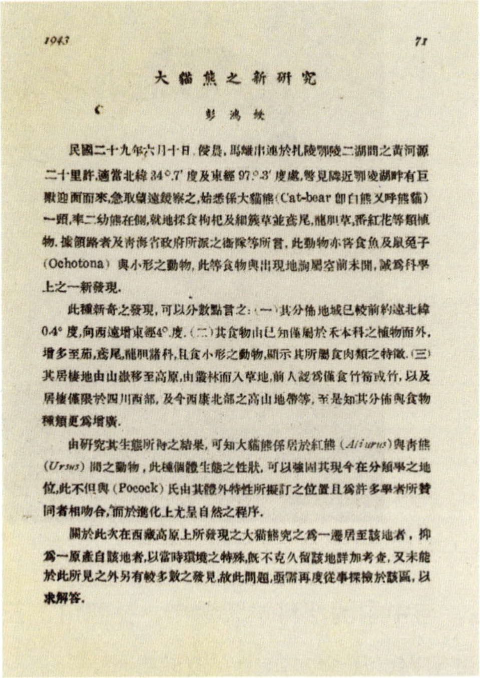

1943　71

大貓熊之新研究

彭鴻綬

民國二十九年六月十日,侵晨,馬蹄甫達於扎陵鄂陵二湖間之黃河源二十里許,適當北緯34°.7′度及東經97°.3′度處,驀見隣近鄂陵湖畔有巨獸迎面而來,急取望遠鏡察之,始悉係大貓熊(Cat-bear 卽白熊又呼熊貓)一頭,率二幼熊在側,就地採食枸杞及細簇草並鳶尾,龍胆草,番紅花等類植物.據領路者及青海省政府所派之衞隊等所言,此動物亦嗜食魚及鼠兔子(Ochotona)與小形之動物,此等食物與出現地夠屬空前未聞,誠爲科學上之一新發現.

此種新奇之發現,可以分數點言之:(一)其分佈地域已較前約遠北緯0.4°度,向西遠增東經4°.度.(二)其食物由已知僅屬於禾本科之植物而外,增多至茄,鳶尾,龍胆諸科,且食小形之動物,顯示其所屬食肉類之特徵.(三)其居棲地由山嶽移至高原,由叢林而入草地,前人認爲僅食竹筍或竹,以及居棲僅限於四川西部,及今西康北部之高山地帶等,至是知其分佈與食物種類更爲增廣.

由研究其生態所得之結果,可知大貓熊係居於紅熊(*Ailurus*)與青熊(*Ursus*)間之動物,此種個體生態之性狀,可以強固其現今在分類學之地位,此不但與(Pocock)氏由其體外特性所擬訂之位置且爲許多學者所贊同者相吻合,而於進化上尤是自然之程序.

關於此次在西藏高原上所發現之大貓熊究之爲一遷居至該地者,抑爲一原產自該地者,以當時環境之特殊,旣不克久留該地詳加考查,又未能於此所見之外另有較多數之發見,故此問題,亟需再度從事探檢於該區,以求解答.

彭鸿绶论文
——《大熊猫之新研究》（中文版）

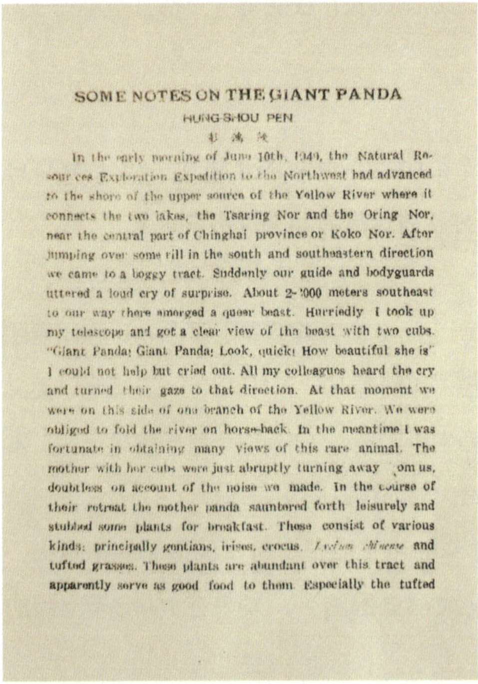

SOME NOTES ON THE GIANT PANDA

HUNG-SHOU PEN

彭鴻綬

In the early morning of June 10th, 1940, the Natural Resources Exploration Expedition to the Northwest had advanced to the shore of the upper source of the Yellow River where it connects the two lakes, the Tsaring Nor and the Oring Nor, near the central part of Chinghai province or Koko Nor. After jumping over some rill in the south and southeastern direction we came to a boggy tract. Suddenly our guide and bodyguards uttered a loud cry of surprise. About 2-3000 meters southeast to our way there emerged a queer beast. Hurriedly I took up my telescope and got a clear view of the beast with two cubs. "Giant Panda! Giant Panda! Look, quick! How beautiful she is" I could not help but cried out. All my colleagues heard the cry and turned their gaze to that direction. At that moment we were on this side of one branch of the Yellow River. We were obliged to fold the river on horse-back. In the meantime I was fortunate in obtaining many views of this rare animal. The mother with her cubs were just abruptly turning away from us, doubtless on account of the noise we made. In the course of their retreat the mother panda sauntered forth leisurely and stubbed some plants for breakfast. These consist of various kinds: principally gentians, irises, crocus, *Lycium chinense* and tufted grasses. These plants are abundant over this tract and apparently serve as good food to them. Especially the tufted

彭鸿绶论文
——《大熊猫之新研究》（英文版）

面对西方人对大熊猫的疯狂猎杀，1947年，卢于道在《科学画报》上公开呼吁“保护行将绝迹的大猫熊”。在文中，他写道：

大熊猫，面似猫而非猫，体似熊而非熊。这种动物，为中国特产，产在成都西面大雪山，除此地以外世界各地都不产的。

从前，中国科学不发达，连产在本国的动植物古生物，都要劳外国科学来越俎代庖真是惭愧。例如二十年前，美国自然历史博物馆考古学家奥斯邦（H. H. Osborn）氏，他派遣蒙古采集大队，来此地采集大批现已绝种的数百万年前恐龙的骸骨。他们采集了大批珍贵标本，要运回美国。那时中国科学刚刚有一点起来了，于是，有的科学家请他们不要全部运出去，留一部分标本在中国，让本国亦保存一份。为了此事，奥斯邦大发脾气，我们给他骂了一阵。他说科学是国际性的，这些标本是供科学研究的，我国既然没有科学会研究，为什么要为难美国科学，不让他们把标本带到美国去研究呢？这种行为是小气，是阻碍科学。我们受不了这么责备，就让他们带出国去，让蒙古恐龙的骸骨亦留美去了。说起来惭愧，自从那时起，我国虽有了考古学家，有了新的发现，如云南的禄丰龙；但是直到今天还没有一个像美国自然历史博物馆那样的博物馆。

蒙古恐龙骸骨是死的珍宝；现在我们还有一个活宝贝，那就是四川大雪山的大猫熊。

大猫熊西文名曰The Giant Panda，科学名曰*Ailuropoda melanoleuca*。他和狗，猫、熊，等同属食肉类，并且还有两颗犬齿；可是它根本不吃肉。喜吃嫩竹和笋子。英美科学看中了这种古怪奇珍的动物，三番四次到中国来捕捉；好容易捉到活的了，用轮船飞机运回去。因为英美不产竹，乃喂以营养上品，鸡蛋牛奶。偏偏这种怪动物不会享福，都是不久就死去了。直到抗战晚期，蒋夫人宋美龄女士，还设法弄到了一对熊猫，送给美国；路过重庆，还在广播电台，“吼”“吼”广播了几声，从重庆到美国，坐飞机，由兽医护送。可是一到美国就病，不久又死去了。

这种猫熊，性情非常和善，住在高山上，从不狂人，遇人就互让各走各的路。可是你如果犯了它，它空间有多大威力，倒亦不敢说。因此要捉到活的，倒亦不易，除非一枪打死。去捉活的时候，往往先取小的，而后用小的引大的出来找小的，在途中乃设阱，陷在阱里，就被捉住了。本地人看见了，都要念一声“阿弥陀佛”。现英美都缺此动物，因此随时都想再到中国来捉几个。可是据本地人说，现在已少见这些动物了。我政府听见了，于是亦下一道命令，说是只许四年捉一对，以示保护之意。从此大猫熊有法律保护了。可是虽有法律保护，在不久的将来，恐仍有绝种之虞！

《科学画报（1947年12月）》封面

第十二期 科學畫報 749

行將絕跡的大貓熊

·盧于道·

常識測驗

行将绝迹的大猫熊——《科学画报（1947年12月）》

218　　　　科　　學　　　　第XXIII卷

北緯36度，東經144度。（淘）

**禁止濫捕大熊貓**

我國政府近通告各國駐華外交團，此後外國團體無限制的獵捕我國著名之大熊貓（Giant panda）將遭禁止。通告書中稱政府近據國立中央研究院報告，華西出產之大熊貓近因獵捕過濫，產額漸趨稀少。政府現已通令各省當局嚴厲禁止一切傷害及裝運此稀貴動物出境之行爲。大熊貓運往國外是否業已完全禁止，現時尚難知悉，惟據各方面之推測，大概各國之著名博物院或動物園於呈請及獲得國民政府之允准後，至少每國當可獲得一頭此珍貴之標本。第一頭裝運活的大熊貓出國者爲三年前之美國著名狩獵家Ruth Harkness夫人，其時中央研究院即曾呈請政府干涉禁止放行，惜未獲成功。後各國紛有捕獲，運往美國者，已不下五六頭。最近在紐約開幕之萬國博覽會中，即有此項大熊貓陳列其中。據報載有老大熊貓一頭，係用飛機由東方運往者，詎知此大熊貓野性未馴，在飛機中將飼養者二人咬傷，幸未傷及飛機師，得以平安降落云。

又倫敦動物園近亦取道香港運去大熊貓老幼三頭，自二月間起即在倫敦該園公開展覽，參觀者異常之多，門票收入甚豐，聞可抵償採集費2400鎊云。是項大熊貓之照片，曾三次刊登於倫敦圖畫新聞（Illustrated Londen News），可見大熊貓之哄動一時，爲世人所注意。我國若不及時禁止濫捕，此種稀珍品種難免不遭絕跡，將來亦不免如『四不象』原爲吾國稀貴動物，現僅存於英國，而吾國反絕跡矣。（諮）

大　熊　貓

**中央研究院第三次評議會**

國立中央研究院第三次評議會於3月13—14日在昆明國立雲南大學舉行，出席評議員有翁文灝，任鴻雋，朱家驊，王世杰，李書華，李四光，胡經甫，王家楫，吳定良等23人，除聽取該會秘書，及該院總幹事，及各所長報告後，議決要案如下：（一）決在西南各省設立永久研究機關，（二）聯絡各研究機關，釐定戰時工作計劃，（三）聯合昆明各學術機關在昆明設聯合圖書館，（四）丁文江獎金給予吳大猷，（五）下屆年會定明年六月舉行。

《科学》杂志关于禁止滥捕大熊猫的文章

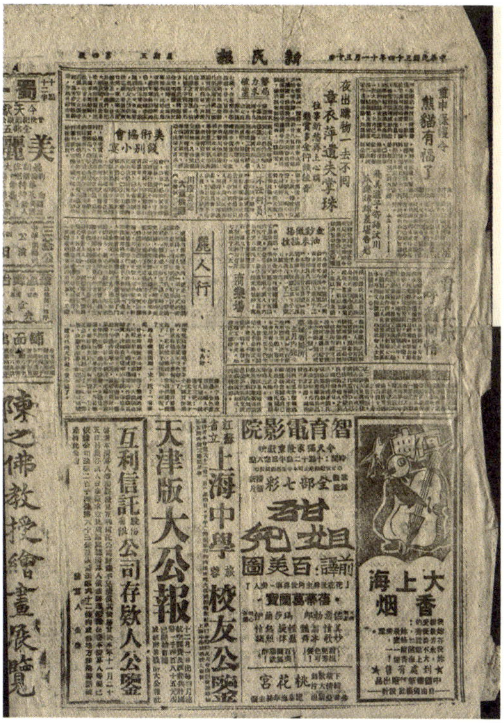


《重申保护令，熊猫有福了》
——《新民报》

# 第六章　田野考察

## 第一节　重走“神秘之路”

纸上得来终觉浅，绝知此事要躬行。从2000年以来，笔者曾先后多次到大川、邓池沟一带寻访当年天主教的遗迹。

“今夫山，一卷石之多及其广大，草木生云，禽兽居之，宝藏兴焉……”100多年后的今天，有着3 114平方公里土地的宝兴（穆坪），人口不到5万，而在100多年前，宝兴的总人口不足万人。

茫茫大山中，有条“神秘之路”从成都通向穆坪。

2006年7月12日下午，在第30届世界遗产大会上，“四川大熊猫栖息地”（卧龙·四姑娘山·夹金山脉）被列入《世界自然遗产名录》。当时，我正行走在四川宝兴境内的夹金山上，那里是四川大熊猫栖息地的核心区之一。这里有条“神秘之路”，1869年时阿尔芒·戴维就是从这条小道走到了邓池沟天主教堂。

夹金山，藏着太多秘密的大山，一个连上帝都猜不透的地方。

2005年10月1日，世界自然保护联盟（IUCN）保护地委员会主席受联合国教科文组织和世界遗产委员会委托，前来实地考察评估准备申报世界自然遗产项目的“四川大熊猫栖息地”，有趣的是，他也叫戴维，全名为戴维·谢泊尔。相隔一百多年，两个戴维由大熊猫而引发了奇妙的缘分，先后走进了宝兴，走进了邓池沟。一百多年前的戴维是基于对新物种的孜孜以求，而今天的戴维是希望这个并不强健的动物能不被打扰地在这里继续安然生活下去。

1869年的早春二月，阿尔芒·戴维从成都来到邓池沟。他沿着成都盆地的边缘到了邛崃，经西河的马湖、火井等场镇后，到了芦山县的三

戴维·谢泊尔在考察途中休息

汇场（现名大川镇），在当地人的带领下，他翻越了3 000多米的大瓮顶，来到了邓池沟天主教堂，整整走了8天。

一个珍稀物种的背后是一个神秘天堂。站在邓池沟天主教堂前，阿尔芒·戴维环顾四周，若有所思："难道这里是上帝遗忘的后花园？"他双手合十，祈求上帝："但愿这块陌生而神秘的土地，能给我带来惊喜。"果然，到邓池沟天主教堂仅仅过了10多天，阿尔芒·戴维就有了收获。

3月11日，在一户姓李的猎人家里，他看到了一张"从来没见过的黑白兽皮"，当地人称这种动物为"黑白熊"。仅仅过了20天，阿尔芒·戴维得到一只活的黑白熊，这只大熊猫死后被他制成标本，送到巴黎，一个惊人发现随之震惊了世界。

当年阿尔芒·戴维走进夹金山的路线，在西方人眼里成了一条东方的"神秘之路"；他发现大熊猫的夹金山大熊猫栖息地，便成了"上帝遗忘的后花园"。

在雅安日报社及芦山县委宣传部、宝兴县委宣传部支持下，2006年

7月11日，由笔者和《雅安日报》记者孙振宇、四川芦山县大川河风景区管理局筹委会负责人李富民、芦山电视台记者陈国昌、徐斌等人组成的考察组，沿着“神秘之路”开始为期三天的考察。

邛崃的位置很独特，头靠邛崃山脉，脚踏四川盆地。而夹金山属邛崃山脉，从邛崃到宝兴有条小路，来回一趟，大约七八天时间就可往返。路线大致为：出邛崃西门，沿昔日的临邛古道至油榨，折转西行，越南包山到芦山县三汇场（今大川镇），再翻越大瓮顶，就到了夹金山山麓的邓池沟天主教堂。

由于路况很差，又在下雨，我们走得很慢，直到黄昏才到油榨，这个小镇上的人们更加贫穷。由于还在过春节，商店和旅店都还没有开业。我们好不容易找到一家，同意我们住进又脏又潮湿的小屋……

戴维在邓池沟天主教堂的办公室

我们离开油榨沱就进入丘陵之中。这些山越来越高，直至进入高山地区……下山后，我们到了一个既长又高、森林茂密的峡谷的入口，据说经常有老虎和强盗出没。

在这个峡谷的底部，有一条清澈的河流。我们沿着曲折的河岸走了半天。我注意到清泉是从一块石头旁迸出的，还带出了很多非常圆的小鹅卵石。我想这地下的流程一定相当长远，才能在流动过程中将石壁劈开并磨成如此圆的小石头。向导说这个泉非常有名，人们用这里的小石头装枕头，夏天枕着十分凉快……

这是当年戴维的日记，荒凉的旅途，行者的艰辛跃然纸上。当地人告诉我们，戴维所写的“峡谷底部”，就是大川峡谷。

在这里流传着一首古老的民谣：“七彩宝石冲天冒，天生石桥通夏阳。俯身疾呼冒石子，男女老幼笑弯腰。”

民谣所言，正是大川大岩窝奇观——甘泉喷玉，当地人俗称“冒石子”。清咸丰八年的《天全州志》对此奇观专门有记述：

甘泉喷玉，即冒石溪泉，在州北一百八十里大川之大岩窝。水涌出有五色小石，随水常涌不竭，光洁如玉，人多取以观玩。

时过境迁，遗憾的是“冒石子”这一景观，后来修建冒石子电站时被毁了。

在萤火虫飞舞的晚上，笔者一行来到了大川镇。今天的大川镇，已是高山避暑小镇，宽广的河谷有一条笔直的大街，沿街两边，高楼林立。

在这里我们邂逅了两位在街口乘凉的老人。让我们喜出望外的是，他们与邓池沟天主教堂都有着不解之缘。

王天明，大川供销社退休干部，1949年前曾在邓池沟天主教堂教会

从大川到邓池沟的小道上，至今还是当地人来往的小路

当年重建邓池沟天主教堂的后人竹节顺带着我们翻越大瓮顶

小学任教。

竹节顺，大川一私营企业老板，其曾祖父竹永年是1902年邓池沟天主教堂扩建时的绳墨师。

“从邛崃到邓池沟，我年轻时走了几十回。”1942年，初中毕业不久的王天明接到表兄邀请，到邓池沟天主教堂教会学校当老师。

王天明的表兄叫易洪光，邛崃人，曾在邓池沟天主教堂担任神父。

王天明在邓池沟教了4年书。“以前，这算得上是条大路，从宝兴、小金到成都赶烟会（特指鸦片烟收割后的交易），都要走这条路。”

2006年王天明已87岁。他说，走在这条路上，经常看到大熊猫蹲在树上睡觉。除大熊猫之外，还有其他很多动物，如“山闷蹲”（即小熊猫）、野牛（即扭角羚）等。

听说我们要翻越大瓮顶，竹节顺自告奋勇为我们义务当向导，带领我们重走“神秘之路”。

7月12日清晨6时，我们迎着晨曦起了床，凉风吹在身上，还让人感到有些凉意。

从大川场镇到圣堂坪，经铜厂河到大瓮顶隘口，折转向西，下到山腰处，即邓池沟天主教堂。

从大川场镇到大瓮顶山脚有20多公里，从阿尔芒·戴维的日记中可看到，他进入大川后走到这里，走了整整一天，在这里住了一晚。而眼下已有一条简易公路，我们乘车到了山脚——圣堂坪。

“这就是圣堂坪，圣堂坪是到邓池沟的必经之地。以前这里住了很多人，从成都川西坝子逃难的教友，大多就聚居在这里。这里还开了不少的幺店子[①]，无论上山的还是下山的，都得在这里住一晚。”竹节顺指着一片废墟告诉我们。

在日记中，阿尔芒·戴维是这样记载的。

早上做完礼拜后我决定独自去穆坪，只需翻过一座荆棘丛生的大山就可到达。8点左右我就和一个当地的向导出发了，多云的天空偶尔有几缕阳光透过云层。

这座山又高又险，是成都到穆坪的必经之路，全被茂密的森林覆盖。在这些树中，我注意到有几种杜鹃花属植物，长得相当高大，有的树干直径有一英尺甚至还多。在雪地上我看见有野鸡和角雉的足迹……

如今，这里已没有了人烟。

穿过圣堂坪，沿着圣堂沟前行，不久便折转上山，行进在一条黄叶铺就的路上。青杠树十分坚硬，黄叶就是它的叶子，多年不腐，上山的路几乎是在青杠树林中穿行，青杠叶铺成的金黄色小路，一直通到山顶。

在圣堂沟口，火辣辣的太阳照在我们头上，十分闷热，一走进青杠林，高大的树木遮天蔽日，金黄色的林荫道上凉风习习，十分舒畅。

① 四川方言，意为街边的、路边的小店铺。

夹金山峭壁上的栈道

山不转水转，水不转路转，路不转人转……千回百转，我们终于登上了3 000多米的大瓮顶隘口，从隘口往上看，大约海拔3 600米的山顶犹如一口大锅，倒扣在我们头上，因而当地人称之为瓮顶山。

在大瓮顶隘口处，还有人工挖成的壕沟遗迹。竹节顺说："这是红军长征时留下的遗迹。"

1935年6月，中央红军长征经过芦山，红九军团抵达大川，佯攻邛崃、大邑，掩护主力红军翻越夹金山，后撤至宝兴，在这里打了一仗，走的正是这条路。

此时，宝兴县委宣传部工作人员杨建学等人已从邓池沟赶来接应我们，"两大主力"会师大瓮顶。

"以前这里的小路有24盘，现在路已被冲毁了。"顺着竹节顺手指的方向，隐隐约约看出掩藏在树丛中的小路。我们只得另辟新径，沿小沟飞奔而下，一路飞沙走石。

"前面是绝路，希望在拐角。"峰回路转，永远有走不完的拐弯

为申报世界自然遗产项目实地考察评估“四川大熊猫栖息地”

考察途中

路。好在路边有看不尽的奇花异草，红得醉人的野草莓香气扑鼻……赏花吃野果，殊不知在招蜂引蝶，一只野蜂看到我们“闯”进它的家园，勇猛地向我们扑来，在我左手食指上狠狠蜇了一下，留下一根长长的毒刺后飞走了……眼看着手指便开始肿大，不一会儿，手臂都肿了起来，40多岁的人，手臂一下变得如初生的婴儿，十分白嫩，煞是好看。而我的感觉只有一个，那就是痛。

同行的李富民给了我一个治疗的土方法：用人奶涂抹，马上见效。然而荒山野岭，人奶何处寻？只得忍痛行走。痛并麻木着，而“灾难”还未结束，高照的太阳一下隐藏了起来，豆大的雨点又砸在头上。起初我们还在树下躲雨，但大雨如注，无处躲藏，只得淋着大雨向前，一个个成了落汤鸡。

“这是过山雨，说来就来，说停就停。”果然，雨还未停，太阳又出来了，远山出现了一道道美丽的彩虹。

太阳晒在头顶上，但雨后的山路十分湿滑，我们似乎在进行跌跤比赛，一个接一个倒下，好在全都有惊无险。晚7时许，一行10人全部安全抵达邓池沟天主教堂——当年阿尔芒·戴维发现并制作大熊猫标本的地方。

我们胜利穿越了阿尔芒·戴维发现大熊猫的“神秘之路”。此时，是“四川大熊猫栖息地”申遗结果揭晓的当天晚上。

“今天，我们走在这条路上，历尽艰险。而100多年前，阿尔芒·戴维也走在这条路上，把大熊猫介绍给了世界。今天重走‘神秘之路’，我们不得不对伟大的发现者致以崇高的敬意。”站在邓池沟天主教堂的天井中，精疲力竭的我们由衷地感慨。

此时，同行的孙振宇突然发现胸前挂着一条蚂蟥，他费尽九牛二虎之力，才把蚂蟥扯了出来，顿时鲜血直流，惊叫声响彻邓池沟夜空。

当晚，我们夜宿邓池沟天主教堂。

## 第二节　拜访易神父

2009年2月26日上午11点，当联合国教科文组织的柯高浩、柯文夫妇带着一份沉甸甸的文件在成都双流国际机场走下飞机时，一份有关国宝大熊猫最珍贵的“出生证”终于“回家”了。

此前，为了更有意义地把大熊猫“出生证”送回家，四川省旅游局巡视员孙前安排的行程是按《戴维日记》的记载，沿着阿尔芒·戴维当年走过的路线“探路”，重走“神秘之路”，把大熊猫“出生证”送回家。

2008年11月底，笔者和孙前提前探路。我们从成都乘车至邛崃市，拜访邛崃天主教堂易洪光神父后，再乘车到大川圣堂坪，然后徒步翻越瓮顶山。

我们到了圣堂坪，仰望横亘在圣堂坪和邓池沟之间海拔3 000多米的高山大瓮顶。

良久，孙前一声叹息。

柯高浩、柯文夫妇已年过古稀，要重走“神秘之路”将大熊猫“出生证”送回邓池沟，徒步翻越大瓮顶，无疑是天方夜谭。所以我们只能遗憾地取消这一活动。

2009年，在大熊猫科学发现140周年之际，法国巴黎自然历史博物馆捐赠大熊猫模式标本资料仪式在“熊猫圣殿”邓池沟天主教堂举行。时隔140周年，大熊猫“出生证”回家了

正是这份“出生证”帮助大熊猫敲开了通往世界的大门，从19世纪发现大熊猫到现在的100多年间，西方的“熊猫热”一直热度不减，一个物种让世界持续“发烧”百年，这在世界上绝无仅有……这一切，都源于当年阿尔芒·戴维在邓池沟天主教堂发现并命名了大熊猫。

“我们要把大熊猫‘出生证’放回邓池沟天主教堂，让世人知道大熊猫是如何从这里走向世界的。”柯高浩、柯文夫妇的目的地不是成都而是隐藏在大山深处的邓池沟天主教堂，在法国驻成都总领事馆领事助理孙雅俊、中国科学院动物研究所专家何芬奇、孙前等人陪同下，他们向着邓池沟天主教堂进发。

何芬奇正和胞兄一起翻译《戴维日记》，对于发现大熊猫的故事，他如数家珍。他信口朗诵了一段日记——

2月22日，向穆坪出发。

多云的天空偶尔有几缕阳光透过云层。我们早上8点出发，在向西走了26英里后……

在柯高浩、柯文从成都到宝兴途中，听说20世纪40年代任邓池沟天主教堂神父的易洪光神父还健在，住在邛崃市天主教堂时，他们执意去拜访。

“戴维走过的路，我知道，我以前经常走，一年要走好几趟。”他回邛崃老家、到成都述职，都要走这条路。

邛崃天主教堂位于邛崃市中心正西街，门不大，但里面庭院深深。在教堂后院，我们见到了易洪光老人。时年96岁的易洪光神父，依然耳聪目明，只是手脚有些不便，起身落座之际需要人搀扶。

说起在邓池沟的岁月，易洪光神父兴致很高。

易洪光是邛崃市宝林乡人，生于1913年。父母信奉天主教，12岁那年，他被送到教会学校读书，前前后后读了15年书，读书的地方就在彭州白鹿乡天主教报领堂上书院、中书院，除了读经文外，还学拉丁文、法语。神父是外国人，那里是云、贵、川神职人员读书的地方。他27岁毕业，实习一年后，1944年被派到邓池沟天主教堂，主持邓池沟天主教堂工作，直到中华人民共和国成立后便回到老家，他在邓池沟天主教堂工作了6年。

易洪光是民国时期邓池沟天主教堂的最后一任神父。回老家后，易洪光一直在家务农，终身未婚。

改革开放后，宗教活动恢复，易洪光被安排到邛崃天主教堂担任神父，曾任成都市、邛崃市政协委员。

当年邓池沟天主教堂属于成都教区，易洪光在邓池沟工作期间，每年要回成都述职，并领取下一年的活动经费（一年有几百块银元）。

当时到成都的路线就是从邓池沟到大川，再经邛崃、新津、双流到成都。那时年轻，走得快，四五天就到了。

走在山路上，他说看到过大熊猫。

易洪光的讲述，让大家心驰神往，恨不得也去亲身体验一回。

告别易神父，我们继续前进。

2月27日、28日，这批珍贵资料分别捐赠给了宝兴县邓池沟天主教堂和中国大熊猫保护研究中心雅安碧峰峡基地。其中，法国巴黎自然历史博物馆馆长将戴维神父所寄大熊猫标本及致学术界的报告、巴黎自然历史博物馆馆长米勒·爱德华兹的鉴定报告复印件捐赠给了宝兴邓池沟天主教堂。该报告共有30页，其中有7幅戴维画的插图。

柯高浩、柯文博士夫妇来到了邓池沟，当他们看到保存完好的天主教堂时，十分惊讶，希望这里继续得到很好的保护。在捐赠仪式上，柯高浩说："这里很好，大熊猫在这里出生，大熊猫'出生证'这一珍贵的资料应该属于这里，希望这些资料对全世界了解大熊猫有所帮助，也希望大熊猫文化能进一步得到发扬。”这一刻，孙前的眼眶湿润了，为了这一天，他整整奔波了7个年头，请法国朋友帮助寻找两份珍贵文献，终于将大熊猫“出生证”送到了“熊猫老家”。

当天晚上，孙前向很多关爱大熊猫的友人发了一条短信：

此次大熊猫“出生证”（身份证）回归故里的大熊猫文化活动大获成功，局外人是无法认识和理解的，真诚地感谢你对大熊猫的关爱，空了请你多到邓池沟走走。

在随后的日子里，笔者一次又一次地往大川、邓池沟跑。在宝兴县原副县长王先忠的带领下，在荒草灌木丛中我们找到了教堂前的几座无主坟墓，王先忠告诉我，这是传说中海耶神父和他弟子的坟墓。

海耶是谁？谁也不得而知。

后来又意外得知，在距离邓池沟不远的官山上，还有一通碑，说是乾隆年间皇帝的圣旨碑，当地人流传这通碑说的是皇帝将这方土地赏赐给了教堂。跑过去一看，字迹残损模糊，早已无法辨认。

虽然一次又一次无功而返，我们最终却在邓池沟天主教堂的梁上有了重大发现。

梁上有两段文字：

罗若瑟　刘洪顺
经理首事　　　　同建
黄世光　戴才芳

造绳墨师　竹永年　赵文柱　等
竹永鉴　竹远昌

邓池沟天主教堂附近的修女墓碑（光绪六年）

这两段文字，是用毛笔写的。其中“造”字是红色的，其他的字都是黑色的。

经查，“经理首事”为施工负责人，相当于今天的工程负责人；“造绳墨师”是工匠负责人，即掌墨师。

竹节顺曾告诉笔者，他的爷爷曾参加过邓池沟天主教堂的维修。当笔者将梁上造绳墨师竹永年等人的姓名告诉他时，他惊呼了起来：“竹永年是我的爷爷。”

而竹永年、竹永鉴是两兄弟，竹永年正是竹节顺的祖父。

在大川一带，至今还流传着竹氏兄弟修建邓池沟天主教堂的故事。

光绪年间，一个叫来耶的外国神父来到邓池沟，请了很多人修建教堂。教堂还没有修完，他就走了，又来了一个姓刘的神父接着修。竹永年、竹永顺是大师傅，分别称为“竹大师”“竹二师”。由于教堂的架子大，房梁太重撑不起来，只得劈小后放上去。神父一看，说是偷工减料，还扣了竹氏兄弟15两银子的工钱。

更有意思的是，在2007年以前，邓池沟天主教堂门口挂的两道匾分别是“天下圣会”“传教之路”。后来，多了一道匾“圣母领报堂”。

看上去，这块新挂上去的匾似乎有些年头了，横看竖看都不像是块新匾。一看落款“一九一三年”。正是当年邓池沟天主教堂维修后落成使用的时间。

邓池沟天主教堂神父陈勇告诉笔者：这是当地一教友捐出来的。

在宝兴县档案馆，至今还存放着民国年间宝兴县收回邓池沟天主教堂地产的档案资料。

四川省政府秘书处据民政厅的请示报告于民国十九年（1930年）八月三十一日，做了批示“天主堂从前购置产业，按内地外国教会租用土地房屋章程第六条，只能令其报名该管官署，以永租权论，并无收回之规定。应否饬令民政厅转饬宝兴县照章办理”。

宝兴县县长陈秉哲并未奉文办理，而是亲赴盐井乡，要邓池沟天主教堂司铎陈静安听候收回土地事，“并委派财务科长周元德前往邓池沟勘界接收，所有土地提作宝兴县教育经费，同时，将羊村天主堂改办成学校”。

于是，法国教务处骆主教（骆书雅）向四川省政府提出了抗议“据宝兴县司铎报称，陈秉哲县长已将羊村天主堂匾额取下，换成学校，并令穆坪团正谢跃南传令佃户勿与教堂纳租。查该处得以传教及百年，何竟取下堂匾。均请政府维持，免滋误会”。

上世纪20—40年代，是中国最困难和艰苦的时期，其间最后一位法国领事博德斯，是在1925年离开法国驻成都领事馆的。之后，由儒维勒医生和贝珊医生兼顾领事馆事务。1934年，法国政府决定撤销成都领事馆，但在贝珊医生的请求下得以保留。

法国驻成都代理领事贝珊抗议指出“宝兴县县长将羊村天主堂匾额取下挂学校牌匾，召集天主堂佃户一律在教育科投佃，谕令此后不准向教堂纳租，此不讲公理蹂躏我教务，应请贵领事严重交涉制止，并还匾额以维教，电令该县制止一切不合规行为”。

在内外交并的压力下，陈秉哲仍然坚持将法国天主堂蒙占（霸占）的土地全部收回，至于所欠土地顶当款，政府愿付送国天主堂。

宁舍千金，寸土不让，强令邓池沟天主教堂司铎接受。四川省民政厅审度后转呈四川省政府，“若违众议，恐更引起当地人民仇视该教之心理，地方从此多事。宝兴县政府拨相当数最款归教会顶当价金，索还垦证交由教育科招佃管业，以此办理，于公有益，于教会无损，而于章程民意不相违背”。

至此，闹了三年的一场土地官司，以宝兴县收回土地权告终。

## 第三节　寻访遗迹

《圣教入川记》中说，在大川一带，有很多教友聚居的地方。

有圣名之称谓，有名若瑟湾者，有名圣母坝者，皆昔时教友之地也。

时过境迁，笔者曾遍访大川上了年龄的人，没有人知道“若瑟湾”“圣母坝”在哪里，倒是知道大川有个地方叫圣堂坪，流经圣堂坪的小河叫圣堂沟。“圣堂”自然是“圣名之称谓”。

汪成文退休前是大川中学的教师，他喜欢研究大川的文史。汪成文意外地发现了一个有意思的小地名——圣堂坪。

汪成文曾多次到圣堂沟和圣堂坪考察。他在这里发现一块几近碎片的残碑，找到几块较大的石片拼接起来，还可辨认出“名安當”“卒于道光二十九年”（1849年）等字样。

“安當”是谁？汪成文多方打听，仍一无所获。

“安當”也许是音译的外国人。在《圣教入川记》书中，曾出现过一个名叫“安当”的人，是当年利类思、安文思在成都传教的助手。利类思、安文思逃难时，曾将成都的住院交给他看守。此后，“安当”再

圣堂坪附近的高山海子

无一个字的介绍。

此“安当”和彼“安当”显然不是同一个人。一个是1644年留守成都的“安当”，一个是“卒于道光二十九年”的“安当”，“道光二十九年”是1849年，相隔了209年，从时间上对不上号，毕竟那人不可能活到道光二十九年才去世。

在大川的教徒越聚越多，大家“抱团取暖”，逐渐形成了“教徒社区”——圣堂坪。以前圣堂坪不仅有教堂，人最多的时候，有两百多户人家，人口有七八百人。

圣堂坪远离大川场镇，大约相距20公里。圣堂坪的背后就是穆坪土司的管辖之地。

后来聚居在圣堂坪的教徒越来越多，于是一部分教徒翻过今天芦山县与宝兴县交界的大瓮顶（瓮顶山），西迁到穆坪土司管辖的邓池沟，

在圣堂坪遗址发现的墓碑残片，“卒于道光二十九年三……”的字迹清晰可见

在邓池沟建立起了四川最早的天主教堂；还有一部分教徒则沿邛崃山、龙门山等东北一带，返回到崇庆（崇州）、彭县、绵竹、什邡等成都附近的山区。到了康熙年间，环境稍加安定，个别教徒又从山区转移到了平坝地区，逐渐延伸到成都周围，并试图发展到成都城区。

从2006年到2022年，笔者曾先后三次到圣堂坪考察。

圣堂坪是一块占地面积20亩的坪坝，坪坝前有一条小溪流。以前这里没有地名，四处逃难的教徒大多选择在这里聚居，便形成了一个独特的“教徒村”，取名叫“圣堂坪”，流经圣堂坪的小溪流自然也叫“圣堂沟”了。

教徒们在这里修建了教堂，教堂的名称叫“圣母领报堂”，这里还有学校，学校是教堂办的，招收教友的子女。

1945年，汤武能就出生在圣堂坪。

汤武能的家原在邛州（今邛崃市）西街，光绪年间，因高祖信教而受到官府监视，无奈之下，只得搬到这里来。到他这一代已是第6代。

从小生活在圣堂坪，汤武能依然记得圣堂坪当年的模样。

汤武能告诉笔者，当年铜厂河一带，除了圣堂坪外，还有周边的肖家沟、米麻沟、码头上、横河、向阳坪、举人沟都有人家居住，聚集在这一带的大约有两三百户人家。教堂设在圣堂坪，有两个经堂，每个教堂可容纳三四百人唱经、做弥撒。星期天教友们在这里唱经、做弥撒，其他时间就开学堂。在教堂后面，还有一块地叫婴孩地，那时缺医少药，小孩死亡率高，小孩子死后，就集中安葬在婴孩地。

教堂是四合院，规模没有邓池沟天主教堂那么大，经堂在教堂的左侧。后来教友多了，一个经堂容纳不下所有教友，于是又在附近专门修了一个经堂。

民国时期，由于这里前不挨村后不着店，打家劫舍、绑票勒索的土匪常常窜到这里作案，居住在圣堂坪的人不堪其扰，只得陆续外迁，有的搬到了人口稠密的大川场，有的搬到了宝兴县。到中华人民共和国成立之初，这里只剩下几十户人家。汤武能的大娘汤文珍一家，就是在民国年间搬到宝兴县邓池沟的。今天宝兴县蜂桶乡一带的向、黄、汤等姓氏人家，大多就是从圣堂坪搬过去的。

中华人民共和国成立后，由于圣堂坪远离场镇，过于偏远，生活很不方便，孩子上学、老人看病都很困难，这里的人户陆续搬迁，1973年，汤武能一家离开了圣堂沟，搬到了今天大川镇快乐村背后的豹子岗。

后来，这里的人家全部搬走了，如今只剩下残垣断壁。只是沟口有一座新建的“圣堂沟电站”，似乎还在诉说着当年圣堂坪的故事。

2022年5月17日，笔者再次前往圣堂坪考察，行至大川铜厂河，遗憾的是，一场大雨冲毁了林区道路，无法进入。

笔者回到大川场镇寻找“立书堂”的遗迹。

2013年“4·20”芦山强烈地震发生前，大川天主教堂隐藏在场镇的居民房中。教堂是木结构建筑，规模不大，院中间有一个小天井，经堂也不大，只能容纳几十人。如今，教堂已不见踪影，“立书堂”更是不知所踪。

汪成文告诉笔者，“4·20”芦山强烈地震后，大川天主教堂已异地重建，现在的天主教堂在场镇外的大川河边上。远远看去，大川天主教堂是一座白色的尖顶建筑。

教堂尖顶是典型的哥特式建筑，哥特式建筑是11世纪下半叶起源于法国，13～15世纪流行于欧洲的一种建筑风格。之所以用尖顶，原因大致有三：一是因为欧洲是温带和寒温带气候，尖顶有利采光和避风；二是西方人以去天堂为终极追求，最崇拜的是天，尖顶象征生天；三是宗教情感需要，采用哥特式建筑，雄伟的外观和教堂内空阔空间，再结合镶着彩色玻璃的长窗，使教堂内有一种浓厚的宗教氛围。

徜徉在大川场镇的街头巷尾，笔者意外地发现在场镇背后，还有一个三棵树公园，两株上千年的楠木，一株也是上千年的银杏树。三棵树呈品字形分布，枝叶相连，遮天蔽日。就在三棵树公园旁边，还有一座杂草和灌木丛掩盖的古墓和牌坊。汪成文告诉笔者，这是一座清朝光绪年间的古牌坊，是女婿徐茂林给岳父（雍世福）岳母（雍杨氏、雍晏氏）立的。

拨开杂草和灌木丛，一座几近完整的牌坊碑呈现在眼前。

牌坊顶层供圣恩牌，有“皇恩”二字，意为奉旨立碑。立碑人是“文生徐茂林”（文生的全称是文库生员。文库是清朝的公立学校，州府县都有。文生就是通过了州府县公立学校考试，进入学校读书的人），立碑时间为光绪四年（1878）。后徐茂林取得了功名，被封为“文林郎”，人称“徐三先生”。

汪成文说，徐茂林考取功名后，请旨为岳父母立了碑。这座碑是大川境内保存最完好的牌坊碑。原牌坊前还有两根双斗桅杆（已毁）。

2013年“4・20”芦山强烈地震后重建的大川天主教堂

寻找圣堂坪遗址文物

据介绍，徐、雍二姓人家，是世居大川的居民，他们不信天主教。

世居大川的人氏不信天主教，从另外一个视角也说明信奉天主教的教友，大多是成都一带的教徒，因避难跟随利类思、安文思进入大川，他们在这里建立起了一块较为稳固和安全的“根据地”后，吸引了更多的教徒迁到这里“安营扎寨”。

2022年8月6日，笔者随四川天主教神哲学院副院长童恒久、教务长岳清国，四川大学教授陈建明，乐山市作家协会主席徐杉一行再次到圣堂坪考察。汤武能驾驶一辆皮卡，像开坦克一样把我们送到了海拔约1800米的圣堂沟沟口，我们得以一窥圣堂坪全貌。

时过境迁，圣堂坪满是高大的林木。汤武能告诉我们：“新中国成立后，有一支地质队曾在这里安营扎寨，修了条简易公路，后来又植树造林，地形地貌全变了。”

好在林地中央，还有几座不知名的神父墓，还有几块残缺的墓碑和基石，可以依稀想象原来的地貌。

# 下篇

## 百年大熊猫

——熊猫文化记

大熊猫在蓝色星球上已走过800万年，只有5 000年文明史的人类科学认识大熊猫也仅有150多年的历史。

而大熊猫被发现的150周年史，雅安作为发现地和重要的栖息地，一直扮演着重要的角色——大熊猫从雅安走向世界，大熊猫在雅安重回山林。

一部雅安大熊猫史，就是一部中国大熊猫史、世界大熊猫史。

# 引 言

## 一只流浪大熊猫登上世界组织的旗帜

1961年，世界自然基金会（World Wide Fund for Nature or World Wildlife Fund，WWF）成立时，中国与国外的动物学界几乎没有交往。但是，WWF做出了一个重要决定：以斯科特设计的大熊猫图案作为会旗和会徽，真是一项具有远见卓识的决议。

大熊猫的原型是大熊猫“姬姬”——1954年在夹金山被捕获，是我国唯一一只以交换形式被送到国外的大熊猫。

近60年来，“熊猫之旗”超越了国家、民族、宗教等各种界限，飘扬在地球的每一角落，成为人类保护地球上动植物的象征。

前莫斯科动物园园长梭斯诺夫斯基说：“大熊猫是野生动物世界绝无仅有的、货真价实的瑰宝，是非常美丽的、标新立异的、令人惊叹的动物。”

如果你见到美国的“猫粉”，从华盛顿追到了碧峰峡，一点也不用奇怪。从1972年“熊猫外交”开始，大熊猫“兴兴”和“玲玲”作为友谊使者来到华盛顿动物园。“兴兴”和“玲玲”都来自宝兴。“玲玲”在那里生活了20年，生育的5个宝宝都未能成活，WWF曾为此下半旗志哀。苦苦盼了30多年，直到2005年7月9日，有着夹金山大熊猫“血统”的“美香”经历8次怀孕失败，终于生下了“泰山”。“泰山”从出生到成长的细节，就连它从假山上摔下来，也成了公众强烈关注的大新闻。按协议，“泰山”应在2007年回到中国，在美国方面一再要求下，归期一直推迟到2010年1月30日。那一天，上万美国民众在风雪中送别大熊猫“泰山”。美国记者用“泪流不止”“痛彻肝肠”“难舍难离”来描绘当时情景。

大熊猫之旗，愿你在我们这颗蓝色星球上高高飘扬！

# 第七章　保护大熊猫

## ——从物种保护到生态保护

## 第一节　中国科学家开始研究大熊猫

有关大熊猫的报道出现在中国报刊，现有资料可追溯到1922年11月25日《申报》刊载的在上海举行的“西人篮球会”，其中一支参赛队是上海公学美国学校及青年会的“熊猫队”。自此，大熊猫开始走入国人视线。

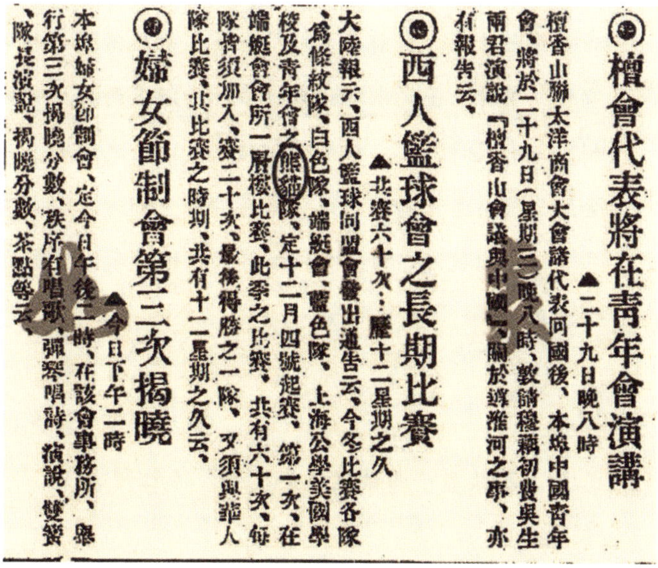

◎檀會代表將在青年會演講

▲二十九日晚八時

檀香山聯太洋商會大會諸代表回國後、本埠中國青年會、將於二十九日（星期三）晚八時、敦請穆藕初費與生兩君演說『檀香山會議與中國』、關於導淮河之事、亦有報告云、

◎西人籃球會之長期比賽

▲共賽六十次：歷十二星期之久

大陸報云、西人籃球同盟會發出通告云、今冬比賽各隊、爲條紋隊、白色隊、端艇會、藍色隊、上海公學美國學校及青年會之熊貓隊、定十二月四號起賽、第一次、在端艇會會所二層樓比賽、此季之比賽、共有六十次、每隊皆須加入、賽二十次、最後得勝之一隊、又須與華人隊比賽、其比賽之時期、共有十二星期之久云、

◎婦女節制會第三次揭曉

▲今日下午二時

本埠婦女節制會、定今日午後二時、在該會事務所、舉行第三次揭曉分數、秩序有唱歌、彈琴唱詩、演說、發獎、隊長演說、揭曉分數、茶點等云、

1922年11月25日，当天的《申报》，报道了在上海举行的“西人篮球会”。其中一支参赛队是上海公学美国学校及青年会之“熊猫队”

1928年2月28日，静生生物调查所在北京成立，是近代中国建立较早、最有成就的生物学研究机构之一。1930年，中国第一所民办科学院——中国西部科学院在重庆创建。中国西部科学院是爱国实业家卢作孚创建的。他先后在雅安一带采集动植物标本。

著名动物学家、原中科院昆明动物研究所研究员、教授彭鸿绶等人对野外大熊猫进行了考察。1940年6月10日，彭鸿绶撰写《大熊猫之新研究》一文，在《静生所汇报》（1943年新1卷1号）刊发。同期，中国西部科学院的专家也在穆坪收集到了一只大熊猫标本，1939年8月在重庆展出。

1938年11月9日，西康建省委员会向包括康属、宁属、雅属的所属各县发出《禁止射杀白熊和金线猴两种兽类以资繁衍的训令》：

查本省所产之白熊及金线猴两种兽类，不但为吾国之特产，且为世界之珍品。自前年罗斯福采集团来康猎得白熊两只后，一时报章宣传，中外人士之来取猎者日多。查以上两兽原种极少，如不加以限制，将有灭种五虞。兹依照狩猎法第四条之规定，对本省所产之白熊金线猴绝对禁止射杀，以资繁殖。即生捕者非经本省主官署之许可，亦不得携出境外。为此令仰该县长即便出示严禁是为至要。

此令

中华民国二十七年十一月

［落款为“西康建省委员会”（红印章）和“刘文辉”（蓝印章）。］

这一“禁猎令”首开中国政府发文保护大熊猫、金丝猴的先河。

面对外国人的疯狂追逐，中国科学家再也坐不住了，他们公开呼吁

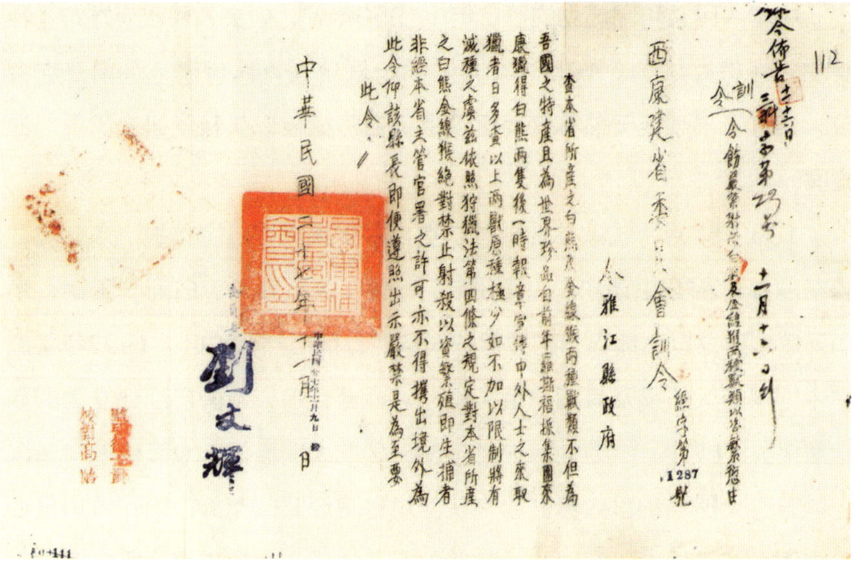
西康建省委員會訓令 經字第1287號

令雅江縣政府

查本省所產之白熊及金線猴兩種獸類不但為吾國之特產且為世界珍品自前年羅斯福探集團來康獵得白熊兩隻後一時報章宣傳中外人士之來取獵者日多查以上兩獸原種極少如不加以限制將有滅種之虞茲依照狩獵法第四條之規定對本省所產之白熊金線猴絕對禁止射殺以資繁殖即生捕者非經本省主管官署之許可亦不得攜出境外為此令仰該縣長即便遵照出示嚴禁是為至要

此令。

中華民國二十七年十一月　日

劉文輝

1938年11月，西康建省委员会训令保护大熊猫

保护大熊猫。《科学画报》1947年第12期封面为大熊猫照片，内页中刊发《行将绝迹的大熊猫》一文，作者为中国解剖学先驱卢于道，在文中他对大熊猫这一我国特有的珍稀濒危物种所面临的巨大生存危机表达了深刻的担忧之情。

> 大猫熊……为中国特产，产在成都西面大雪山，除此地以外世界各地都不产的。在不久的将来，恐仍有绝种之虞！

## 第二节　建立大熊猫自然保护区

民国政府对大熊猫的保护，虽是一纸空文，但开启了中国保护大熊猫的先河。

中华人民共和国成立的第二年（1950年），中央人民政府发布《稀有生物保护办法》。1956年9月，第一届全国人民代表大会第三次会议，通过了“划定天然林禁伐区，保护自然植被以供科学研究需要”的提案。

1959年2月，国家林业部首次提出保护大熊猫、金丝猴、东北虎、梅花鹿等珍稀野生动物。1963年，我国在四川卧龙、白河、王朗、喇叭河等地建立以大熊猫为主要保护对象的首批自然保护区。1992年实施“中国保护大熊猫及其栖息地工程”。截至目前，全国已经建立大熊猫自然保护区67个，有效地保护了超过57%的大熊猫栖息地面积和71%以上的野生大熊猫种群数量。后来在四川省阿坝藏族羌族自治州汶川县设立中国大熊猫保护研究中心，在成都市建立成都大熊猫繁育研究基地。中国大熊猫保护研究中心建立了卧龙基地、雅安碧峰峡基地、都江堰基地，成都大熊猫繁育研究基地在都江堰建立大熊猫野放研究中心（熊猫谷），陕西省林业科学院成立秦岭大熊猫繁育研究中心。

1980年，世界自然基金会开始进入中国工作，成为在中国开展保护工作的第一个国际非政府组织，世界自然基金会在中国开展大熊猫保护工作由此开始。

1982年以后，我国取消了赠予方式，随后几年商业借展的方式也被取消，现为以科研为目的的交流合作。

从1982年至今，我国与国外很多动物园建立了大熊猫长期合作研究关系。这些国家包括英国、法国、比利时、奥地利、西班牙、新加坡、泰国、马来西亚、日本、澳大利亚、加拿大、美国等。交流合作的大熊猫都住在海外动物园，它们的留洋期一般不超过10年，在海外产下的大熊猫幼崽属于中国，长到3岁以后要回到中国。目前，中国大熊猫保护研究中心在雅安碧峰峡基地建起了“海归大熊猫幼儿园”。

海归大熊猫已成了一个新的大熊猫种群——“海归大熊猫种群”。

邓池沟风景如画

2006年7月12日，以“卧龙—四姑娘山—夹金山”为标志的“四川大熊猫栖息地”成为世界自然遗产。这标志着大熊猫已从物种保护到栖息地保护——以大熊猫为旗舰的伞状保护形成。

2016年，世界自然保护联盟宣布将大熊猫受威胁程度由“濒危”降为“易危”。大熊猫的保护工作已经取得举世瞩目的成就。

2016年12月，我国通过《大熊猫国家公园体制试点方案》。2021年10月12日，中国正式设立三江源、大熊猫、东北虎豹、海南热带雨林、武夷山等第一批国家公园。

大熊猫是我国特有物种，也是世界生物多样性保护的旗舰物种，主要栖息地在四川、陕西、甘肃的山区。

大熊猫栖息地——风景这边独好

大熊猫栖息地有包括大熊猫、川金丝猴等在内的8 000多种野生动植物。建立大熊猫国家公园不仅能加强对大熊猫的保护，也能促进整个区域生物多样性保护。

1976年，全国开展首次大熊猫普查。至2015年，先后进行了4次大熊猫普查。

2015年2月28日，国家林业局公布第四次全国大熊猫调查结果。调查结果显示，截至2013年底，全国野生大熊猫种群数量达1 864只，圈养大熊猫种群数量达到375只，野生大熊猫栖息地面积为258万公顷（1公顷=0.01平方千米），潜在栖息地91万公顷，分布在四川、陕西、甘肃三省的17个市（州）、49个县（市、区）、196个乡镇。有大熊猫分布和栖息地分布的保护区数量增加到67处。

全国第四次大熊猫野外调查显示，雅安市境内野生大熊猫340只，占全省总数的24.51%，在各个市（州）中排名第三；与上次调查相比，全市大熊猫数量增加了81只，增长率达31.27%；全市现有大熊猫栖息地面积54.8万公顷，是全国和全省大熊猫栖息地面积最大的市。

发现野生大熊猫分布情况为：宝兴县181只，在全省各个县（区）中排名第二；天全县78只，荥经县和芦山县均为28只，石棉县25只。目前，雅安已经在全部县（区）都发现有野生大熊猫活动。

## 第三节　抢救大熊猫

1953年1月17日，成都市灌县（今都江堰市）农民用滑竿将一只患病的野生大熊猫送到成都百花潭公园，拉开了人类抢救野外大熊猫的序幕。

1976年冬春间，在甘肃文县和四川平武、南坪（今九寨沟县）等县

1953年抢救大熊猫的民工与百花潭动物园的员工合影留念

相继发现138具大熊猫尸体。考察结果表明，大熊猫大量死亡的主要原因是华桔竹大面积开花枯死造成的食物缺乏。几年后，邛崃山的冷箭竹又开始大面积开花。

大片竹子开花危及大熊猫的生存。

“竹子开花啰喂，咪咪躺在妈妈的怀里数星星。星星呀星星真美丽，明天的早餐在哪里……”不知道还有多少人记得这首歌。这是20世纪80年代为了拯救濒临灭绝的国宝熊猫而作的。

当时，不仅国内甚至国际上，都掀起了“拯救大熊猫”的热潮。

雅安历史上第一次抢救大熊猫的活动轰轰烈烈地展开了：确定了“三不准”（不准上山打笋子，不准上山放狗打猎，不准上山安放猎套）、“四不死”（大熊猫不饿死、不烧死、不打死、不冻死）和“一报告”（发现病饿大熊猫要立即报告）的保护抢救原则。

夹金山下的宝兴人民即刻积极行动起来，他们建立起巡逻队和观测

为抢救大熊猫募捐纪念邮票

熊猫咪咪

抢救大熊猫纪念卡片

爱祖国　爱国宝

转移受灾大熊猫

抢救受灾大熊猫

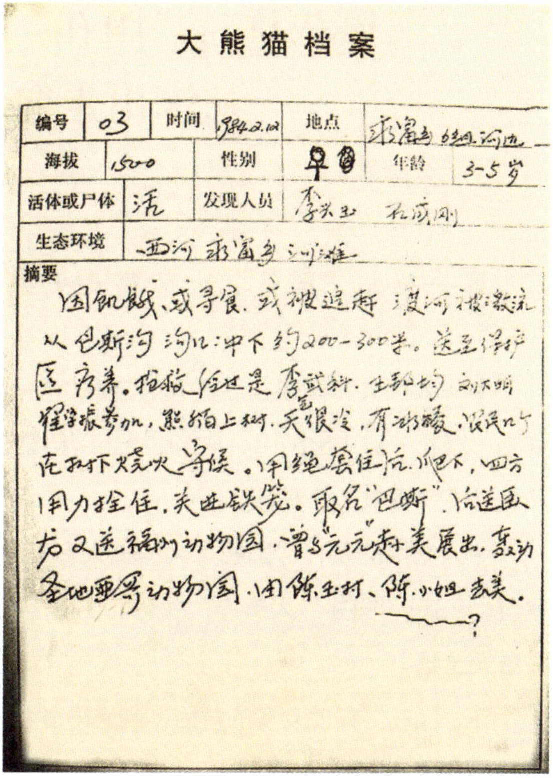

大熊猫档案

| 编号 | 03 | 时间 | 1984.2.12 | 地点 | 永富乡 [illegible] 河边 |
| --- | --- | --- | --- | --- | --- |
| 海拔 | 1500 | 性别 | ♀ | 年龄 | 3-5岁 |
| 活体或尸体 | 活 | 发现人员 | 李兴玉 杜成刚 | | |
| 生态环境 | 西河 永富乡 河滩 | | | | |

摘要

因饥饿、或寻食、或被追赶，渡河被激流从巴斯沟沟口冲下约200-300米。送至保护区疗养。抢救经过是李武轩、王郭均、刘大明、程学振参加，熊猫上树，天很冷，有冰凌，没法下，在树下烧火守候。用绳套住后，爬下，四方用力捡住，关进铁笼。取名"巴斯"，后送医方又送福州动物园，曾与"元元"赴美展出，去过圣地亚哥动物园，由陈玉村、陈小姐去美。

大熊猫档案

点，只要一发现病饿大熊猫，立即给予抢救。几年时间内，成功抢救大熊猫32只，占全国抢救大熊猫的1/3，其中16只康复后放归栖息地中。

四川蜂桶寨国家级自然保护区管理局局长崔学振手中有一本《大熊猫档案》，详细完整地记录了从1983年10月至2007年6月，120只大熊猫的档案，每只大熊猫都有编号、抢救时间和地点，有性别和年龄，并标明是死是活，发现人员和生态环境等，其中编号"3"，正是大名鼎鼎的大熊猫"巴斯"。

# 第八章 “国礼”大熊猫
# ——从深山走向世界

## 第一节 “国礼”大熊猫几乎都来自同一个地方

中华人民共和国成立后，大熊猫肩负着“和平友好使者”的身份，作为“国礼”被送出国门。从20世纪50年代到80年代早期，我国先后送出去23只“国礼”大熊猫。

令人吃惊的是，“国礼”大熊猫大多来自同一个地方——四川省宝兴县，23只“国礼”大熊猫，就有17只来自雅安市宝兴县，1只来自雅安市天全县。

在“国礼”如此众多的背后，到底隐藏着什么秘密?

中华人民共和国成立后，大熊猫得到了有效的保护，外国人随意进入中国捕捉大熊猫的事不会再发生，本国人也被禁止猎捕大熊猫、小熊猫和金丝猴。

1959年5月30日，《新民晚报》刊发一篇报道——《熊猫的喜事》，全文如下：

大、小熊猫是代表我国历史文物的世界稀有珍贵动物。大熊猫又名白熊、花熊，生活在深山密林里。据估计，全国仅一千余头。小熊猫又名大红袍、九节狼、山闷得儿，体形美丽，性格驯顺，为世界稀有品种。金丝猴又名狨猴，估计全国亦仅二千余头。这些动物仅产于我国四川省西北部及甘肃南部、云南北部的部分地区，数量很少，人工饲养又较困难。最近，四川省人民委员会为了有计划的保护和繁殖这些稀有珍贵动物，已发出了“关于禁止猎捕大熊猫等稀有动物的通知”，规定自一九五九年一月起禁止全省各地猎捕这些动物。

大熊猫在得到保护的同时，也走上了一条“国礼外交”的道路。首次“熊猫外交”是在1957年，接受这份大礼的是苏联。1957年，“平平”“碛碛”成为第一对作为国家礼物送出的大熊猫来到苏联，两年后，“安安”顶替被退回的“碛碛”，又作为“平平”的配偶被送到苏联。

而对于邻邦朝鲜，中国则在1965年至1980年先后赠送了5只大熊猫。

早在中国与美国尚未建交时，就曾有这样一个鲜为人知的“熊猫外交”故事：

1956年至1957年，美国佛罗里达州迈阿密稀有鸟类饲养场、美国芝加哥动物园先后两次致信北京动物园，希望“以货币或动物交换一对

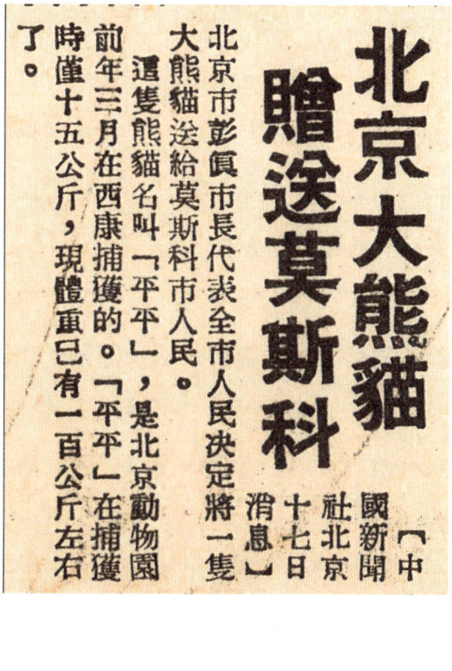
北京大熊貓贈送莫斯科

〔中國新聞社北京十七日消息〕北京市彭眞市長代表全市人民決定將一隻大熊貓送給莫斯科市人民。這隻熊貓名叫「平平」，是北京動物園前年三月在西康捕獲的。「平平」在捕獲時僅十五公斤，現體重已有一百公斤左右了。

北京大熊猫赠送莫斯科
——《文汇报1957.4.18》

大熊猫”。其中一位名叫安东·福里门的迈阿密鸟类饲养场主席在信中这么写道：

“我极感兴趣的是雪豹、云豹、西伯利亚虎、西伯利亚赤胸雁、蒙古马和其他你们国家出产的各种哺乳动物和鸟类，更不用说，我最感兴趣的是大熊猫。”

据北京园林局1956年的资料表明，北京动物园当时只有3只大熊猫，而这3只大熊猫全部来自夹金山，其中2只已预定送给苏联。更重要的是，时值美国为首的西方国家对中国实行经济封锁和政治压迫，此时中国几乎不可能答应美方的要求。但中国外交部出于增进中美人民友好交流的考虑，数度斟酌后，通知对方：

“原则上可以交换，双方互派人员到对方动物园访问并领取交换的动物。”

坚持直接交换而不通过第三方，是中方当时的唯一要求。可当时的美国政府并不“领情”，尽管美国动物园非常渴望拥有大熊猫，但仍“不同意直接与中国进行动物交换”，大熊猫最终没能在当时突破国家关系的藩篱走出去。

除了美国，当时英国、荷兰等也向中国提出了类似要求。1959年，联邦德国哈诺佛州动物园园长克洛斯·缪勒多次来信，甚至提出希望亲自来华捕捉2只大熊猫和3只羚羊并以外汇购买。在当时，这样的请求可谓“大胆”，但中方以“皆属稀有的珍贵动物且不易捕捉”等理由拒绝。

1972年，随着中美关系破冰，大熊猫“玲玲”和“兴兴”被赠送给美国。

大熊猫“玲玲”和“兴兴”，同样来自夹金山，其中“玲玲”就是宝兴人王兴泰在夹金山蚂蟥沟救护的，“兴兴”是宝兴县盐井乡村民丁洪、马勇救护的；后来送给日本的兰兰是宝兴县盐井乡村民张晓光救护的，“康康”是宝兴县陇东乡村民徐洪章救护的，“欢欢”是宝兴县硗碛藏乡村民杨明才救护的……

每只大熊猫的背后，都有着一个不同寻常的爱心救护故事。

大熊猫送到哪些国家？何时送出？在大熊猫出国的背后实际上是一张中国外交路线走势图。可爱的大熊猫能够发挥的作用，往往不亚于一名外交官或政治家。

1957年5月18日，“平平”成为1949年后首只作为“国礼”送出的大熊猫来到苏联，象征着当时中国与苏联的深厚友谊。1959年，“安安”又作为“平平”的配偶被送到了苏联。

1972年，中国还向日本赠送了一对大熊猫“兰兰”和“康康”，当时中国与日本已开始“邦交正常化”。随着中国与欧洲国家关系渐趋缓和，1973年，法国率先获赠一对大熊猫“燕燕”和“黎黎”。1974年，联邦德国获赠一对大熊猫“天天”和“宝宝”，英国获赠一对大熊猫“佳佳”和“晶晶”……

当年许多大熊猫抵达当地都得到“国家元首般的待遇”。如大熊猫“宝宝”运抵西德时，当地机场铺设了红地毯迎接它；“兰兰”和“康康”的班机一进入日本领空，就有一个战斗机编队护航……

1957—1982年，我国先后将23只大熊猫分别赠送给苏联、朝鲜、美国、日本、法国、英国、墨西哥、西班牙、联邦德国等9个国家。

23只大熊猫，17只来自雅安市宝兴县，1只来自雅安市天全县，雅安市占了将近80%，“大熊猫国礼之乡”名不虚传。雅安大熊猫不仅是中国人民的宝贵财富，同时也是世界和平友好的象征。

赠送给美国的“玲玲”和“兴兴”；

赠送给苏联的“平平”和“安安”；

赠给朝鲜的“1号”“2号”“凌凌”“三星”和“丹丹”；

赠给日本的“兰兰”“康康”和“欢欢”；

赠给法国的“黎黎”；

赠给英国的“佳佳”；

赠给墨西哥的“迎迎”；

赠给西德的“天天”和“宝宝”。

由于大熊猫生存环境的恶化，并且担心国内数量本已非常有限的大熊猫日渐减少，自1982年后，中国停止了赠送模式，许多国家纷纷通过

各种方式邀请中国大熊猫去“访问”，中国也先后组织了数十次“大熊猫访问团”。美国洛杉矶奥运会期间，国际奥委会就特邀了一对中国大熊猫前去展出。

20世纪90年代初，越来越多的环境保护团体对租借大熊猫采取抵制态度。在各方的努力下，中国停止了向海外租借熊猫。2007年9月12日，国家林业局宣布，“中国不再向国外赠送大熊猫，但仍可以与国外开展合作研究”。当时的英国《卫报》曾报道：

> 中国历史悠久的“熊猫外交”传统画上了句号。但显然，“熊猫外交”并没有画上句号。

国礼大熊猫图

北京动物园

为什么众多“国礼”大熊猫都出自同一个地方？原来在“国礼”大熊猫的背后，还有一段隐秘的往事。

1954年初夏，宝兴县城出现了几个操北京口音的外地人。

他们是从北京来的，千里迢迢走进还不通公路的宝兴县，他们的目标很明确，在这里设立野生动物收集站，把珍贵的大熊猫送到北京去。

随后，宝兴县城旁边的两河口树起了一块牌子“北京动物园宝兴园林局”，并很快建起了一个小院子，院子里面建了不少的圈舍。

“北京动物园宝兴园林局”在宝兴狩猎大熊猫已是一段尘封的历史，但谁也不可否认宝兴大熊猫对中国外交做出的重大贡献，雅安18只大熊猫作为“国礼”，肩负重任，从这里离开大山，漂洋过海，为中国与世界各国建立和平友好的关系起到了积极的作用。

1961年7月9日，《北京晚报》以《入深山捉珍禽异兽——北京动物园狩猎队活动片段》一文报道了在“四川夹金山捕捉扭角羚”的过程。

四川夹金山捕获“扭角羚”。捕鸟不易，擒兽更难。猎手崔国印接着讲述了他们新近在四川省夹金山一带捕获扭角羚的经过。

扭角羚在当地号称“金毛野牛”，大的体重千余斤，性情凶猛异常，见人捕捉就发狂似地追，追着了就用角挑，很难捉活的。前年，崔国印曾进山捕捉过一次，用的是摆阵下套擒拿的办法。有一次他很幸运地发现了扭角羚，但这种家伙中了圈套后拼命挣扎，劲大的把绳套拉折逃走，劲小的没能挣断绳子倒把自己勒断了气，一个活的也没抓到。

这次再度进山，狩猎组想了新办法：他们在扭角羚每年可能出来舔盐粒的山岩上，围木圈设“机关”。这山岩海拔三千多米，单把木料运到这人迹罕至的陡峭岩顶上，就费了几番周折。这些困难都克服了。最难熬的是把圈筑成，下好盐粒，隐蔽等待野兽上钩的

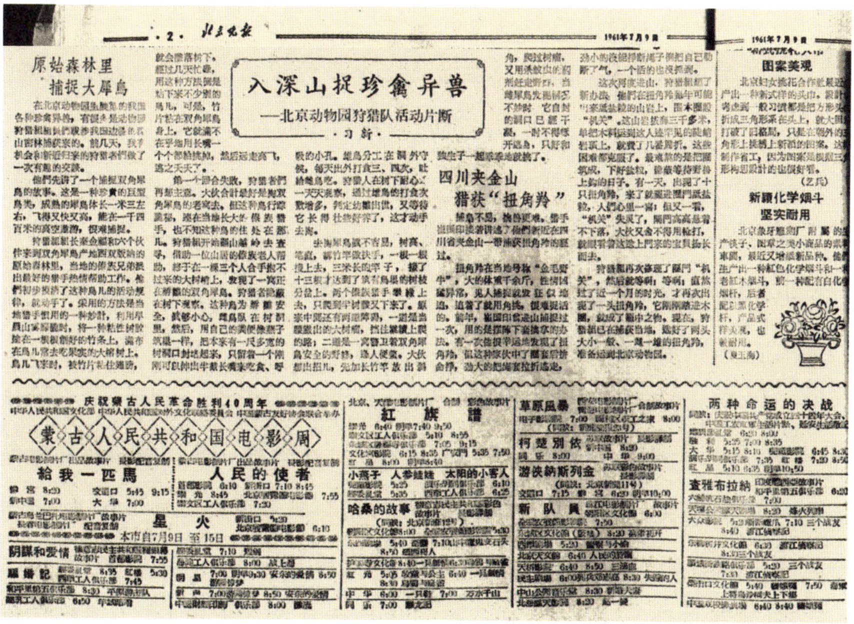
北京晚报 1961年7月9日

入深山捉珍禽异兽
——北京动物园狩猎队活动片断

原始森林里捕捉大犀鸟

四川夹金山猎获“扭角羚”

1961年7月9日，《北京晚报》以《入深山捉珍禽异兽——北京动物园狩猎队活动片断》报道了在“四川夹金山捕捉扭角羚”的过程

日子。有一天，出现了十只扭角羚，来了就圈进门舔盐粒，人们心里一喜；但又一看，“机关”失灵了，闸门高高悬着不下落，大伙又舍不得用枪打，就眼看着这送上门来的宝贝扬长而去。

狩猎组再次修理了圈门“机关”，然后就等啊！等啊！直到熬过了近一个月的时光，才再次出现了一头扭角羚，它刚刚踏进木圈，就成了笼中之物。

现在，狩猎组已在捕获当地，选好了两头大小一般、一雌一雄的扭角羚，准备运到北京动物园。

经过多方查询，课题组还找到了一份珍贵的文字资料——北京市动物园向中央林业部狩猎处写的申请（底稿），并注明“抄报：对外文委宣传司，抄致：四川省林业厅”。

我处为了国际交换动物需要和充添动物园展览品种以及科学研究之用，拟搜集和捕捉一些动物。今年的搜集动物中包括大熊猫6只和金丝猴10只。根据有关部门口头指示和对外文委（64）联宣致字第893号文指示的精神，今年可能赠给朝鲜和法国大熊猫以扩大影响，因此需要提前储备动物。另外，我处拟驯养大熊猫2只、金丝猴10只作繁殖和生态、生理研究之用。具体搜集和捕捉计划如下：

我园自行捕捉和搜集部分：

1. 捕捉和搜集数量：大熊猫6只（送朝鲜2只、法国2只、繁殖用2只），小熊猫10只（国际交换用），金丝猴10只（繁殖研究和备作国际交换用），羚牛4只（繁殖研究和我园增添品种），苏门羚4只（我园增添品种），岩羊4只（我园增添品种），毛冠鹿4只（我园增添品种），金猫2只（我园增添品种），云豹2只（国际交换用），斑羚4只（我园增添品种）。

2. 捕捉地区仅在四川省宝兴县境内，以捕捉大熊猫、羚牛和金丝猴为重点。另外拟在雅安专区内通过有关部门代为收购金猫、云豹等动物。

1964年1月27日，中、法两国政府发表联合公报，决定建立外交关系。从北京动物园的申请中得知，当年中国政府就打算向法国赠送大熊猫，北京动物园为此提出捕捉计划。

## 第二节　首只“国礼”大熊猫的风采

首只从宝兴来到北京的大熊猫“平平”，新闻媒体给予了极大的关注。《人民日报》1956年7月30日，刊发了一组题为《平平日记》的新闻图片，报道了大熊猫“平平”的一天。

1966年，莫斯科动物园，大批游客观赏大熊猫“平平”

·8·　人民日报　1956年7月30日　星期一

# 在北京动物园里

动物园工程师　譚邦杰　著文　　　朱示青　蓋毅平　孙一　著　石攝影

上点年纪的北京人，总会記得西直門外的“万牲园”。如果同現在的北京动物园比較一下，也就不难發現今昔之間的巨大变化。作为中国的第一所动物园，它已有半个世紀的历史了（万牲园創建于1906年）。但是只有在解放以后，它才由逐步恢复整頓而进入了迅速發展的阶段，并逐漸成为一所現代化的科学普及机構。

現在，这个动物园配合了解說員、說明牌以及一系列的出版宣傳工作，每年有好几百万名观众可以从这里得到一些生动的、有关动物科学的知識。动物园还特别注重祖国珍貴动物的介紹，野生动物同人类的关系，达尔文和米丘林学說的体現等等。

动物园在普及的基礎上还有提高科学水平的任务。动物园也規定若干个科学研究題目，准备逐年进行。在推动生物科学的發展这項工作中，动物园和科学院、北京大学、北京农業大学等处保持着一定的联系，各有分工，互相配合。在暑期里，不但在北京的生物系師生每年到动物园进行生产实習，就是远在上海、南京、武汉、南昌等地的高等院校，也常有来实習的。

目前动物园里有二百余种、一千三百余只动物，其中頗有不少堪称为“名貴品种”的。如四只大熊猫（俗名貓熊）便是世上最珍貴的动物，是外国任何大动物园願以任何动物来交换的。又如举世聞名的麋鹿（俗名四不像），經过半个多世紀的離別，今春已有兩对由海外运来，重新回入祖国特产动物的行列。还有西南高山上特产的金絲猴，秦嶺山区特产的金毛扭角羚和广西边境特产的白头叶猴也都是“独占品”，是国际間任何大动物园从未曾展覽过的。至于东北虎、华南虎、雪豹、云豹、花金貓、小貓熊、馬熊等几种祖国比較珍貴的产物，在国际間也算是相当稀罕的。

由国外来的动物中，最受观众欢迎的是大象和長頸鹿。其他如獅子、白熊、棕熊、斑馬等物，虽不算是特殊珍奇动物，可是也很受人欣賞。

为了更充实內容，更丰富人民的知識，若干个捕捉队常年派往內地边疆，以便获得更多的动物。兩广和东北是常往之地。此外，有去云南边境搜访象迹的，有深入准噶尔盆地去采捕野馬的，也有步履川西以猎获大熊猫的。至于国际間的友好交換，过去我們已換来許多国內得不到的种类，將来一定还会更多。

动物要展覽得好，建筑和环境也是很重要的。“万牲园”遺留下来的旧建筑物，除了一座猴山以外，几乎什么也不存在了。新建筑物中，規模較大的有白熊山、黑熊山、虎山、象房、羚羊馆、陆禽舍等，大致都赶得上国际間的水平。正在兴建中的有熊猫房、長頸鹿房、河馬館和犀牛宛，今年內都可先后完成。因为了能展覽更多的种类，如猿猴館、鳥館、水族館、爬虫館、高山动物苑和水禽池等等大規模建筑物也都在規划之內。在第二个五年計划期末，当各种池舍以及科学樓、文化館等先后落成后，北京动物园完全有可能达到国际間的先进水平。

猴兒学会了敬礼

金錢豹的吼声吓煞人

獅子总是那么庄重而又威严

大象举起鼻子，热情地欢迎前来参观的人們。

最受观众欢迎的动物之一——長頸鹿。

如果不是亲眼看到，誰也不会相信小狗竟是这头獅子崽的乳母。

北京的夏天实在热，白熊只好整天在水中嬉戏。

生活在这里的动物，每餐都能享受到这样丰富而美味的食物。

动物园工程师譚邦杰（中）正同科学工作者商量白鹿的只食，研究它的生态。

形影不离的黑天鹅。

“心肺正常”，——医务人員对小斑的檢查感到滿意。

观众們不久就可以从銀幕上看到电影攝影师所拍攝的生动的鏡头。

“鹤立鷄群”，的确与众不同。

金絲猴　獾　犛牛　孔雀　梅花鹿　狼　黑熊

貓熊　箭猪　黑貂　八哥　四不像　丹頂鹤

平平的日記

天气真好！出去玩玩。

讓我也来玩一会兒。

味道不錯，可惜少了一点。

吃飽了，休息一会兒

在这里睡一觉，够凉快的，呼……

1956年7月30日《人民日报》——在北京动物园里

1957年，时任苏联最高苏维埃主席团主席伏罗希洛夫访问中国，请求中国政府赠送一对大熊猫给苏联人民。随后，作为友好邻邦的中国政府以“国礼”形式，将一对大熊猫送给莫斯科国家动物园。

1957年5月18日，大熊猫“平平”从北京被送到了苏联莫斯科国家动物园，“平平”是中华人民共和国成立后首次走出国门的“国礼”大熊猫（由于当时北京动物园没有雄性大熊猫，1957年是十月革命胜利40周年，赠送“国礼”刻不容缓，决定先送雌性大熊猫“平平”过去）。

来到莫斯科后，“平平”被安置在野生动物岛上。据动物园工作人员回忆，“平平”非常温顺可爱，从未向饲养员发起过攻击。“平平”吃完饭后喜欢休息和睡觉，即使被激怒或饥饿时，也只会发出不太强烈的叫声，有点像绵羊的声音。天气热的时候，“平平”喜欢洗澡，把整个身体泡在水里。莫斯科的夏天很热，阳光强烈，冬天又很冷，加上当时条件也不好，所以“平平”遭了不少罪。

但总的来说，“平平”的待遇还不错，每年5～10月，它被放在一片露天空地上，接触天然的水和泥土，旁边还有一个凉爽的遮阳洞，天热时，它就长时间地待在里面。在剩下的几个月内，它就住进一个封闭的房间，室温保持在12～16度。

“平平”每天的伙食也很丰盛：2 000克米饭或牛奶煮的燕麦粥，100克白糖，400克果汁，500克竹子芽和竹叶，2个鸡蛋，还有它喜欢的果汁、甜茶、胡萝卜以及白桦树和柳树的嫩枝叶。

虽然得到精心照料，但“平平”在莫斯科只活了3年多，1961年就去世了。科学家分析，“平平”早逝的原因在于苏联饲养员缺乏照料大熊猫的经验，同时对于长期生活在野外的“平平”来说，莫斯科的气候与四川老家差别太大了。还有一个原因就是“平平”的年龄问题，据动物园资料记载，“平平”来到莫斯科时还未成年，与成年大熊猫相比，它来到国外后的适应能力肯定要弱一些。

1959年8月，中国政府送给苏联莫斯科动物园第三只大熊猫，名叫“安安”。1964年，莫斯科动物园庆祝建园100周年，作为庆典内容之一，大熊猫“安安”被印上邮票。

1964年，莫斯科动物园100周年庆典，大熊猫“安安”被印上邮票

在苏联饲养员索斯诺夫斯基的《莫斯科动物园的宝贝们》一书中，有关于“安安”的大篇幅记载。书中写道：

最初，“安安”非常不习惯苏联人的食物，除了竹子以外，几乎什么都不吃。这可让动物园的工作人员发愁了，因为全苏联几乎找不到像样的竹林。最后，在政府官员的帮助下，他们在黑海附近的苏胡米和巴统两座城市发现了竹子，人们将新鲜的竹子砍下来后装上飞机，运到莫斯科动物园供“安安”享用。

由于花费太高，工作人员找到植物专家，希望他们能在本地种植竹子，结果价钱比空运还要高。无奈之下，工作人员只好慢慢培养“安安”入乡随俗，在“安安”的食谱上列出一大堆美味，包括米粥、水果、蔬菜、甜茶等，并尝试用桦树、柳树和椴树的鲜嫩枝叶来代替竹子。

最终，“安安”适应了苏联食物，逐渐长大，并且忘记了竹子的味道。据说，同期生活在伦敦的大熊猫“姬姬”也学会了吃香蕉、橙子、白面包、凝乳和鸡肉等食物。后来，“安安”长到150千克，身高1.5米。

“安安”性格非常温顺和善，当工作人员抚摸或梳理它的毛发时，它会非常喜欢，静静地享受。不过，它也有生气或不高兴的时候，它会用锋利的爪子抓来抓去。最初，“安安”生活在野生动物岛上，1962年，动物园为它专门盖起一幢带有两个房间的别墅，并命名为“竹苑”，“安安”在那里生活了10年。

## 第三节　赠美大熊猫的生命绝唱

1972年2月，尼克松总统首次访华，签署了具有历史意义的《中华人民共和国和美利坚合众国联合公报》。两国领导人兴高采烈祝贺之时，尼克松正式提出希望中国向美国馈赠大熊猫的请求。时任国务院总理周恩来同志通知决定将来自宝兴的大熊猫“玲玲”和“兴兴”赠送给美国人民。这一年，被美国定为“大熊猫年”。

1972年4月，来自宝兴县的两只大熊猫“玲玲”和“兴兴”踏上了美国的土地。“玲玲”就是王兴泰在夹金山蚂蟥沟救护的，“兴兴”是宝兴县盐井乡丁洪、马勇救护的。

大熊猫“玲玲”和“兴兴”从北京出发，然后经巴黎最终抵达美国。运送时，它们被分别装在两个金属板条箱内。具有讽刺意味的是，这两只大熊猫的入境点是杜勒斯（Dulles）国际机场，而这个名字正是取自那个在1958年禁止“姬姬”进入美国布鲁克费尔德动物园的长官。

4月20日，美国国家动物园把大熊猫到美国的消息公之于众，那天

18个月的“玲玲”被运到北京机场，将运往华盛顿国家动物园

也是著名的“熊猫日（Panda Day）”。动物园先举办了一场新闻发布会，尼克松的太太也来了，她带了一个画有世界野生动物基金会熊猫标志的徽章，一张这两只大熊猫的照片和一本其他大熊猫的相册。当天超过20 000名市民参观大熊猫，大熊猫抵达后的首个周末，大约有75 000名游客蜂拥而至，把动物园堵了个水泄不通。

当“玲玲”和“兴兴”抵达华盛顿时，一名年轻的生物学家德芙拉·克莱曼来到了它们身边。在接下来的一个月时间里，德芙拉·克莱曼就开始观察起了这两只大熊猫，随后，她全身心投入大熊猫的研究中。她首先安置了一套系统，用来监控和记录大熊猫的行为和日常活动。不久，她发现了“玲玲”发情的明确信号。

1975年春季，大熊猫又度过了一次毫无成效的发情期。他们寄希望于1976年，迫切渴望利用大熊猫发情的机会，得到一只大熊猫宝宝，这样就可以“碰巧”赶上美国发表“独立宣言”200年纪念日。

但最终证明这只是一个奢望。由于观察上的失误，直到“玲玲”的发情期快要结束之时，这两只大熊猫才被放到一起，自然愿望就落空了。

1979年，饲养员每日工作清单上又添加了一项工作，收集大熊猫留下的尿液，由于在它的发情期开始之前，其尿液中的雌性激素会突然出现一个峰值。因此通过荷尔蒙的变化，可更加有效地预测“玲玲”发情期是什么时候开始的。

他们还发现大熊猫有一套十分独特的叫声——主要是短又尖的咩咩声和鸟叫声，而这一声音也正是“玲玲”在临近发情期时所发出的声音，而“兴兴”在听到此声音后也发出了自己独特的声音作为回应。

由于“玲玲”和“兴兴”没有发生过交配行为，因此他们决定给大熊猫实施人工授精。1981年，美国迎来了另一只雄性大熊猫——“佳佳”（中国赠送给英国的“国礼”大熊猫，由伦敦动物园暂借给美国）。民众便把希望寄托到了“佳佳”身上，希望它是一个更加适合“玲玲”的伴侣。然而它们首次见面就打了起来。

“玲玲”和“兴兴”

“它们两只大熊猫完全处不到一堆去，而且由于‘玲玲’遭受了重伤，我们既无法让它又和‘兴兴’在一起，也无法去试着给它实行人工授精手术。”

人工授精的事，不得不再等上一年。

1982年，当“玲玲”进入发情期的时候，“佳佳”的精液被放入“玲玲”体内。不久，“玲玲”出现了一些可能是怀孕的迹象，比如开始搭建它的巢穴，把苹果和胡萝卜抱在怀中，就像在照顾小宝宝一样。遗憾的是，这一切迹象原来是假怀孕，因为雌性动物在假怀孕期间也会展示出所有怀孕期才具备的行为和生理迹象。

1983年。当“玲玲”进入发情期的时候，人们对新生命的期待也随即高涨了起来。克莱曼和一名志愿观察员观察到了“兴兴”和“玲玲”的第一次交配，此次交配是这两只大熊猫在进入美国国家动物园十年后的首次交配，但它们交配的时间较短。

随后，他们还使用了一组“佳佳”的精子，为“玲玲”进行人工授精。7月份，“玲玲”有了怀孕的迹象。

1983年7月，当“玲玲”体内的黄体酮数值不断攀升并保持较高水平时，动物园的员工就和志愿者们一同开展了一项24小时的观察，通过闭路电视来监视“玲玲”的一举一动。7月20日午后，“玲玲”开始用竹子搭建自己的巢穴。

当晚7点钟，“玲玲”开始产仔，第二天凌晨3时许安全诞下熊猫幼仔，然而饲养员观察了半天，新出生的大熊猫宝宝始终没有任何动静。正当他沮丧地拿起电话，准备向德芙拉·克莱曼报告这一噩耗时，只见“玲玲”用手肘碰了一下小宝宝后，幼兽的胸口就开始有了起伏。

“那天早晨的几个小时真是太奇妙了。”

中国政府赠送美国政府和人民的大熊猫“玲玲”

“玲玲”展现出了所有能称作是“模范母亲”的举动，它用舌头舔了幼崽并轻轻地把幼崽抱在怀中。但不幸的是，这只幼崽在几个小时后，还是毫无征兆地停止了呼吸。

动物园的工作人员全都赶了过来，当人们看到“玲玲”在接下来的一整天中，都把这只毫无生气的粉色幼崽尸体抱在怀中，并不停地舔着这只幼崽时，许多人都哭了。甚至当人们成功地把幼崽尸体从它手中拿走后，“玲玲”又拿起一个苹果，把苹果抱在怀中摇晃了几天。

后来，工作人员对幼崽尸体进行剖检得出结论：大熊猫幼崽是死于支气管肺炎。

这天，世界野生生物基金会不仅发表了新闻公报，其设在瑞士的基金会格朗总部还下半旗全天致哀，这在世界上还是第一次。

1984年，“玲玲”产下的幼仔在出生时就死了。

1987年，“玲玲”产下的一对双胞胎也没坚持多久就死去了。

1989年，“玲玲”又生下一个孩子，但这只大熊猫宝宝就像它的第一个哥哥一样，在出生的头一天因患了支气管肺炎而死亡。

这位悲壮的母亲“玲玲”虽然先后生下5个孩子，但都没有一个成活。

1992年12月31日下午3点，它离开了这个世界，无疾而终，享年23岁。

几个小时后，美国各大电视台便播放了“玲玲”去世的消息。

第二天美国首都的两家报社——《华盛顿邮报》和《华盛顿时报》，同时在一版刊登“玲玲”去世的消息及其生前的大幅图片。为了延续“玲玲”的生命，科学家还从“玲玲”的卵巢中抢救出100多个卵子，冷冻起来以备后用。

1999年12月28日，“兴兴”的生命也走到了尽头。

“兴兴”因年迈出现肾衰竭，身体十分虚弱，很少活动。28日上午7时，美国国家动物园对“兴兴”实施“安乐死”。

美国国家动物园之友会执行主任菲尔兹在事后发表的一项声明中说：

“我们怀着巨大的悲痛报告‘兴兴’的去世。就像宠物是人们家庭的一部分，‘兴兴’是我们的一部分，更是这些年来照顾它的饲养员和志愿者们生活的一部分。与这样一个受人喜爱的动物分手是痛苦的，但安乐死最符合‘兴兴’的利益。”

对于“兴兴”的离去，专门负责饲养“兴兴”的管理员莉萨·史蒂文斯说：

“我们感到无穷的悲痛，同时有着巨大的空荡感，如同现在的熊猫屋一样空荡。”

动物园的熊猫屋已无大熊猫身影，有的只是大熊猫生前玩耍的照片和动物园工作人员所写的颂词和摆放在地上的两朵红玫瑰。

颂词写道：

“‘兴兴’是中华人民共和国赠送给美国人民的友谊与和平的礼品。它和雌熊猫‘玲玲’于1972年4月16日一同抵达。我们都将思念它。”

## 第四节　把后代留在海外的大熊猫

1975年，在中墨建交后的第三年，中国政府在时任墨西哥总统埃切维利亚的要求下，赠送了墨西哥政府一对大熊猫——“迎迎”和“贝贝”。这是墨西哥第一次拥有自己的大熊猫。

1975年9月10日，一对来自中国的大熊猫“贝贝”和“迎迎”跨海越洋来到了万里之遥的墨西哥，不仅谱写了中墨友好的佳话，而且还诞生了“国礼”大熊猫的“海外家族”。

雌性大熊猫“迎迎”来自雅安市宝兴县。

始建于1923年的查普特佩克动物园是拉美地区唯一一家拥有大熊猫的公园。为了让在异国生活的大熊猫适应墨西哥的气候和饮食，饲养员和科研人员做了大量努力：在动物园内种植了三种竹子供大熊猫食用。为了防止竹子开花造成大熊猫断炊，墨西哥城的另外两大动物园——圣胡安·阿拉贡动物园和科约特动物园也分别种有不同种类的竹子备用。

公园为大熊猫提供的日常菜谱是：苹果、米饭、胡萝卜、竹子、少许牛肉和有墨西哥特色的仙人掌叶。公园还在大熊猫馆设有一间实验室和活动监测室，24小时跟踪大熊猫的行为和生理指标变化，三个实验员每人负责一只大熊猫。大熊猫的居住环境幽雅，室内有冷暖空调。

良好的生活条件及饲养人员和科研人员的用心照顾，令远在异乡的雄性“贝贝”和雌性“迎迎”成为在中国以外的国家最高产的大熊猫夫妻。“贝贝”和“迎迎”共孕育了7个孩子，4雌3雄，可惜的是它们的

中国赠送墨西哥的大熊猫“迎迎”

第三代只有“欣欣”一个（雌性）。

“贝贝”和“迎迎”的女儿“朵蔚”，是中国境外第一只在人工饲养条件下出生并存活的大熊猫。

1981年7月21日，墨西哥的“大熊猫热”发展到了极致：“迎迎”和“贝贝”的第二个孩子诞生了，一年前“迎迎”和“贝贝”有过一个孩子，但出生后不久就夭折了。墨西哥人民把对大熊猫全部的爱都倾注在了这个刚刚出生的小生命身上，希望它能够顽强地活下来。动物园还发起了一场全国范围内的征名活动，让墨西哥百姓来给这个顽皮、可爱又腼腆的大熊猫宝宝起名字。最后，一个4岁半的印第安男孩在无数的参与者中胜出，他给大熊猫宝宝起的名字是“朵蔚（TOHUI）”。

孩子的理由很简单：在家里，爸爸妈妈都叫我“朵蔚”，我像爸爸妈妈爱我一样地爱这个大熊猫宝宝，我也要叫它“朵蔚”。“朵蔚”是生活在墨西哥奇瓦瓦州的一支印第安部落的土语，意思是“小男孩”。虽然饲养员们过了很久才发现“朵蔚”其实是只雌性大熊猫，但是“朵蔚”这个名字已经得到了大家的公认，也就没人在乎它是“男”是“女”了。

1987年，“迎迎”和“贝贝”生下“双双”，3年后，他们的孙女“欣欣”来到这个世界。查普特佩克动物园先后饲养过8只大熊猫。除了“贝贝”和“迎迎”外，其他6只都是它们的后代。

1993年11月16日，“朵蔚”去世。很多墨西哥孩子和曾经是孩子的大人们都流下了眼泪。动物园将“朵蔚”的遗体做成了标本，与它的父母的标本摆放在一起，永久陈列在动物园里。

在“迎迎”和“贝贝”的后代中，现在还有两只雌性大熊猫生活在查普尔特佩克动物园里，一只是“朵蔚”的妹妹“双双”，一只是“朵蔚”的女儿“欣欣”。两只大熊猫有专人饲养，住在有空调的单间，还有专门的厨师为它们准备爱吃的食物。

2012年中墨达成协议，由中方向墨方提供大熊猫精液，为“欣欣”进行人工授精。这让查普尔特佩克动物园再次看到了希望，但最终没有成功。

如今，查普尔特佩克动物园仅有的两只雌性大熊猫在等待合适伴侣到来的过程中，已渐渐老去，失去了生育能力。

随着互联网发展，查普特佩克动物园同世界各地交流熊猫饲养繁育经验，其中包括中国、美国、西班牙等国家，建成了世界各地大熊猫动物园饲养共享数据库。

## 第五节　最后的“国礼”大熊猫

1979年10月，应联邦德国施密特总理的请求，中国政府决定赠送一对大熊猫给联邦德国人民。

以往的“国礼”大熊猫，都是从北京动物园选送并启程的，而这次

赠送联邦德国的大熊猫“天天”与“宝宝”

选送任务落在了成都动物园头上。

西德一家有影响的画报社和一家图片社就向新华社约稿，要求提供这一对大熊猫的全部图片档案资料：从捕捉开始到“选美”结束，直至“新郎新娘”喜结连理的全过程。后面部分都还好办，但“捕捉”内容难住了新华社，毕竟两只大熊猫早已捕捉，捕捉过程无法“回放”。征得西德方同意后，新华社决定补拍这一部分的照片。最后任务落在了四川分社摄影记者金勖琪的头上。

金勖琪接到拍摄熊猫的生存环境、习性和人们怎样饲养的任务，二话没说便和熊猫科研人员深入海拔2 900多米的夹金山寻找野生熊猫。

“这是我第一次到那么高的地方，下着那么大的雪。他们在那儿找到一只熊猫，我拍照有时候会摔跤，摔了要赶快爬起来，我到那儿看见熊猫后刚把相机拿出来，它‘哇’的一声就对我叫，很凶的，把我吓一跳。我第一次接触熊猫的经历就是这样的，后来我们就跟它一起回了成都。”金勖琪回忆道。

在夹金山上，她终于拍到了捕捉人员利用木笼诱捕大熊猫、抬运大熊猫的全过程。

成都动物园的一只雄性大熊猫和重庆动物园的一只雌性大熊猫被选中，它们分别出生于四川宝兴县和天全县，出生时间都是1978年9月前后，根据它们的出生地，分别被命名为“宝宝”和“天天”。成都动物园原园长丁耀华先生，亲自护送大熊猫到联邦德国。

1980年11月3日，联邦德国驻华大使修德专程赴成都接受这对大熊猫。同日举行交换仪式。11月4日上午，“宝宝”“天天”在时任四川省林业厅野保处处长胡诗秀、成都动物园园长丁耀华、四川省外办翻译丁庆生3人的护送下在北京转机，飞赴联邦德国。

为安置大熊猫，汉莎航空公司在客机尾部隔出了两个比较宽敞的空间。丁耀华根据两只大熊猫的喜好，分别配制不同的“航空食品”，有竹子、玉米面和奶粉的混合调制食品，还搭配了甘蔗、苹果等。

经过22小时飞行，载有两只大熊猫的航班到达联邦德国。机场铺设了红地毯迎接“宝宝”“天天”，柏林街头到处张贴着熊猫的画片和广告，儿童玩具和一些商品的商标上也出现了大熊猫。联邦德国媒体可谓是总动员：报纸上整版介绍它们的旅途经历、生活习性，生物学家撰写介绍大熊猫的科普文章；电视上，大熊猫更是耀眼的明星，德国人第一次从屏幕上欣赏到大熊猫的风采。丁耀华一行在“潘达”（Panda）宾馆下榻，德国人为欢迎这对大熊猫，特地将一座宾馆改名为“大熊猫宾馆”。

柏林动物园做了充分准备。此前，他们曾经派员到当时已有大熊猫的美国、英国、墨西哥、日本等国家动物园学习。动物园还花费了70多万马克（约合人民币300余万元）新建了350多平方米的熊猫馆舍，有卧室、餐室、游戏场和饲料间，安装有调温设备。动物园每4个星期从法国南部购买品质上乘的竹子，储存在大型的冷藏箱内，以保证大熊猫天天能吃上新鲜竹子。“宝宝”和“天天”对环境、食物十分适应，丁耀华等人在德国才停留了十来天，它们的体重便增长了两公斤。

施密特总理一直关心大熊猫。11月8日，施密特总理和夫人来到了柏林动物园看望大熊猫。“宝宝”和“天天”表现得特别热情，活泼，施密特夫妇不时被逗得哈哈大笑，不断赞赏：“真好，真好！”

丁耀华与修德大使

施密特总理接见护送小组

施密特儒雅、随和、幽默，被称为德国最有魅力的领导人之一。或许是大熊猫给了他的好心情，在接待室，他跟中国护送小组的人们谈笑风生。他招呼客人坐下后，随即打开一个布包，里面是一只精致的烟斗，还有铁签子、铁钩子等一应俱全的工具，他拿起烟斗又是捅，又是钩，又是擦，又是吹，像是在进行艺术创作。他手里忙着，嘴里问着，话题始终不离大熊猫。这位叱咤风云的政治家，一系列“生活化”的动作瞬间拉近了主客之间的距离，施密特此刻犹如邻家大叔一样可亲。

施密特说：“感谢你们送来的珍贵礼物。”并曝“内幕”说：“去年华国锋主席要送我地毯，我说希望要大熊猫，现在看来是要对了，大熊猫可比地毯贵重多了。还当场表态，他自愿做大熊猫的监护人。”

施密特夫人是个生物学家、环保科学家，那天她一直笑意盈盈，在大熊猫面前，犹如慈母面对自己的孩子。施密特开玩笑说：“以后你就是大熊猫的干妈了！”

1984年“天天”因病去世；1995年，柏林动物园迎来新伙伴“艳艳”（租赁大熊猫），“艳艳”与“宝宝”生活了12年后病故。

“宝宝”是幸运的，一直生活在德国人民的万千宠爱中。

30多年来，一直生活在柏林动物园的大熊猫“宝宝”，上演了一部“悲欢离合”的故事。

“宝宝”和“天天”，青梅竹马，远渡重洋，一起来柏林动物园安家落户。德国老百姓对两个“友谊使者”爱得不得了。柏林人还为“宝宝”取了德语名字，意思是“小宝贝”。

小两口朝夕相处不到四年，“天天”因病毒感染夭折。“宝宝”年纪轻轻失去了“爱妻”，形影相吊。

为了给“宝宝”寻觅佳偶，柏林动物园费尽了心思，甚至不惜“千里联姻”，把“宝宝”送到英国伦敦动物园相亲。

谁知两只大熊猫一见面就大打出手，相亲之旅告吹。

1995年，柏林前市长迪普根在访华时，亲自带回了租借来的雌性大熊猫“艳艳”。可是“宝宝”和“艳艳”也一直没擦出爱情火花。虽然借助了人工授精等科技手段，但“留下后代”的愿望最终仍落空。

2007年，22岁的“艳艳”因肠胃梗阻死亡。“宝宝”孤零零地活了下来，2012年8月22日早晨，“宝宝”突然离世。

至此，中国赠送出去的所有“国礼”大熊猫，全部已成往事。

# 第九章　明星大熊猫
# ——从遗世独立到万众瞩目

## 第一节　“姬姬”成为世界绿色旗帜的标志

凌晨的夹金山，满天星斗。

站在夹金山之巅，眺望星空，想着大熊猫，除了“国礼”大熊猫外，从雅安的大山中还走出去无数的明星大熊猫，犹如繁星点点。

据资料显示，中华人民共和国成立至改革开放初期，只有一只大熊猫未作为“国礼”走出国门，那就是“姬姬”。

与“平平”“安安”相比，另外一只同样来自宝兴的大熊猫“姬姬”，它的命运就曲折了很多。

1958年5月，一船非洲大型哺乳动物抵达中国，这船动物中有3只长颈鹿，2只犀牛，2只河马和2只斑马。把这些动物带到这里的是一个叫作海尼·德默的奥地利年轻小伙子。

芝加哥动物学会就一直在物色大熊猫，他们准备拿出巨资来购买大熊猫，于是就给海尼·德默说，如果你能给他们找来一只大熊猫，他们愿意支付25 000元美金（按当时汇率，相当于人民币150万元）。

据海尼·德默在事后的回忆：“北京动物园园长十分友善，他让我自由地从3只大熊猫中选一只带走，他真的是太大方了。”

海尼·德默在大熊猫馆中观察了几天，才最终做出了决定。他写道：

*我必须尽快从笼子里出来。但没多久，一只叫作“姬姬”的年轻大熊猫开始接受了我，它的心灵受伤了，而且它也希望有人能够*

接触它。我甚至认为它会把我当成好朋友的。

当海尼·德默准备将大熊猫带到美国时，他遭遇了美国政府方面的阻拦。虽然这只大熊猫早就被美国芝加哥的布鲁克菲尔动物园以25 000美元预订，但当时的美国政府对新中国进行封锁，一切源于中国的东西都不能进入美国，来自中国大熊猫也不例外。

《泰晤士报》报道：

"又一名去美国的移民被美国政府部门挡在了国境之外。"

9位非洲的"客人"就这样换走了"姬姬"。"姬姬"踏上了前往异国他乡的道路，去不了美国，海尼·德默只得带着它到欧洲，"姬姬"这一次没能再回到故乡。

1958年5月，在运输途中，海尼·德默向苏联申请，希望能让"姬姬"在莫斯科停留10天，经过休整后再运往奥地利。

离开了苏联，"姬姬"开始了流浪，海尼·德默带着它去各个欧洲城市开始展出，法兰克福、哥本哈根、柏林，每到一地，"姬姬"都吸引了无数的粉丝，每一个城市都为它的到来而沸腾，可哪里才是最后的家呢?

后来"姬姬"来到伦敦动物园，世界上最早的也是最优秀的动物园之一。原计划"姬姬"只在这里停留3周，可"姬姬"一住就是14年。1958年9月26日，对大熊猫有着深厚情结的英国人，用1.2万英镑买下了"姬姬"，除了新家，它有了一个更为人熟知的新名字"Chi Chi"。

"姬姬"在这里享受着所有动物加在一起都无法拥有的待遇，拥有着无数的粉丝，而其中之一就是皮特·斯科特爵士。他在1961年和一批环保主义者共同筹建了一个非政府组织的国际性机构——世界野生动植

“姬姬”在伦敦动物园

物基金会（后更名为世界自然基金会，即WWF），筹措资金，保护全球的濒危物种。起初大家叫这个新组织为“拯救世界的野生动物”，不久后，他们突然发现“世界野生动物基金会（WWF）”要简单明了一些，基金会的名称随即确定了下来，有关其标志的问题也被提了出来——

“标志的意义应该不言而喻而且还要克服所有的语言障碍，而且最重要的是，可以随尺寸轻易地放大缩小。”

世界野生动物基金会的草图是以伦敦动物园内的“姬姬”原型所画出来的。

斯科特对着这只“Chi Chi”，随手用钢笔画下了一张素描：黑白相间的毛色，憨态可掬的神情，特别俏皮可爱。1961年7月17日的星期一召开的世界野生动物基金会第七次筹备会议上确定了会徽。最终，“Chi Chi”的形象成了世界自然基金会（WWF）的会徽。随着WWF影响力

世界自然基金会标识

扩大，这只微抬起头、半带疑惑望着人类的大熊猫形象，也一天天变得深入人心。

在伦敦动物园里，“Chi Chi”简直是集万千宠爱于一身，它想要什么就有什么。只有一件事情例外，那就是它终究是个女孩子。它像所有的小女孩一样，几年后长成一个大姑娘了，逐步显现出那日益强烈的青春欲望。她开始定期地发情，郁郁寡欢，也不爱吃东西。有一天，她甚至突然对年轻管理员克里斯托弗·马丹发起了攻击。很明显“Chi Chi”需要一个伴侣了。伦敦动物园曾向北京方面求援，但被拒绝了。唯一希望就是在莫斯科动物园的“安安”。

“安安”是当时世界上除中国和朝鲜之外的国家仅有的一只雄性大熊猫。

首先是英国方面向莫斯科动物园提出建议，希望让两只独居的成年异性熊猫“交流一下感情”，苏联政府经过考虑后，同意了英方建议。

经过长达一年半之久的高级别谈判，出于对世界珍奇物种的科学保护考虑，英国和苏联终于达成了协议，同意两只大熊猫联姻，两国政府专门就这对“孤男寡女”的相亲相恋问题签署了详细的协议。当时新闻界将此事称之为“一次重大的外交突破”。

1966年3月，“Chi Chi”乘坐专机又一次来到莫斯科动物园，这时候“平平”已经去世6年了。

在苏英两国政府的安排下，期待“安安”与“姬姬”缔结一段姻缘。

1966年3月，“姬姬”乘坐一架客机前往莫斯科，机身上印着“熊猫专机”几个英文单词，当飞机到达莫斯科舍列梅奇沃机场时，这里已经有200多人在等待，其中包括英国驻苏大使、苏联文化部官员、动物园工作人员以及大量新闻记者。有一位记者在当天的报道中写道：

> “我曾经去过世界上的很多机场，但从没有任何一位元首或国王受到如此热烈的欢迎。”

1966年3月31日，这两只大熊猫终于被放在一起了。工作人员将“姬姬”与“安安”安排在一起，但隔了一道栏杆，起初它们都很紧张，待逐渐适应后，“姬姬”被送到“安安”的房间里。两只大熊猫互相凝视了一下，随后“安安”到处检查了一下，舔了一下，在一个树桩上面留下了自己的记号。

“安安”紧张地看着“姬姬”一动不动，然后开始在原地慢慢地转来转去，最后大胆地向“姬姬”走了过去，“姬姬”也慢慢地安静下来。

这时，“安安”突然就朝“姬姬”猛扑了过去，对着“姬姬”龇牙低吼并咬住了“姬姬”的后腿。随后，“姬姬”以后背着地的姿势倒了下去，而“安安”就骑到了她身上，咬她的肚子。就在这时，动物园员工打开了水枪，把“安安”驱散开了。

1968年8月，“安安”从莫斯科前往伦敦动物园与“姬姬”再次试亲，“同居”9个月，这次情况更加糟糕，两只大熊猫一见面就大打出手，婚房变成了战场，最终不得不将它们分开。

苏联方得出了一个结论：

“由于‘姬姬’同其他的大熊猫分离得太久了，它似乎已经在大脑中‘印记’上了对人类的性意识。”

1972年的3月，‘姬姬’生病了，人们开始广泛地关注‘姬姬’的健康问题，大量的粉丝来信堆满了动物园的邮箱，动物园新闻处的电话也被快那些担心‘姬姬’健康的人们给打爆了。

由于它的身体状况越来越糟，人们也为它的死亡做好了准备。到了7月中旬的时候，“姬姬”病得特别重。7月21日星期五，伦敦动物园刚关闭不久，由于“姬姬”疼痛难忍，因此对“姬姬”实施安乐死就成了唯一的选择。安乐死是在次日凌晨3点整执行的。

1972年7月22日，一则消息让悲伤遍布英伦三岛——

“姬姬”去世了，享年18岁。

那个周末的各大报刊哀悼大熊猫“姬姬”的离去：

“它（姬姬）赢得了全世界上百万人的欢心。”。

这时候西方世界中已经没有一只大熊猫了。

一年后，“安安”也在莫斯科动物园去世。

“姬姬”走了，但“大熊猫旗帜”依然在地球上空飘扬。

## 第二节　在天全桃子坪捕捉大熊猫

1953年10月1日，成都百花潭动物园正式开园。

成都动物园在筹建时，最想展出的野生动物就是大熊猫。就在成都动物园准备进山捕捉大熊猫时，一个电话打了过来，“我们这里有只大熊猫，你们要不要？”

1953年1月12日，星期一。打电话的是灌县①人民政府民政科的一个干部，说在灌县的漩口有4个农民抓住了一只“白熊”（即大熊猫）。筹建动物园的全体工作人员都十分高兴，他们知道大熊猫是中国特有的珍稀动物，当时全国尚无一家动物园有大熊猫，成都动物园刚筹建就得到这种珍贵的动物，可以说是开张大吉，于是马上做好迎接的准备。

从灌县到成都有50多公里，当时虽然已通公路，但当地政府没条件动用车辆，只得靠人力运送。1月17日，4个农民用滑竿抬着大熊猫经过长途跋涉来到百花潭，这4人就是抓获大熊猫的农民。动物园职工热情地接待了他们，18日派人陪同4人游了春熙路，请他们看了最新上映的电影《南征北战》。为了感谢他们，经请示文教局，发给了他们100万元（旧币，相当于以后新币100元）报酬。

1月20日，4个农民高兴地回去了。

这是一只半岁左右的大熊猫，动物园将大熊猫安置在一处环境安静的茅草屋内，关在铁笼中饲养。

他们请来四川大学教师马德，向他咨询饲养大熊猫的相关知识。马德是我国著名的动物学家，曾经在四川汶川县亲自参与捕获过一只名叫“联合”的大熊猫，1946年护送“联合”远赴英国。他们从马德那里知道了

① 四川省旧县名，即今县级都江堰市。

大熊猫是以竹子为主食的动物。但这只大熊猫却对竹子不感兴趣。据马德分析，大熊猫一般是七八月份出生，这只大熊猫一月份被捕获，只有半岁左右，尚处在哺乳期，还没学会吃竹子，动物园便给它喂食牛奶。

动物园安排贺正源、常庭训担任熊猫饲养员。

贺正源、常庭训虚心向马德等专家请教大熊猫的饲养方法，并轮流日夜照管，观察它的活动规律，并做了详细记录。贺正源是为园林事业而献身的英雄，1956年他被派到峨边县收集动物时，被暴乱的土匪杀害，享年26岁。

这只大熊猫最初一度生长正常，但到了2月4日，大熊猫出现精神萎靡、食欲不振、流鼻涕等异常现象。动物园请来街道卫生院的一个黄姓医生诊治它，这位医生并无治疗动物的经验，判断它是伤风感冒，喂了些阿司匹林和苏打片等药物，病情并无好转，下午2时大熊猫即出现四肢瘫痪、呼吸困难的症状，于当天深夜1点40分死亡。

成都大熊猫繁育研究基地

这只大熊猫在成都动物园生活了18天，工作人员为它取名叫“大新”。当时动物园就只有这一只大熊猫，大家以“白熊”“猫猫”等随口的名字称呼它。可惜来不及展出，这只大熊猫就死了。

专家对大熊猫做病理解剖后，将其躯体制作成标本，存放在今成都大熊猫繁育研究基地。

大熊猫在成都“得而复失”的消息传出后，引起了国内有关方面的极大关注。1955年，北京动物园组织力量到宝兴县建立野生动物收集站，捕捉到几只大熊猫，运往北京展出，“终于使国人在自己的动物园里，看到了我国特产的珍奇大熊猫。”

成都动物园第一次人工饲养大熊猫虽然失利，但为以后的工作做了宝贵的铺垫。经过5年的准备，1958年底，经有关部门的批准，动物园团长丁耀华等人到宝兴、天全等大熊猫栖息地进行了一个多月的踏山调查，决定在天全县捕捉大熊猫。最终在天全县桃子坪捕捉了一只成年熊猫，取名“桃坪”。从此，成都动物园开始公开展出大熊猫，成都市民可以在这里观赏到珍稀的大熊猫。

1959年1月27日，《新民晚报》有一篇题为《用肉饵捕获的大熊猫》的文章，虽然文中没有写明捕捉时间，也没有准确的捕捉地点。但一对照就能发现，这只用肉饵捕获的大熊猫，正是丁耀华所说的在今雅安市天全县桃子坪捕捉到的大熊猫。

文章是这样写的：

> 去年12月间，成都有一支狩猎队在桃子坪高山上，捕获了一头大熊猫。这熊猫有两百来斤，大约20岁。
>
> 狩猎队在山上寻找大熊猫，前后花了将近两个月的时间，在冰封雪拥的高山上，受尽了极大的磨难，有时无法举火，他们用雪混着玉麦馍馍，就算当一顿饭吃了。

6　XIN MIN WAN BAO　1959.1.27

## 寄古巴

月子

殖民主义者高呼"民主"，
帝国主义者狂叫"人道"；
纸老虎要的是老把戏，
干涉，穿着各式各样的外套。

然而，英雄的人民站起来了，
斗争象燎原烈火，燃烧，燃烧。
枷锁已经粉碎，胜利已经来到；
干涉，只是华尔街的肥皂泡。

革命胜利的规律谁能动摇？
纸老虎已经成为历史的笑料。
加勒比海的怒潮千万丈高，
上海，离开得很远，也为古巴而骄傲。

晒网（国画）　周竹湘作

## 一幅动人的画（上）

王一萍

## 密尔顿邮票

小文

## 发人深思的革命文物

钱唐

## 红色的种子

## 用肉饵捕获的大熊猫

凌操

去年十二月间，成都有一个狩猎队，在桃子坪高山上，猎获了一头大熊猫。这熊猫有二十来岁，约两百来斤。（见右图）

狩猎队在山上寻找大熊猫，前后花了将近两个月的时间。在冰封雪拥的高山上，受尽了很大的艰难。有时他们无法举火，用雪混着玉米馍馍，就算当一顿饭吃了。

在这次捕捉方法中，有一种是用肉作食饵来进行捕捉的，这是一个大胆的尝试。根据目前动物学家的结论：大熊猫是食肉类动物中的素和尚，只吃竹子和笋子。但根据经验丰富的当地老猎人说，用肉作食饵来捕捉更有把握。狩猎队相信党的话：不要迷信权威，要相信群众的智慧。于是他们决定采用这个方法。

猎获大熊猫的那天是一个晴好的天气。每一个队员象哨兵一样严密地监视着自己的警戒区。忽然有人发现前面五十公尺的地方，树枝在剧烈的摇动，猎狗急迫的声音紧跟而上，转眼在二十公尺的地方，出现了一只大熊猫。正要举枪射击，这时候，猛听得另外一个队员在左侧面的小山上高声大喊："捉住熊猫了！快来人呀！"这一振奋人心的消息压倒一切，使大伙儿往山上跑去。细一看，真是一只大熊猫，登时，大家七手八脚，要去捆它。好厉害，绳子刚到上脚，它用那锋利的牙齿一咬，就立刻断了。等到拖出木笼后，它就想逃走。这时，两个队员使尽全力，用很坚实的木杈将它颈项杈住，正要上前去捆，那知，它将头向上一昂，拿木杈的两人经不起这一震动，立即同时跌出一丈以外。这样，六、七个人与熊猫经过了两三个钟头的搏斗，才终于将它降服了。

降服后要运下山来，困难也很大。这时，天已黑了，路，不能说是路，只是些兽径鸟道，不能抬，只能请它躺在木板上，一步一步的拉。从第一天黄昏时分，直拉到第二天东方发白才拉到山下。

"桃坪"（狩猎队给大熊猫命名字）登上往成都去的汽车后，才开始吃东西，也许它太饥饿了，什么牛奶、稀饭，到口便喝。有趣的是这个"素和尚"正是因为贪吃牛肉，才有机会远离深山到都市旅行。

## 智生和勇生

## 隐身人

用肉饵捕获的大熊猫——《新民晚报》1959.1.27

在这次捕捉方法中，有一种是用肉作捕捉食饵来进行捕捉的，这是一个大胆的尝试。根据目前动物学家的结论：大熊猫是食肉动物中的素食者，只吃竹子和笋子。但根据经验丰富的当地猎人说，用肉作食饵来捕捉更有把握。狩猎队相信党的话，不要迷信权威，相信群众的智慧。于是，他们决定采用这个方法。

捕获大熊猫的那天是一个晴好的天气，每一个队员像哨兵一样严密地监视着自己的警戒区。忽然有人发现前面五十公尺的地方，树枝在剧烈地摇动，猎狗急吠的声音紧跟而上，转眼在二十公尺的地方，出现了一只大雄鹿，正要举枪射击，猛听得另外一个队员在左侧面的半山上高声大喊："捉住大熊猫了！快来人呀！"这一振奋人心的消息压倒一切，使大伙儿往山上跑去。一看，真是一只大熊猫。登时，大家七手八脚，要去捆它。好厉害，绳子刚套上脚，它用那锋利的牙齿一咬，就立即断了。等到拖出木圈后，它就想逃走。这时，两个队员使尽全力，用根很结实的木叉将它颈部叉住，正要上前去捆，哪知它将头向上一昂，拿木叉的两人经不起这一震动，立即同时跌出一丈以外。这样，六七个人与大熊猫经过了两三个钟头的搏斗，才终于将它降服了。

降服它后要运下山来，困难也很大。这时，天已黑了，路，不能说是路，只是些兽径鸟道，不能抬，只能请它躺在木板上，一步一步地拉。从第一天黄昏时分，拉到第二天东方发白才拉到山下。

"桃坪"（狩猎队给大熊猫命名的名字）登上往成都去的汽车后，才开始吃东西。也许它太饥饿了，什么牛奶、稀饭，到口便喝，有趣的是这个"素和尚"正是因为贪吃牛肉，才有机会远离深山到都市旅行。

（凌操）

经过20多年的努力，1980年9月20日，成都动物园圈养的大熊猫成功进行了人工繁殖。20世纪80年代，邛崃山系冷箭竹开花枯死，部分大熊猫因缺食饥饿而被救护后集中送到成都动物园。1987年，为了加强对病饿大熊猫的救治管理，将大熊猫的教育展示功能与救护研究功能分离，强化大熊猫科学研究，提高大熊猫繁育水平，成都市人民政府决定建立成都大熊猫繁育研究基地，并与成都动物园实行“一套班子、两块牌子”的管理方法。成都大熊猫繁育研究基地是在成都动物园饲养、救治、繁育大熊猫的基础上建立起来的。1990年后，成都大熊猫繁育研究基地与成都动物园分成两个独立的实体单位。

2014年10月1日，都江堰野放繁育研究中心——“熊猫谷”对外试开放，2015年4月20日，“熊猫谷”正式对外开放。有意思的是，“熊猫谷”正好就是昔日救护大熊猫“大新”的地方。

## 第三节　首只人工繁育的大熊猫在北京诞生

大熊猫繁育难，在人工饲养条件下尤其难，科学家为此努力了数十年。直到今天，一只熊猫的出生仍会成为报纸的头版新闻。

那么，世界上人工繁育的“第一熊猫”叫什么名字？诞生于何时何地？恐怕知道的人并不多。资深大熊猫专家何光昕为我们翻开了一页尘封的历史书卷。让人惊讶的是，人工繁育的第一只大熊猫的父亲、母亲，还是来自宝兴县的野生大熊猫。

1962年，何光昕从四川大学生物系毕业，分配到北京动物园工作，见证和参与了一只叫“明明”的熊猫诞生的全过程。

北京动物园是全国最大的动物园，当时有着全国最大的大熊猫圈养种群。20世纪60年代初，动物园着手大熊猫繁育试验，任务落到黄慧兰

“莉莉”抱“明明”。在人工饲养条件下，繁殖成功的第一胎（1963年9月9日）

和欧阳淦两位女同志身上。黄慧兰夫妇曾经留学美国，在美国开办养鸡场，中华人民共和国成立初期回国供职于北京动物园。欧阳淦是个年轻的技术员，壮族，毕业于武汉大学生物系。

繁殖试验在动物园西边的动物繁殖场进行。那里曾是皇家的“万牲园”，她们特意选择了一处环境安静、林木丛生、颇具野生环境状态的场所。

“明明”的父亲叫“皮皮”，母亲叫“莉莉”，分别于1959年和1958年在四川宝兴县被捕获。1963年4月，“皮皮”和“莉莉”进行了自然交配。此后两位专家开始对“莉莉”进行专门管理和专题研究。9月初，“莉莉”食欲不振，且行为反常。专家们虽然精心照料，遗憾的是却偏偏错过了观察分娩过程的机会。

9月9日，专家们惊奇地发现“莉莉”怀里有一个小“肉团”，他们大感意外。因为之前谁也没有见过初生的大熊猫，像大熊猫这样体型庞大的动物，幼仔应该有数公斤重。然而他们看到的却是一只像剥了皮的耗子般的小东西，通体半透明，重量不过二三两，以致起初判定是流产或早产，让他们十分失望。

他们以为是流产的胚胎，便安排何光昕在一旁观察，准备趁“莉莉”不注意时，将胚胎捡走，以免污染大熊猫圈舍。然而让他想不到的是，“莉莉”抱着它一刻也不放。何光昕只得带着铺盖卷住进了大熊猫产房旁，守候着大熊猫。他的床距离大熊猫的铁栏杆只有两三米，睁眼就能观察到大熊猫“莉莉”的一举一动。

经过仔细观察，他发现小东西开始动了起来，起初他以为是“莉莉”动的，后来，小东西还叫出声来，而且叫声越来越洪亮，动作幅度也越来越大，甚至还吃起奶来。他喜极而泣，忍不住大喊了起来：“大熊猫生的崽崽是活的！”

“第一熊猫”繁殖成功，自然让专家们十分重视，希望它健康地成长，有一个光明的未来，于是给它取名为“明明”。

随后，动物园决定安排人员入驻大熊猫产房，便于夜间监护熊猫

1963年12月4日新华社发，北京动物园大熊猫产仔。世界闻名的珍兽——中国的大熊猫不久以前在北京动物园生了一只幼仔。这是目前世界上第一只在人工饲养条件下诞生的大熊猫

母子。何光昕因有了观察经验，便主动要求值夜班。他的具体工作就是在夜间观察记录母子的行为规律和做投食换水等杂活。“莉莉”的母性很强，将“明明”整日整夜抱在怀中，不停地舔舐，何光昕经过观察得出结论，这是将母亲的体温传递给宝宝，并帮助宝宝血液循环。何光昕还发现一个现象，即使“莉莉”睡觉时，也总是将“明明”身体放在自己的鼻子下面，这是让呼出的热气使宝宝感到温暖。“莉莉”因为护仔，警惕性很高，陌生人不能接近。但与何光昕相处熟了，它变得十分温顺，每当何光昕下班回到兽舍，“莉莉”都要走过来和他亲近。让何光昕欣慰的是，在他驻守产房的两个月期间，母子俩没出过意外。看着“明明”在自己的照料下慢慢长出绒毛，毛色由浅变深，开始遍地爬行，何光昕开心极了。

“明明”长大后，经检查是雄性，可惜的是它竟然是先天独睾，所以没有后代，1985年被转让给长沙动物园，1989年8月23日去世，终年26岁。

由于有这段当“保姆”的经历，何光昕就与大熊猫结下了不解之缘。有趣的是，何光昕在北京动物园工作期间，曾被派到宝兴县野生狩猎站工作过一段时间，他的任务就是组织猎人，为北京动物园收集大熊猫等珍稀野生动物。据《北京动物园志》记载，从20世纪50年代到70年代，北京动物园在宝兴县收集大熊猫、雪豹、扭角羚、白唇鹿、绿尾虹雉等珍禽异兽，其中仅大熊猫就多达70多只。1975年，何光昕被调回故乡成都的动物园，先后任副园长、园长。他带领成都动物园科技人员进行大熊猫繁育工作，成绩斐然。

大熊猫“明明”的出生，在公众对大熊猫的认识度还不是很高、资讯也欠发达的时代，也成了不小的新闻事件，欧阳淦和“明明”还上了《民族画报》的封面。

《北京晚报》1963年11月23日第二版刊发了《人工饲养繁殖后代

首获成功　动物园大熊猫产仔》：

[本报讯]世界闻名的我国特产动物大熊猫，最近在北京动物园产下一只幼仔。由于饲养人员的精心护理，大熊猫母子生活正常，不久即可与游客见面。

这种珍贵的动物，在人工饲养下繁殖后代，在世界上还是第一次，对动物学界来说，具有一定的意义。

在世界上，只有我国川西海拔两千至四千米高山的竹林地带产大熊猫，数量稀少。它既怕热又畏寒，食性独特，人工饲养比较困难。远在1869年，动物学界首次发现这种动物，并在1936年捕捉到第一只活的大熊猫，直到1949年，我国只在成都饲养过。解放以后，北京动物园陆续饲养了十多只大熊猫，他们会派人到产地做调查研究，多方设法为它创造良好的生活条件。1963年北京动物园提出繁殖大熊猫的计划，进行了有关繁殖方面的专题研究，经过饲养、管理等各方面的共同努力，终于在北京动物园诞生了第一只大熊猫。

欧洲和美洲各大动物园先后饲养过十多只大熊猫，他们想了很多方法促其繁殖，都没有成功。

（动科）

这篇新闻稿署名“动科”，并配发了“莉莉”母子图。

欧阳淦怀抱着这只人工繁育的大熊猫“明明”的照片，刊登在《民族画报》1964年第3期封面上。

1978年9月8日，北京动物园大熊猫饲养专家采用人工授精技术，成功地繁殖出世界上第一只人工授精的大熊猫幼兽“元晶”，体重为125克。这是世界上第一次实现人工繁殖大熊猫，在国内外产生了轰动效应。人工授精繁殖大熊猫，为拯救大熊猫这个濒危物种带来希望，而

科研人员欧阳淦和全球首只人工繁育的大熊猫“明明”登上民族画报封面《民族画报》（1964年3月号）

且对其他濒危动物的繁育也具有十分重要的意义。

“元晶”的母亲，是来自宝兴县的野生大熊猫“涓涓”，它的父亲是来自宝兴县的野生大熊猫“宝宝”、甘肃省文县的野生大熊猫“楼楼”（连续两次人工授精）。

## 第四节　北京亚运会吉祥物“盼盼”的原型

2017年1月18日，位于福州市大梦山的海峡（福州）熊猫世界再一次热闹起来，大熊猫“巴斯”的“粉丝”从世界各地起来，共同为“巴斯”庆祝37岁的生日。

就在这一天，“巴斯”还收到了一份大礼——世界纪录认证有限公司为它颁发了“世界现存最长寿的圈养大熊猫”证书。

有着表演天赋的大熊猫“巴斯”7岁访美、10岁成为北京亚运会吉祥物“盼盼”原型、11岁上“春晚”，一代“天皇巨星”；18岁提取体细胞进行“克隆”研究、37岁成为“寿星”，堪称“举世无双”……

“巴斯”创造了一个又一个无法复制的“巴斯传奇”，烙上了一枚又一枚无可替代的“中国印”。

2017年，大熊猫“巴斯”的生命走到尽头，在福州去世，享年37岁，为世界留下了一个“巴斯时代”。

1984年2月22日下午，家住宝兴县永富乡永和村的李兴玉上山砍柴。当她和邻居家小孩石家明背着柴火回家，途经巴斯沟时，突然看到激流中有一只大熊猫正在挣扎。“它看上去已经筋疲力尽。我们赶到河边的时候，它已经任由河水冲到中央，卡在两块大石头中间。”李兴玉不想看着大熊猫就这样死去，她解下捆柴的绳子，一头拴在自己身上，一头拴在树上，然后下河救大熊猫。此时，石家明飞快回家喊来母亲张天玉，母子俩拉住绳子一头，让李兴玉跳进刺骨的河水中。

巴斯沟的水冻得李兴玉浑身发抖。但她坚持一步一步地接近冻僵的大熊猫。李兴玉轻轻地把它从冰水中抱起来，在张天玉母子的牵引下，艰难地走向河岸。

“上岸后我摸了它的鼻子，发现它还有微弱的呼吸，于是就点燃柴火，把它放在火边取暖。”时隔多年，李兴玉依然记得当年抢救大熊猫的事。

渐渐地，大熊猫苏醒过来，有气无力地看着解救它的人们。李兴玉从家里为大熊猫拿来红糖和玉米面，见大熊猫清醒过来了，赶紧煮了一大碗玉米糊给它吃。

一只野生大熊猫哪能轻易吃人类给它的食物？“我就轻轻拍它的脑袋，告诉它，吃了东西才有力气回山上嘛！”李兴玉说，这只大熊猫很有灵性，“就像听得懂我说的话，果然张开了口，把我一勺勺喂它的一大碗玉米糊糊吃了个底朝天。”

这只被李兴玉救下的大熊猫，很快就被送到位于宝兴县的蜂桶寨自然保护区。临行之前，李兴玉依依不舍地送别。她跟在保护区管理干部高华康后面，一副欲言又止的样子。

最终她鼓起勇气问：“这只大熊猫，你们叫它什么名字？”

高华康告诉她，“大熊猫是你救的，你就是它的娘了。你的娃娃还得让你取名。”

“我们就是在巴斯河里救的它，就叫它‘巴斯’吧。一来以后不管它在哪里，都知道它来自什么地方！二来也祝愿它长得巴巴适适，将来有出息。”李兴玉说。

一个响亮的名字就这样诞生了。

后来，国家林业局专门给李兴玉颁发了一张大红奖状和300元奖金，以表彰她对大熊猫“巴斯”的救助。这张奖状，李兴玉视若珍宝。李兴玉的家搬了几次，先是从永富乡巴斯沟搬到宝兴县城，后来又搬到了雅安市区，很多东西都丢了，但唯独奖状和当年抢救“巴斯”用过的绳子、面盆，她一直保存得好好的。

“当我想‘巴斯’的时候，我就把这几样东西拿出来，‘巴斯’仿佛就回到了我身边。”后来，听说海峡（福州）熊猫世界准备筹建“巴斯（大熊猫）博物馆”时，她二话没说，就把这三样东西捐献了出来，委托四川省大熊猫生态与文化建设促进会工作人员寄到福州。

海峡（福州）熊猫世界主任陈玉村收到后，觉得奖状过于珍贵，经过扫描复制后，又把原件寄还给了李兴玉，叮嘱她妥善保存。

工作人员发现“巴斯”对音乐特别敏感，于是有意识培养它的各种学习能力。在这里，“巴斯”学会了蹬车、举重、晃板等20多项表演技能，一举成为动物园的“表演明星”。

这位动物界冉冉升起的“明星”，很快就红到了美国。1987年7

月至次年2月，“巴斯”作为“友谊天使”出访美国圣地亚哥市。在200天对外展出的日子里，这座城市沸腾了。当年曾陪同出访的陈玉村回忆，“半年多时间，居然有250万至300万美国人前往参观，每天排队购票的长龙有1公里，就为了看到它3分钟的表演，总共得排队5个小时。”一位美国老太竟然急中生智，现场填写了一张10万美元的支票，高声嚷嚷是要给“巴斯”捐款，最终获得提前进场的机会。而当它前往洛杉矶机场离开美国的那天，沿途200多公里的路上，都是给他送别的美国人。

1990年，中国首次举办亚运会。“巴斯”凭借自己的表演才能脱颖而出，成为亚运会吉祥物“盼盼”的原型。陈玉村回忆，“那时候，亚运冠军想和巴斯合影，都得经过审批才行。”

携亚运会吉祥物“盼盼”之势，1991年，“巴斯”竟然走上了央视的“春晚”舞台。至今很多电视观众都还记得当年的这只大熊猫演员。

巴斯赴美展出接待250万观众场面

北京亚运会吉祥物 盼盼（刘忠仁）

“‘巴斯’表演了投篮、举重等几个体育动作，惟妙惟肖，太萌了！”在春晚上，“巴斯”让更多的四川观众记住了它。因为它蹲在椅子上拿起电话“说”：“四川的亲人你们好，我在福州生活得很好，请家乡的父老乡亲放心。祝四川家乡人民新年快乐！”

那年“春晚”以后，以“盼盼”命名的防盗门、玩具、火柴等，也如大熊猫一样，风靡全国。

1985年，在长春电影制片厂任美工的刘忠仁看到了征集亚运会吉祥物的启事，决定应征。

当时，刘忠仁一家三口住的地方只有14平方米。一张小桌子，既是饭桌也是书桌，吃了饭，女儿还要写作业，他只能等到女儿睡了，才有画画的地方。可就在这张小桌上，刘忠仁的应征稿诞生了。

北京亚运会筹委会在征稿时规定用大熊猫作吉祥物。于是，刘忠仁找了几张大熊猫照片，他一眼就看上了大熊猫“巴斯”。在他眼里，

“巴斯”很漂亮。那时，美国洛杉矶奥运会刚举办不久，1984年洛杉矶奥运会吉祥物是迪斯尼设计的举着火炬的老鹰Sam。他觉得很有意思，于是就画了一只举着火炬的大熊猫应征。

在构思时，刘忠仁发现，很多人画的大熊猫艺术品，主要是表现大熊猫的憨态可掬。他觉得作为体育运动的吉祥物，光有娇憨可爱还不够，还要用大熊猫来表现体育“更快、更高、更强”的竞技精神。于是，他决定打破常规，创作一幅拟人化的大熊猫图。

几易其稿，最终一个身着运动装的大熊猫出现了，只见大熊猫一手高擎火炬，一手举着奖牌，微笑着向我们跑来。为了增加色彩效果，刘忠仁还给大熊猫系上了一条红色的腰带，既有吉祥的寓意，也让仅有黑白色的大熊猫色彩丰富了起来。

“就是它了！”这个活泼可爱的大熊猫造型，一下就吸引了评委的目光，组委会给举着奖牌的大熊猫命名为“盼盼”。有了“盼盼”，还需要有一个“形象代言人”，大熊猫“巴斯”获此殊荣。

1990年，在北京亚运会举行期间，已成为明星的大熊猫“巴斯”来到北京表演，在另外一个舞台上为中国运动员“加油”。

北京亚运会是中华人民共和国成立后第一次承办的大型国际综合性体育赛事。亚运会在神州大地掀起了一股强劲的体育热潮，憨态可掬的吉祥物大熊猫“盼盼”，不仅征服了全国人民，同时也赢得了全亚洲人民的好感。

一股代表着中国的“盼盼风”甚至还吹向了全世界，永远地印在了国人的记忆里。

在大熊猫专家眼里，大熊猫“巴斯”的聪颖固然可爱，但它的岁数已相当于人类百岁高龄又屡胜病魔，更让人怜惜。

“巴斯”一生总共经历了3次“死里逃生”。第一次是掉入冰河，是“妈妈”李兴玉救了它。而另外两次，先是因高血压导致血管破裂，后又因急性胰腺炎而生病垂危，幸亏它意志坚强，又得科研人员正确救治，“巴斯”这才从鬼门关逃了出来。

陈玉村早已过了退休年龄，但为了“巴斯”，他继续与“巴斯”为伴。“‘巴斯’对我来说，太重要了。从某种意义上讲，可能比儿女都重要。只要‘巴斯’能多活几年，我愿意拿自己的寿命来交换。我最大的愿望是，每天起床睁开眼睛就看到它，我会一直陪着它到最后……”，陈玉村说。

陈玉村用30多年的光阴默默守护大熊猫“巴斯”的事迹感动着亿万网友。2017年1月21日，由新华社举办、国内首个以基层人物为报道和评选对象、由网友通过互联网新媒体评选并传播的品牌公益活动“中国网事·感动2016十大人物”在北京揭晓，由网友从全国各地候选人中投票选出的10位“草根英雄”中，“熊猫爸爸”陈玉村名列其中。

组委会给“熊猫爸爸”陈玉村的颁奖词是这样写的：

几十年来，他同照顾自己永远长不大的孩子一样，与大熊猫无语相伴。73岁高龄的他，仍然工作在一线，想陪大熊猫走到最后。

一生只做一件事，一生陪伴一只猫，陈玉村这般执着，如此平凡。平凡到了极致，就是大美。“熊猫爸爸”陈玉村实至名归。

2015年9月，在阔别28年之后，“巴斯”重返美国。以它为主角的数字化影视短片《“巴斯”向世界人民问好》，在被誉为“世界十字路口”的纽约时报广场“中国屏”上滚动播出。许多美国人在广场驻足观看，当地华人华侨也相约前来看望“从祖国送来问候的使者”。大熊猫“巴斯”的形象再次成为世界的焦点，向世界人民传递和平友好的“‘巴斯’精神”。

一时间，这位大熊猫界的“明星”再次成为世界的热门话题。

李兴玉被授予"大熊猫救主"称号

"'巴斯'向世界人民问好"，用无形的力量倡导和推进世界和平，这是大熊猫"巴斯"从'动物形象'到'文化形象'迈出的具有时代意义的一步，大熊猫既是中国人民向往和平的图腾，也是全世界人民共同的财富。

人类进入21世纪，和平与发展已成为世界两大主题。作为中华民族的"传世之宝"，大熊猫和平友好的形象完全可以成为中国重返世界舞台中央的品牌符号和文化象征。的确，对"巴斯"而言，这将是一次超越意义的"重生"，也可以说是"永生"。

"巴斯"借助从"生物熊猫"到"文化熊猫"的这一华丽转身，除具有进一步展示良好国家形象、培育人类生态文明理念、促进大熊猫保护工作等多层意义外，它还将作为一个"文化符号"，承担起独特的"文化使命"。

2017年9月初，“巴斯”以37岁高龄获得“世界上现存最长寿圈养大熊猫”的“吉尼斯世界纪录”证书，就在人们盼望着它向最长寿的大熊猫世界新纪录（2016年10月16日，在香港海洋公园生活了17年的大熊猫“佳佳”离世，终年38岁，它是全球历来最长寿的圈养大熊猫）发起冲击时，9月13日，“巴斯”悄然离世，享年37岁。

虽然“巴斯”走了，但它会一直存在于人类共同记忆之中。伴随着中国经济实力的增强，“巴斯”还将成为中国品牌走向世界的“中国印”。

来自“巴斯”家乡的四川省大熊猫生态与文化建设促进会的生日贺礼——抢救巴斯

## 第五节 大熊猫“盼盼”的前世今生

全球年龄最大的雄性大熊猫“盼盼”于2016年12月28日4时50分离世，享年31岁。大熊猫“盼盼”的后代约占全球圈养大熊猫种群近四分之一，现存血缘后代130余只。

经过多方采访，课题组意外得知，“盼盼”的老家在雅安，它是四川省蜂桶寨自然保护区从野外抢救回来的大熊猫遗孤。

2006年底，从事大熊猫野外保护一辈子的崔学振，从四川省蜂桶寨自然保护区管理局局长的岗位上退休后，仍心系大熊猫。

“‘盼盼’的老家在夹金山。”崔学振有一本“私家笔记”，里面记录着从20世纪80年代以来，经他和同事之手从野外抢救的50多只大熊猫的情况，堪称一部夹金山保护大熊猫的“熊猫档案”。

翻开崔学振的“私家笔记”，果然在编号为“27”号的“熊猫档案”中看到了“盼盼”的记录。

发现时间：1987年1月5日

发现地点：盐井乡快乐5组

年龄：3个月

发现人员：柳忠明

摘要：“在大箭竹林……有一大桦桤树桩。抱回来了。据说，幼仔离开一昼夜，母体就不认幼仔。取名‘盼盼’。后调卧龙。”

原四川省蜂桶寨自然保护区管理处（管理局前身）负责人杨本清也清楚地记得，“盼盼”是从海拔2 500米左右的地方抢救回来的。当时夹金山的箭竹大面积开花，宝兴县政府和管理处组织了大量的巡护人

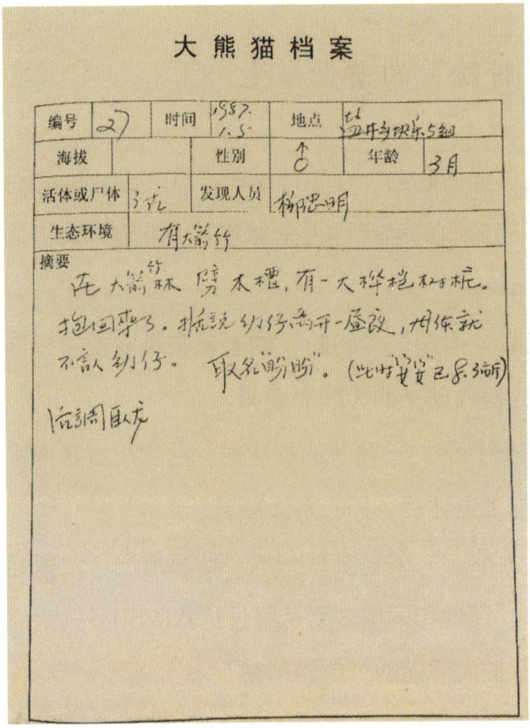

**大熊猫档案**

| | | | | | |
|---|---|---|---|---|---|
| 编号 | 27 | 时间 | 1987.1.5 | 地点 | 盐井乡坝乐5组 |
| 海拔 | | 性别 | ♂ | 年龄 | 3月 |
| 活体或尸体 | 活 | 发现人员 | 柳忠明 | | |
| 生态环境 | 有大箭竹 | | | | |

摘要

在大箭竹林旁木槽，有一大桦槁树桩。抱回来了。据说幼仔离开一昼夜，母体就不认幼仔。取名"盼盼"。（此时安安已8个月）

[illegible]

崔学振“私家笔记”中的大熊猫“盼盼”原始档案

员上山抢救大熊猫，柳忠明发现了这只大熊猫幼仔，经过一个昼夜的暗中观察，周围没有成年大熊猫活动的踪迹，确定它是一只被遗弃的大熊猫幼仔，就把它抱回保护区。当时这只大熊猫幼仔长得很丑，身上长满了疮。保护区把它交给了饲养员李武科（已去世），当时他还养着另外一只大熊猫幼仔，名叫“安安”，和“盼盼”差不多大，也是从野外抢救回来的遗孤。白天，李武科给它们喂奶时，要用两个奶瓶同时喂，不然它们就会争食打架。晚上，两个小宝宝就睡在李武科的床上，一边一个，乖得很，只有想拉屎撒尿的时候才哼哼。经过李武科的精心照料，两只大熊猫幼仔慢慢地健壮起来。

曾在保护区工作过的“大熊猫摄影家”高华康，喜欢摄影，他自己建了一个“大熊猫影像档案”，里面也有“盼盼”的身影。他提供的三

人工喂养大熊猫

张“盼盼”的照片中，有两张照片显得尤为珍贵，一张是饲养员李武科正在用奶瓶喂养“盼盼”，另一只大熊猫“安安”（也是从野外抢救回来的大熊猫幼仔）趴在他的腿上抢着要奶喝。还有一张照片是坐在童车里的“盼盼”和小女孩一起玩耍，这个小女孩是管理处职工郑足平的女儿。当时跟“盼盼”一起玩耍的还有高华康的女儿向珂。也许正是有与“盼盼”一起成长的经历，她长大后填报大学专业时，就毫不犹豫地选择了与大熊猫野外生活相关的林学专业。

高华康的爱人也曾饲养过“盼盼”一段时间，她回忆说：“‘盼盼’小时候就很顽皮，我们把它关在屋里，它会自己拨开门栓，打开门跑到院子里玩耍。累了，自己跑回屋里睡觉。”

1990年9月至1991年1月，“盼盼”还以“新兴”的名字，与“安安”一起成为文化使者，“出访”新加坡。这是中国大熊猫首次在东南亚地区展出，在三个多月的展出中，游客达到45万。据当年随大熊猫一起到新加坡的保护处职工王开礼回忆，1991年元旦，是“新兴”（“盼盼”）、“安安”在新加坡展出的最后一天，当天艳阳高照，很多游客专程赶来，与大熊猫道别，并期盼大熊猫能在新加坡安家。2012年9月5日，大熊猫“武杰”“泸宝”从雅安碧峰峡启程，赴新加坡进行为期10年的大熊猫国际科研交流合作活动。

“盼盼”在蜂桶寨保护区大熊猫临时救助站生活了4年多的时间，1991年5月4日，正值青春年少的大熊猫“盼盼”离开了蜂桶寨，来到与夹金山一山之隔的卧龙自然保护区大熊猫研究中心。

20世纪70年代，北京动物园最早尝试大熊猫人工育幼，没有吃到母乳的大熊猫幼仔免疫力非常差，容易患呼吸道和消化道疾病，人工抚育的大熊猫幼仔大多是因病夭折。位于卧龙自然保护区的中国保护大熊猫研究中心成立于1983年。科研人员“相中”了体格健壮、相貌英俊的“盼盼”。当时全世界只有4只能自然交配的雄性大熊猫，“盼盼”就是其中之一，那个年代是年轻的中国科研人员在为大熊猫科研事业苦苦摸索的初期。身手不凡的“盼盼”好生了得，它不负众望，当年与大熊猫“冬冬”配对后很快就当上了父亲，长女“白云”的诞生，改写了卧龙10年无大熊猫人工繁育成功的历史。

此后，“盼盼”持续不断地当上父亲，成为一个令人瞩目的“英雄父亲”。

1991年9月7日，大熊猫“白云”出生于卧龙保护大熊猫研究中心，1996年9月10日，被送到美国圣地亚哥动物园。“白云”是卧龙第一个成活并进入繁殖的子一代，开创了全人工哺育大熊猫幼仔的新篇章。老子英雄儿好汉，它的子女继承了非常优良的血统，子孙满堂，让“盼盼”成为大熊猫显赫家族的“高祖”。

“白云”从诞生之日起，就像卧龙湛蓝的天上飘着的白云，就给了为大熊猫事业默默贡献的科研工作者们希望，也给那个时期的人们在大熊猫科研领域的“空白蓝天”上留下了“白云”这浓墨重彩的一笔。

后来，“白云”飘到了海外，它先后和大熊猫“石石”“高高”配对，在美国生下了“华美”“美生”“苏琳”“珍珍”。

大熊猫“高高”和“盼盼”的出生地一样，也是在宝兴县的夹金山中。1993年4月6日，人们在野外发现了这只与母亲走散的幼仔，当时，“高高”仅有1岁左右，被人发现时身负重伤，血流满面，一只耳朵几乎被撕掉，不知和谁发生过殊死搏斗，满身是伤，体弱多病。就是这样一个有着顽强生命力的大熊猫，从小就是个胜利者。经过蜂桶寨自然保护区工作人员救治后，“高高”被送往卧龙大熊猫研究中心生活。后来，“高高”成为“盼盼”的女婿，即“白云”的丈夫，“美生”“苏琳”“珍珍”是它们的儿女。

“华美”是第一位在海外出生的中国大熊猫。时任中国驻美大使的李肇星亲自给它起名“华美”。它是一位英雄的母亲，共生有三胎六仔，其中赠台大熊猫“团团”是它的儿子。“白云”是“团团”的外婆，“盼盼”是“团团”的外曾高祖，而随着“圆仔”的出生，“盼盼”家族五世同堂，“盼盼”自然成了“高祖”。

在“盼盼”家族中，最具“明星”模样的海归大熊猫“泰山”，是“盼盼”的孙子，当年“泰山”出生在美国，有22万美国人参与了为它取名的活动；全球首只野外放归的大熊猫“祥祥”，也是“盼盼”的孙子……

可以毫不夸张地说，“盼盼”的后代，每一只大熊猫，都闪烁着迷人的光环，有着传奇的故事。

“5·12”汶川特大地震后，在香港特区政府的援建下，中国保护大熊猫研究中心在成都都江堰基地建立了“大熊猫养老院”，在开展大

大熊猫“盼盼”35岁生日

熊猫疾病防控与科研工作的同时，负责年老、生病大熊猫的饲养管理和医疗保健，让年老大熊猫安享晚年。游客可以近距离观赏到至少20多只老年大熊猫的休闲生活，也会看到长寿明星大熊猫“盼盼”的身影。

大熊猫“盼盼”与其他老年大熊猫一道，从雅安碧峰峡基地来到了都江堰基地的“盼盼园”。2016年9月1日，“盼盼”迎来了31岁生日。

随着年龄增长，“盼盼”身体健康状况日渐转差，食欲、活动状况时好时坏。辞世前3日，“盼盼”健康状况急剧恶化，意识不清，连雷竹笋也不主动去吃了。虽然医护人员竭力抢救，但终究敌不过自然规律，这只全球年龄最大的雄性大熊猫“盼盼”于2016年12月28日4时50分离世。

随着“盼盼”的离去，崔学振又在“私家笔记”上补充记下了这句话——“虽然‘盼盼’走了，但我们并不孤独，因为它的传奇故事还在流传，它的子孙正陪伴在我们的身边。”

## 第六节 “英雄母亲”大熊猫“新星”的浪漫“人生”

在2002年之前的每一个春天，大熊猫“新星”心中是有盼头的……

1992年春暖花开，上海动物园的帅哥大熊猫“川川”再次来到重庆动物园。上一年，“川川”曾来过，相了几个“熊猫姑娘”均不中意，而这一次，“他”遇见了“她”。

“新星”的铭牌上写有它的来处，“1983年4月，从四川宝兴县来重庆动物园安家。”当时，它只有半岁左右，是一个来自野外的漂亮丫头，人见人爱。

所谓“门当户对”的道理在“川川”和“新星”身上得到印证：它们都来自同一个地方——四川宝兴县野外，年幼离家，身在异乡，“哥哥”大“妹妹”1岁，夹金山“乡音”就是它们的共同语言，两只大熊猫“一见钟情”“你侬我侬”，这让两方动物园的“家长”们都深深松了一口气，要知道雌雄熊猫相亲看不对眼继而大打出手的事在大熊猫界是常有的。

更让双方“家长”欣喜的是，“川川”和“新星”完全不像在人工饲养环境下长大的大熊猫，它们一见面就亲热，当年八月即得一子。

自此，每年春节后，“川川”都会“打飞的”来渝住上几个月甚至半年，就被安排在与“新星”一墙之隔的小院内，墙上开道小门，两只熊猫可以隔栏传情。快到发情期时，“新星”会天天跑到小门边张望许久，看不到“川川”就开始大声吼叫，茶饭不思，魂不守舍，直至“川川”出现。

从1992年便开始参与照顾“新星”饮食起居长达10余年的“熊猫管家”张乃成，回忆起当年的场景仍历历在目：“两只大熊猫一见面就激动不已，在院内嬉戏打闹，像久别重逢的恋人般开心……没到‘合笼’

时让它们暂时分开睡，但‘新星’和‘川川’都不会进笼舍，而是各自睡在院墙小门两边，透过铁栏，一定要让彼此在对方的视线里，那情景，很是感人……”

其实，大熊猫并非专情的动物。在野外，雄性大熊猫为争夺与雌性大熊猫的交配权，数只间往往是生死相搏，唯有胜出者才能拥有优先交配权，而雌性大熊猫发情期间常会跟多个雄性大熊猫交配，所以熊猫宝宝只知其母而不知其父。

但“川川”和“新星”对“爱情”的忠贞令人动容。

1996年春天，上海动物园为了让“川川”的优良基因得到更好遗传，又为它找了一位配偶“竹囡”，哪知“川川”步入“洞房”后，对年轻貌美的“新娘子”毫无兴趣、神情冷漠。等到再飞赴重庆与“新星”相见时便欣喜万分。2010年，“川川”过世，在它有限的远游经历中，除了从宝兴老家到上海外，其余全部是飞重庆会“新星”。

2008年初春，乍暖还寒，又到了熊猫发情季，卧龙的大熊猫“亮亮”来渝“相亲”，这个106公斤重的8岁“小伙子”正值壮年，且是第一次相亲。3月7日17时，“新星”与“亮亮”被安排在当年“川川”所住的笼舍内“合笼”，面对热情似火、扑过来就想亲热的“亮亮”，“新星”努力挣扎，拒绝它靠近。于是，“亮亮”大怒，发疯般开始撕咬“新星”。早有准备的工作人员赶紧将他们分开，把“亮亮”赶进内舍运走，即使如此，“新星”右后肢还是被咬出四个牙洞，左后肢被咬出两个牙洞，鲜血淋漓，右前肢也有擦伤。

清创完毕，考虑到通风对“新星”伤口恢复有益，笼舍没有关闭，无法走动的“新星”就趴在舍门外。

是夜凌晨，天空飘起毛毛雨，放心不下“新星”的张乃成起身去看，只见“新星”已用两只前掌将身子挪至院内小木拱桥边一面青石台下，匍匐在雨中……

2018年9月24日，重庆动物园为36岁的大熊猫“新星”过中秋节

“那木拱桥可是当年‘新星’与‘川川’最喜欢一起玩耍的地方，青石台则是‘川川’原来偶尔会在上面打瞌睡的地方……”万物皆有灵性，想起下午“新星”对“亮亮”的极力抗拒，再看看面前雨中的“新星”，受伤如此严重依然“痴情”，“它一定是在想‘川川’！”见此情景，张乃成赶紧找来彩布条和六根竹竿，为“新星”搭建起30多平方米的棚子避雨，简直是一座“望郎棚”。

平日里颇有些“公主脾气”的“新星”，望着浑身透湿的张乃成，竟然一声不吭。

如今小院依旧，却已物是“熊”非。这里现在的“主人”是“新星”的儿子“灵灵”。拥有“野二代”血缘的“灵灵”是大熊猫世界里颇受欢迎的种子选手，它不怎么挑剔，曾经一年要配好几只雌性大熊猫，完全不像它老爸老妈那样专情。

“新星”和“川川”在大熊猫界长达近10年的爱情“马拉松”中，共生育存活了5个子女，让来自“熊猫老家”宝兴的野外纯正基因成功得以延续。

“新星”的生育能力在大熊猫界也堪称奇迹，它还曾于20岁产下一对活体双胞胎，刷新了高龄大熊猫产仔新纪录。它共产8胎10仔，成活6仔，四儿两女分别是：儿子“乐乐”“灵灵”“庆庆”“聪聪”，女儿“川星”和“小小”。

子又生孙，孙又生子，“新星”缔造出熊猫界一个庞大的世家。截至2016年底，它的后代共114只，存活90只。其中子辈10只，孙辈42只，曾孙辈62只。后代遍及上海、广州、雅安、成都、台北、香港、澳门等地，还有出国留洋的，加拿大、美国、日本等地都有它的后裔。其中不乏“团团”（赠台大熊猫）、“二顺”（旅加大熊猫）、“好奇”（诺贝尔奖得主丁肇中教授命名）这样的明星大熊猫。

“新星”的儿女几乎都出过国，大女儿“川星”早在1995年就曾到过韩国。现在，“乐乐”也在日本进行展出。而“新星”却从未迈出国门半步，自从1983年来到重庆动物园后，就一直坐镇大本营。

2020年12月8日13时25分，大熊猫“新星”逝世，享年38岁。

## 第七节　“圆仔”圆了海峡两岸“梦”

2004年8月31日、9月1日，两只大熊猫宝宝在四川卧龙出生了，它们就是“圆圆”和“团团”。“团团”有两个乳名，开始叫“小乖乖”，后来因为它嘴巴短、叫声大，改名叫“大嘴”，在幼儿园里是舞蹈明星。“圆圆”乳名叫“丫头”，是幼儿园里的平衡木和爬树冠军。经过严格挑选，它们从32只大熊猫宝宝中脱颖而出，成为赠台大熊猫。

“团团”的妈妈叫“华美”，是名副其实的“海归”，1999年出生在美国圣地亚哥动物园，是全球首只出生在海外且回到故乡的大熊猫，2006年回国后产下6胎10仔，被称为“明星母亲”。

“圆圆”的妈妈“雷雷”，是一只断掌大熊猫。1992年，它在凉山州雷波县麻咪泽被发现时已奄奄一息，一只手掌被竹子扎破，伤口已严重感染，医生不得不为它做了截肢手术。它先在成都动物园住了3年，然而才到卧龙结婚生子。

“团团”的奶奶是在重庆动物园居住了30多年的“新星”。“圆圆”的奶奶是著名的“逃跑新娘”。1993年10月在陕西省宝鸡市太白县被救助。1994年9月在苏州展出期间，它就在众目睽睽下出逃，消失81天后被人们捉回。2001年5月7日，“白雪”在卧龙再次“出逃”，4年后，它回到卧龙，因为它受伤了，一根锋利的骨刺刺入它的牙床，导致口腔溃烂，只得“回家”向人类求助。

2008年5月12日下午2点28分，持续1分多钟的汶川特大地震让卧龙成为废墟，“团团”“圆圆”失踪了。几个小时后，满身泥沙、蓬头垢面的“团团”被人们发现，5天后，在外游荡的“圆圆”也找到了回家路。

一个多月后的6月18日，劫后余生的“团团”“圆圆”被转移到了雅安。“团团”“圆圆”的转运路线是从卧龙到小金，再经宝兴到雅安。如果要问“团团”“圆圆”的祖籍在哪里？它们会毫不犹豫地说：“在宝兴。”

1985年和1990年的冬天，两只大熊猫分别在宝兴县永富乡石笋沟和五龙乡东升村被救助，它们被取名叫“盼盼”（雄性）和“冬冬”（雌性）。后来它们来到卧龙生下了“白云”，“白云”和“石石”（来自汶川野外）在美国生下“华美”。“海归”的“华美”与“灵灵”（来自重庆动物园，它的父母是宝兴籍大熊猫“川川”和“新星”）。

1987年春夏之交，一只大熊猫在宝兴县新兴乡大坪山被救助，取名“新兴”，它就是“琳琳”的父亲、“圆圆”的爷爷。

2008年12月23日，大熊猫“团团”“圆圆”从雅安到了我国台湾地区，台湾民众期待团团圆圆“早生贵子”。然而对于“成亲”一事，赴台一年多的大熊猫“团团”“圆圆”一点儿也不着急，可台湾同胞们、台北木栅动物园的工作人员们急了，台北木栅动物园分两次派专人来四川“取经”，目的只有一个，那就是如何让大熊猫“团团”“圆圆”早日“成亲”。

就在台湾民众心急如焚之际，2010年5月28日，应中国国民党革命委员会中央委员会邀请，时任四川省委书记刘奇葆率领的四川代表团“天府四川宝岛行”的压轴戏放在了木栅动物园，随行的大熊猫专家，有着“大熊猫之父”之称的张和民代表中国保护大熊猫研究中心与台北木栅动物园园长叶杰生共同签署了“大熊猫繁殖合作备忘录”，张和民表示最迟在明年春暖花开之际，一定让大熊猫“团团”“圆圆”喜结“良缘”。

大熊猫“团团”“圆圆”能够在台北健康成长，离不开竹子，如果他们只喜欢吃四川竹子怎么办？这是木栅动物园非常担心的问题。刚来台北时，它俩吃的是空运过来的四川竹子，随后他们逐渐加入一定比例的台湾竹子，一个星期后，它俩完全适应了台湾竹子。而且最爱吃6种台湾竹子，包括桂竹、箭竹、黄金竹、孟宗竹等，而竹笋，两个小家伙只爱孟宗竹笋、箭竹笋和桂竹笋3种，这才让保育员松了一口气。

虽然大熊猫“团团”“圆圆”不知道自己的生日，更不知道过情人节，但只要一过节，受到特别关爱的大熊猫“团团”“圆圆”就会收到别出心裁的礼物。生日的时候，保育员会为“团团”“圆圆”送上由窝窝头制成的生日蛋糕；情人节时，会送上由竹叶编制的心形礼物；端午节，还会烹制可口香甜的粽子……每逢佳节，“团团”“圆圆”总会收到动物园保育员精心制作的特别礼物，两个可爱的宝贝总会美美地饱餐一顿。

8月31日、9月1日，分别是大熊猫“圆圆”“团团”的生日，自然也成了木栅动物园的纪念日；春节、情人节、端午节……熊猫馆的工作人员都会和它俩一起过节。

大陆赠台大熊猫“团团”“圆圆”欢度14岁生日

大熊猫“圆仔”在台北迎来5岁生日

为了让两个宝贝过上不一样的节日，保育员精心设计出了很多有创意的新鲜食品：竹子冰、水果冰、竹笋冰、红萝卜灯笼、苹果汤圆、麻竹叶粽子……每一样饱含爱心的食物，都得到了“团团”“圆圆”的认可，每当有新鲜食物出现，两个宝贝总会充满了期待和好奇，保育员精心准备的美食也总能让他们胃口大开。

大熊猫5至7岁进入性成熟期，成年的大熊猫“团团”“圆圆”心理变化也逐渐显现，和人类一样，母熊猫发育比公熊猫早一些，年长一天的姐姐“圆圆”已经出现了明显的发情症状，它开始蹭皮、泡水和不停地去骚扰“团团”，还因为食欲不佳而致体重减轻。真可谓“为伊消得猫憔悴”，可惜当时“团团”还是一个“青涩小子”，贪玩的它不解风情，不懂“圆圆”的意思。

2010年3月25日，一觉醒来的“圆圆”突然“思春”，害上了“相思病”，那天“圆圆”放下了大姑娘的矜持，主动地跑到“团团”的身边表达爱意，然而“团团”依然不来电，看着“圆圆”的亲热举动感到不解：泼辣的“圆圆”姐姐，今天怎么这么温柔?

“圆圆”毕竟是大姑娘，主动示爱却被无情拒绝，气得它转身扎进水里，心中的激情顿时消散在凉水中。

看着发情的“圆圆”主动求爱，动物园的保育员和专家惊喜不已，然而面对“团团”的漠然，急的不仅是“圆圆”，专家们气得直跺脚：“‘团团’你怎么如此不解风情? ”

因为他们知道，大熊猫的发情期很短，自然交配需要雌雄同期发情，你情我愿才能完成。也许错过了一天，就要再等一年了。

赠台大熊猫“团团”“圆圆”

“圆圆”生理成熟征兆十分明显，开始对异性产生了兴趣，现在要紧的是等待“新郎”长大，让它们“早生贵子”。

为加强交流与研究，台北动物园与四川卧龙大熊猫保育研究中心签订“大熊猫繁殖合作备忘录”。2011年春天“团团”“圆圆”发情时，四川派专家到台北进行现场指导、信息交换。如果“团团”“圆圆”配对成功，将创下大熊猫在纬度最低、气候最热的亚热带地区成功繁殖的纪录。

备忘录签订后，两岸将加强专业人员的交流，并将大熊猫“团团”“圆圆”与全世界的熊猫族群列入共同控管，必要时也可以与其他地区的熊猫配对。

为了让“团团”“圆圆”能“早生贵子”，木栅动物园开始紧锣密鼓地为“团团”“圆圆”展开“爱情”特训，借鉴四川训练大熊猫的经验，饲养员将早餐悬挂在木架上，让大熊猫撑起后腿、挺起腰杆才能进食，利用攀爬或站立的训练，来锻炼大熊猫腿部的力量。因为交配时，它的后肢必须承受整个身体的重量，加强后肢力量才能使其未来在配对繁殖的时候，提高成功的几率。

“团团”“圆圆”从小一块长大，早已没有了新鲜感，为了让它们彼此产生新鲜感，动物园决定让两只大熊猫每天隔着栅栏“比邻而居”，让它们若即若离。由于“距离产生美”，它们对对方逐渐开始产生了兴趣，它们的气味也仿佛在告诉对方：“我就在你旁边，我是你的伴侣”。

2013年春，“团团”“圆圆”终于“圆房”，当年7月，“圆圆”产下首只大熊猫幼崽“圆仔”。

2020年6月28日，大熊猫“团团”“圆圆”再添一女“圆宝”，可爱的“一家四口”在台湾民众中的“人气”更旺了。不仅大熊猫馆总是动物园里最热闹的，而且各类大熊猫主题文创产品层出不穷，常年热销。

遗憾的是，2022年11月19日，“团团”在台湾病逝。

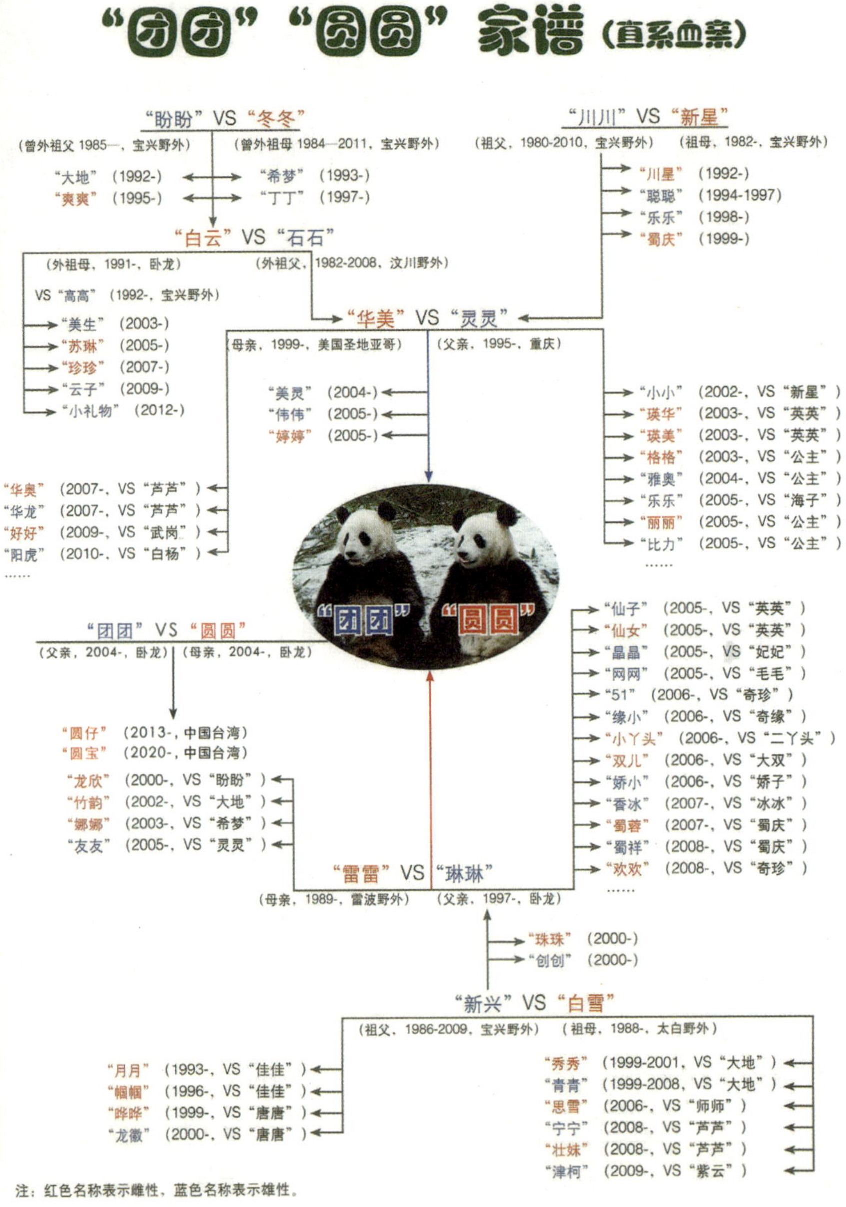
"团团""圆圆"家谱（直系血亲）
"盼盼"VS"冬冬"
（曾外祖父 1985—，宝兴野外）
（曾外祖母 1984—2011，宝兴野外）
"大地"（1992-）
"爽爽"（1995-）
"希梦"（1993-）
"丁丁"（1997-）
"白云"VS"石石"
（外祖母，1991-，卧龙）
（外祖父，1982-2008，汶川野外）
VS"高高"（1992-，宝兴野外）
"美生"（2003-）
"苏琳"（2005-）
"珍珍"（2007-）
"云子"（2009-）
"小礼物"（2012-）
"川川"VS"新星"
（祖父，1980-2010，宝兴野外）
（祖母，1982-，宝兴野外）
"川星"（1992-）
"聪聪"（1994-1997）
"乐乐"（1998-）
"蜀庆"（1999-）
"华美"VS"灵灵"
（母亲，1999-，美国圣地亚哥）
（父亲，1995-，重庆）
"美灵"（2004-）
"伟伟"（2005-）
"婷婷"（2005-）
"小小"（2002-，VS"新星"）
"瑛华"（2003-，VS"英英"）
"瑛美"（2003-，VS"英英"）
"格格"（2003-，VS"公主"）
"雅奥"（2004-，VS"公主"）
"乐乐"（2005-，VS"海子"）
"丽丽"（2005-，VS"公主"）
"比力"（2005-，VS"公主"）
……
"华奥"（2007-，VS"芦芦"）
"华龙"（2007-，VS"芦芦"）
"好好"（2009-，VS"武岗"）
"阳虎"（2010-，VS"白杨"）
……
"团团"
"圆圆"
"团团"VS"圆圆"
（父亲，2004-，卧龙）
（母亲，2004-，卧龙）
"圆仔"（2013-，中国台湾）
"圆宝"（2020-，中国台湾）
"龙欣"（2000-，VS"盼盼"）
"竹韵"（2002-，VS"大地"）
"娜娜"（2003-，VS"希梦"）
"友友"（2005-，VS"灵灵"）
"仙子"（2005-，VS"英英"）
"仙女"（2005-，VS"英英"）
"晶晶"（2005-，VS"妃妃"）
"网网"（2005-，VS"毛毛"）
"51"（2006-，VS"奇珍"）
"缘小"（2006-，VS"奇缘"）
"小丫头"（2006-，VS"二丫头"）
"双儿"（2006-，VS"大双"）
"娇小"（2006-，VS"娇子"）
"香冰"（2007-，VS"冰冰"）
"蜀蓉"（2007-，VS"蜀庆"）
"蜀祥"（2008-，VS"蜀庆"）
"欢欢"（2008-，VS"奇珍"）
……
"雷雷"VS"琳琳"
（母亲，1989-，雷波野外）
（父亲，1997-，卧龙）
"珠珠"（2000-）
"创创"（2000-）
"新兴"VS"白雪"
（祖父，1986-2009，宝兴野外）
（祖母，1988-，太白野外）
"月月"（1993-，VS"佳佳"）
"帼帼"（1996-，VS"佳佳"）
"哗哗"（1999-，VS"唐唐"）
"龙徽"（2000-，VS"唐唐"）
"秀秀"（1999-2001，VS"大地"）
"青青"（1999-2008，VS"大地"）
"思雪"（2006-，VS"师师"）
"宁宁"（2008-，VS"芦芦"）
"壮妹"（2008-，VS"芦芦"）
"津柯"（2009-，VS"紫云"）
注：红色名称表示雌性，蓝色名称表示雄性。

"团团""圆圆"家谱

# 第十章　文化大熊猫
# ——从珍稀动物到国家形象

## 第一节　夹金山——传奇与浪漫开始的地方

随着大熊猫的科学发现，大熊猫便作为一种文化象征出现在人们视线中，后来甚至上升为中国文化外交的象征。

其实，大熊猫早已走进中国人的视线，阿尔芒·戴维也不是发现大熊猫的第一人。早在唐代，武则天曾把大熊猫作为国礼，送到了日本。我国古代曾把大熊猫叫作貔貅、貘、貊、驺虞、食铁兽等，这在《尔雅》《山海经》《诗经》中均有记载。如《山海经·卷五》记载：

> “汉嘉严道县，南有九折坡出貊貊，似熊而黑白驳，亦食铜铁也。”

汉嘉郡严道县，就是今雅安市荥经县，荥经县的瓦屋山、龙苍沟，至今仍有大熊猫栖息。

换句话说，栖息在雅安的大熊猫，早在两千多年前人们就发现并做了记载。

貊貊也好，大熊猫也罢，总之它早就走出了国门。只是没能在过去几千年拥有一个响亮的名字。

2003年12月28日，我国功能最完善、设施最先进的中国大熊猫保护研究中心——雅安碧峰峡基地在雅安市雨城区碧峰峡景区建成开园，从卧龙到碧峰峡，举世瞩目的大熊猫大搬迁吸引了世界的目光，来自境内外的数百家新闻单位的记者共同见证了“大熊猫回家”这一辉煌时刻。

在科学发现大熊猫的100多年后，又一个戴维走进了“后花园”。他叫戴维·谢泊尔（David Sheppard），受联合国教科文组织和世界遗产委员会委托，前来实地考察评估“四川大熊猫栖息地”申遗提名地。

如果说前者踏访好奇多于探究，那么后者的考察更多的是评估与确认，而且目标十分明确。

寻访百年前戴维的“神秘之路”，跟随百年后戴维的考察之旅，100多年间，两个戴维在此“相遇”，或许，他们的活动就能反映大熊猫的前世今生。

一部大熊猫自然史，“自然”有它可以追溯的文化渊源，透过入眼的景观，我们依然能感受自然的视觉盛宴和文化深邃伟大的力量。

100多年前，有个名叫阿尔芒·戴维的法国神父，让一种叫“黑白熊”的动物名满天下；而100多年后又一个名叫戴维的人，因为相同的物种，也来到夹金山。当年的“黑白熊”，如今已是著名的“大熊猫”。当年未知的旅程，也变得目标明确——为第30届世界遗产大会提名项目“四川大熊猫栖息地”是否纳入世界自然遗产进行实地考察。

2006年7月12日，立陶宛首都维尔纽斯传来喜讯，“四川大熊猫栖息地”如愿登上《世界自然遗产名录》，这是世界首个以野生动物为保护主体的地区进入世界自然遗产名录的遗产地。

石破天惊，万众瞩目。夹金山，正是“四川大熊猫栖息地”的核心区。

2007年5月26日，时任国务委员陈至立、联合国教科文组织世界遗产中心主任班德林在人民大会堂为“四川大熊猫栖息地”成为世界自然遗产地授牌。

春到夹金山

2007年7月12日，世界首个以大熊猫（动物与自然）为主题的电影节——首届“中国·雅安国际大熊猫·动物与自然电影周”在雅安开幕。

2008年5月12日，汶川特大地震，震在“大熊猫之乡”，大熊猫也成了“灾民”，卧龙保护区遭受灭顶之灾，于是雅安成了大熊猫的“诺亚方舟”，先后在卧龙保护区的熊猫开始举家大搬迁。当年，13只“震生”大熊猫幼仔降生雅安，奥运大熊猫、上海世博大熊猫从雅安出发；赠送台湾同胞的大熊猫“团团”“圆圆”从雅安启程……

2012年10月11日，全球首只在野化培训基地出生，2岁零2个月的大熊猫“淘淘”，放归雅安市石棉县栗子坪自然保护区。

2013年4月20日，“4·20”芦山强烈地震发生，再一次震在“大熊猫之乡”，结合灾后重建工作，雅安率先提出了“建设国家大熊猫公园”的建议，很快受到响应。随后，一个覆盖川、陕、甘大熊猫栖息地的“大熊猫国家公园”开始筹建。

2018年11月，“大熊猫国家公园管理局”在成都挂牌成立，标志着大熊猫国家公园的建设已正式进入实施阶段。

夹金山麓的邓池沟教堂，见证了世界上第一只大熊猫的发现过程，大熊猫从这里走向世界；熊猫文化在这里起源。

专家称：“离开了夹金山，大熊猫的故事无法开头。”

戴维·谢泊尔代表联合国教科文组织和世界遗产委员会，在“四川大熊猫栖息地”提名地进行实地考察，从踏上四川到离开四川，前后花了10天时间。他在雅安考察，从天全县喇叭河到宝兴县夹金山，仅这两个县的区域，就整整花了5天时间，要知道“四川大熊猫栖息地”纵横雅安、成都、阿坝、甘孜等四个市州12个县，更多的地方，他“视而不见”，夹金山成了戴维·谢泊尔实地考察评估的“重中之重”。在他眼里，没有实地考察夹金山，“四川大熊猫栖息地”提名地的考察评估报告就无法得出准确结论。

这里是世界上第一只大熊猫的发现地和命名地，当年阿尔芒·戴维住过的邓池沟天主教堂，在风雨飘摇中走过100多年，依然保存完好；这里的野生大熊猫密度居全国之最，1949年后，136只活体大熊猫从这里走出深山，其中18只作为“国礼”由中国政府赠于美、日、英、苏、法、德、朝和墨西哥等国；现在仍有200多只野生大熊猫在这里栖息繁衍……

一次探秘发现一个新物种。1869年，法国传教士阿尔芒·戴维在雅安发现并命名了冰川时代活化石——大熊猫，自此，大熊猫从雅安走向世界。2006年7月12日，世界自然遗产“四川大熊猫栖息地”落户这里，9 510平方公里的遗产保护地，是新加坡整个国土面积的14.7倍，是香港特别行政区面积的8.6倍……而雅安占了遗产地核心区面积的一半以上。

熊猫老家，闻名世界。

享誉天下的夹金山，红绿相间，绿得醉人，红得耀眼。

享誉天下的夹金山，亘古缠绵，只有黑白，没有是非。

走进夹金山，仿佛走进了安徒生的童话世界，那黑松林、阔叶、针叶、灌木林与双子雪峰晶莹剔透的皑皑白雪，共同构成了夹金山层次分明的自然景观。登上无头坐佛峰极目远眺，山脚下炊烟袅袅的硗碛五寨，被终年奔流不息的雪水浸润得如绿地毯般的美丽草原，极其逼真的夹金山“五龙抢宝”群峰尽收眼底。

白云、雪峰及绿色构成的恬静自然美景，与人声鼎沸的闹市景观相比，堪称“世外桃源”。夹金山是一座神奇的雪山，亘古奔流的雪水犹如甘甜的乳汁，哺育着环山居住的各族儿女。挟着远古涛声的股股激流，汇集成波涛汹涌的宝兴河，形成了锅巴岩、蜂桶寨等险峻雄奇的自然景观，同时也孕育出了大熊猫、扭角羚、金丝猴等珍稀动物和雅鱼、石爬子等珍贵的鱼类保护动物。

夹金山山大沟多，东西两条河均源于夹金山中，它如同一株大树，大大小小的山沟如同大树的枝繁叶茂。山沟的名字听进来名字十分平常，走进去却夺人心魄，心旌摇动。

邓池沟，远近闻名。因为它因邓池沟天主教堂而扬名天下，世界上第一只大熊猫就从这里走出深山，昔日宝兴到成都的通商大道从此经过，阿尔芒·戴维正是从这条路走到宝兴的，正因为阿尔芒·戴维发现了大熊猫，这条已湮没在荒野的山路，被西方人称为“神秘之路”。

大自然的波谲云诡，究竟还有多少让人费解之谜?

夹金山，一个让人动心的地方，一个令人心醉的地方，一个上帝遗忘的后花园——世界首个以野生动物为保护主体的世界自然遗产地里，赏冰川活化石大熊猫，嗅万亩野桂花林四月飘香，看“太岁”珙桐“中国鸽子”在空中飞舞，叹红军铁流滚滚向前，夹金山洒下一路的雪白血红……

秘境深处的藏羌风情，青稞酒、酥油茶，斗牛舞、上九节，锅庄舞

高山杜鹃花

会、篝火狂欢，秘境探秘、山中寻宝……

夹金山，一个传奇与浪漫开始的地方。从1869年第一只大熊猫从夹金山走向世界，到2006年“四川大熊猫栖息地”成为世界自然遗产、2021年“大熊猫国家公园”正式成立，我们所能追溯的，不过是150多年的历史，更多的依然是未解之谜。

## 第二节　大熊猫的文化价值如何体现

大熊猫与人类真正相遇，仅仅只有150多年的时间。虽然大熊猫刚被人类认识，就使人类对它产生了极大的兴趣，给予了极大的关注，以致有人说，一部大熊猫发现史，就是一部大熊猫文化史。但对于一个有着800万年历史的物种来说，人类对它的认识才刚开始。

1980年6月30日，中国国家环境科学协会和世界野生生物基金会（后更名为世界自然基金会，即WWF）在荷兰签署大熊猫研究和保护的合作协议，开宗明义地写道：

“中华人民共和国环境科学协会和世界野生生物基金会公认，大熊猫不仅是中国人民的国宝，也是一项与全世界人类息息相关的珍贵自然遗产。它具有无与伦比的科研、经济和文化价值。”

当我们开口闭口都在讨论大熊猫文化时，世人是否意识到：

什么是大熊猫文化?

大熊猫文化的内涵和外延又是什么?

大熊猫的文化价值又如何体现……

阿尔芒·戴维在茫茫苍苍中发现了大熊猫，并把大熊猫介绍给了世界，但他同时留下了一个未解之谜，大熊猫为什么在这里栖息?

今天的邓池沟教堂依然隐藏在莽莽大山深处，阿尔芒·戴维仙逝已过百年，他对野外大熊猫生活习性的描述，至今仍然值得一读：

“当地猎人称之为黑白熊的这种动物，栖息在和黑熊相同的森林里，不过数量稀少得多，分布地理也要高一些。大熊猫似乎以植物为食，但有机会吃到肉食的时候，也绝不会拒绝。我甚至认为在冬季里肉食是它的主食。它没有冬眠的习惯。”

让人惊讶的是，阿尔芒·戴维并未说明大熊猫食物来源是什么，更不知道大熊猫主食竹子。可见他对大熊猫的了解主要来自猎人，也许猎人对大熊猫吃什么并不十分关注。

至于大熊猫在冬天主要食肉的说法，后人多指责为言过其实。不过大熊猫爱吃肉确是事实，毕竟大熊猫还算在食肉动物中。今天的大熊猫，胃是食肉动物的胃，吃的却是竹子。竹子没什么营养，要供养自己庞大的身躯，大熊猫只得一刻不停地吃，它一生有三分之二的时间花在吃竹子上。

冰与火的亘古缠绵，大熊猫与夹金山相依相亲。作为冰川时代“活化石”的大熊猫，一个脆弱的物种、一个何等娇贵的物种，它从远古而来，想当初其足迹遍及地球，然而最后隐居在夹金山等“孤岛”，与世无争。更让人匪夷所思的是，大熊猫从昔日“吃铁吐火”（有“食铁兽”之称）的食肉动物，变成了温文尔雅的素食动物，而且选择的食物居然是几乎毫无营养价值的箭竹。

数百万年的进化与生息，更新世末到全新世初（距今 1 万年左右）的第四纪大冰期的降临，使剑齿象动物群的上百种成员完全销声匿迹。

大熊猫到农家找肉吃

在大冰川扫荡下，夹金山也不能幸免，但这里谷深岩陡，冰川侵蚀的影响相对减弱，大熊猫顽强存活下来，不能不说是奇迹。

到了晚更新世，受气候因素影响，且原始农业的发展及其自身结构的缺陷和生活领域的狭窄，大熊猫分布范围逐渐缩小。专家分析研究表明，过去的一万年，人类文明的发展，不断侵蚀属于大熊猫的自然领地，人类步步紧逼，大熊猫步步后退，被逼至海拔2 100～3 900米崇山峻岭中的针、阔叶林带内，隐居于青藏高原东部边缘的高山深谷之中。

地球历史上无数次灾害的重演均未能把大熊猫从自然界淘汰出去，历史变迁迄今，夹金山脉等山系成了大熊猫最后的“避难所”。

宝兴县地处夹金山脉南麓，是四川盆地西北边缘向青藏高原过渡地带，山川秀丽，林木葱郁，这里独特的高原气候条件，相对封闭的原始自然环境，都为大熊猫的生存、繁衍创造了条件。据古生物学家考证，大熊猫是迄今仍生存在地球上最古老的动物之一，被称为动物界的活化石。早在几百万年前，人类处在猿人阶段，大熊猫就生活在我国南方。在漫长的地质年代里，很多动物灭绝了，大熊猫见证了动植物世界的沧海桑田。

但随着人类活动的加剧，大熊猫的生存空间日益缩小，现在大熊猫的栖息范围已退缩到四川、陕西、甘肃的高山林地。宝兴，历经千万年地质及其气候变迁，仿佛是一个特殊的子遗动植物物种庇护所，类似大熊猫、珙桐这样的冰川时代“活化石”物种，在这里奇迹般地生存下来，从而在夹金山形成了一个丰富多彩的生物世界。

斗转星移，岁月流淌，大熊猫和人类一起走过从前，甚至远比人类长久。大熊猫神秘莫测，飘忽不定，在喧嚣嘈杂的环境中从容淡定，始终保持着体面与尊严。从吃肉的胃口转变成以竹充饥的素食主义者，为了生存，大熊猫大多时间都躲在竹林中不停地吃，于是它博得了“竹林隐士”的雅号。

1972年，时任美国总统的尼克松访华，获得中国赠送的一对大熊猫后，英、法、日等国也相继获得了大熊猫，在世界上再一次掀起了“大熊猫热”。时任国务院总理的周恩来同志明确指示要摸清大熊猫“家底”，全面掌握我国现有大熊猫的数量和分布等基本情况。

随后，我国开展了第一次全国大熊猫等野生珍稀动物的调查。

1974年，在四川省林业厅的组织下，由胡锦矗组建的四川省珍贵动物资源调查队，主要考察大熊猫、金丝猴等珍稀动物。从1974年4月到1977年10月，前后4年时间，基本摸清了大熊猫等珍稀动物的分布情况和数量。

早在东西方冷战期间的1961年，世界自然基金会（WWF）就将大熊猫作为自己的会徽图案，并发表宣言：“大熊猫不仅是中国人民的宝贵财富，也是全世界珍视的自然历史的宝贵遗产。”

中国改革开放之后，1980年，世界自然基金会（WWF）通过美国驻港记者南希·纳什与中国方面联系，要求与我国合作开展野生大熊猫研究。夏勒受WWF委托来到中国，开始为大熊猫保护工作开展调查和研究。他与熊猫专家胡锦矗等中国同事一起，在极为艰苦的条件下，在四川的深山竹林里坚持了整整5年的野外科考，为人们认识大熊猫，建立大熊猫保护理念开了先河。

作为“熊猫项目”的成果之一，他将自己5年中的思考与感触写成《最后的熊猫》一书，这是一本更加带有科学家个人色彩的科考纪实。

夏勒说，大熊猫是“一个集传奇与现实于一身的物种，一个日常生活中的神兽，跳脱出它高山上的家园，成为世界公民。它是我们为保护环境所付出努力的象征”“能跟熊猫生活在同一个世界，演化历程发生交错，是我们的运气。”

1983年，夏勒走出卧龙，“周游”四川各地大熊猫自然保护区，他的第一站就是宝兴。

在夏勒看来，宝兴邓池沟天主教堂就是一个“熊猫圣殿”。

对任何关心熊猫的西方人而言，宝兴都是一块圣地，因为这儿就是戴维神父入山，发现大熊猫的出发点。

## 第三节　大熊猫文化为中国代言

如果我们要选择一个动物来代言中国，除了大熊猫，我们别无选择。

从1990年北京亚运会的吉祥物“盼盼”，到2008年北京奥运会吉祥物之一——福娃“晶晶”，再到北京冬奥会吉祥物“冰墩墩”，大熊猫已经成为国际公认的中国形象“代言人”。

作为中国对外交流中的“友谊使者”，大熊猫在1957—1982年被赠送给朝鲜、美国、日本、法国、英国等9个国家。改革开放以后，以“大熊猫合作繁殖”为基础的“熊猫租借”，每次出国或归国都会引发一股热潮。

从大熊猫科学发现至今，人类研究大熊猫已经过了150多年。从“生物熊猫”到“文化熊猫”的转变，正是人类对大熊猫认识的升华。

一切生物都有消失的一天，但作为文化存在的大熊猫却是永存的。然而，说到大熊猫文化，没有人能准确说出其中的内涵。事实上，人类对大熊猫的科学研究多于大熊猫的文化研究。

笔者在长期的大熊猫文化研究中，发现大熊猫文化与中国传统文化有着异曲同工之妙，于是进行了大致的梳理。

和平友好：大熊猫没有天敌，它与世无争，吃的是没有一样动物选择、营养价值并不高的竹子，展示了它“和平外交”的形象。

和善坚韧：它天大的困难都能扛，800万年，经受冰川考验，遭受竹子开花，同时代的动植物几乎都消失了，大熊猫依然顽强地“好好活着”，生命是何其坚韧，是它的“精神内核”，有着强大的力量。

和谐相处：它择一山而终老，生活在青山绿水间，与跟它一起伴生的动物植物和谐共生、相安无事，展示了它独具慧眼的“生态文明观”。

和气致祥：它是世界上最受人喜爱的动物，它是最有价值的中国“国礼”，它是最有世界影响力的绿色旗帜，它是重大的世界体育赛事吉祥物，它是带给人类“吉祥如意”的最好祝福。

如果用一个字来概括大熊猫文化，那就是与中国传统文化一脉相承的“和”；如果要用四个词来概括，那就是“和平友好”“和善坚韧”“和谐相处”“和气致祥”。

近年来，笔者编著了《大熊猫史话（1869—2019）》《大熊猫——国宝的百年传奇》等与大熊猫文化相关的图书，将自己梳理的大熊猫文化的内涵和外延写入书中。

《大熊猫——国宝的百年传奇》（作者：高富华）

首届中国国际进口博览会吉祥物（2018年11月10日摄）

2019年10月29日，在2019中国（四川）大熊猫国际生态旅游节闭幕式上，发布由笔者起草的《纪念大熊猫科学发现150周年共识》，将大熊猫文化的内涵和外延写入“共识”。

大熊猫文化以“和”为主题的内涵，正好诠释了中国传统文化的精髓。

2008年上演的电影《功夫熊猫》，正是西方文明对东方文化的多元图解，蕴藏了中国博大精深的传统文化。在全球化背景下的今天，大熊猫既是象征团结进取的吉祥物，又是传递友好和平的使节，凝聚了世界的文化认同。

1993年，费孝通在与日本学者的学术交流中，他以“各美其美，美人之美，美美与共，天下大同”高度概括了人类社会及其文化未来发展的途径和光明前景，体现了中华文明中的“和”的文化精髓，也为大熊猫文化做了恰到好处的注脚。

绿色、生态、环保是当今世界广泛认同的发展理念，是人类价值追求的一大体现。大熊猫唤起人类对生物多样性、土地、森林、气象、水流、大气动态变化等生态系统的重视。

作为唯一一个有野生大熊猫的国家，我们的保护不应该仅仅止步于扩大圈养种群，更合理的做法是把资源投放在野外栖息地的保护上。而这种保护不仅仅庇佑大熊猫，也庇佑着维系其他生物乃至人类生存的命脉。

大熊猫的分布地区，恰巧也是中国特有物种最密集的地区，96%的熊猫栖息地都是中国特有物种分布的热点地区。大熊猫栖息地里分布了8 000多种动植物，覆盖了70%只在森林生活的中国特有哺乳类、70%中国特有鸟类以及30%的特有两栖类。

可以说保护任意一片熊猫喜好的林子，都庇护着诸多不为人知、独特且很有可能濒危的物种。我们对熊猫的爱，对它们家园的守护，使得熊猫就像一把大伞，保护和它生活在同一片土地的这些生灵。

熊猫文化，世界共享。大熊猫文化成了中国文化走向世界、影响世界的好载体，是中华文化的一张响亮的名片，与世界共享。

有人说："城市可以被看作是一个故事。"大熊猫也可以被看作是一个故事。而"熊猫中国"的故事，正好从同青山绿水相依的大熊猫与大自然和谐共生的故事讲起。

# 附录

## 附录一　《戴维日记》[1]节选

《戴维日记——一个法国博物学家1866—1869年在中国的考察》一书，1949年由美国哈佛大学出版英文版，书中详细记载了阿尔芒·戴维从1866—1869年在中国的第二次旅行考察过程。

本文节选的是戴维从成都至穆坪的沿途考察见闻以及在穆坪考察的过程。

### 一、成都去往穆坪途中

2月22日，向穆坪出发。多云的天空偶尔有几缕阳光透过云层。我们早上8点出发，在向西走了26英里后，黄昏时到达了华桥族（Hua-ch' iao-tzu）。

在成都西南方向9～12英里处，我见到在我左边有一些比平原高出大概60英尺的平坦低矮丘陵。泥土是略带红色的黏土，在首府西北方向

① 海伦·福克斯：《戴维日记——一个法国博物学家1866—1869年在中国的考察》，哈佛大学出版社1949年版。

经过的小镇上见到的红色砂岩就类似这些黏土。到处可见运焦炭的人，他们应该来自较远的地方。

这里的平原跟在别处见到的一样，已被开垦成肥沃的田地。只是这里在收割水稻前后，小麦或其他一些农作物也在播种或收获。大量的房屋都修建在竹林或树林中，就连集会场所或是已有正规市场的大村庄都是这样。平原能够提供居民的一切生活所需，他们自给自足，怡然自乐……当地居民很容易辨认，因为他们的皮肤几乎没有黄色，且身材要高些，胡须更多，通常有栗色或淡黄色的眼睛和头发。

今天早上我见到了一件奇怪的事情。据我记录，成都的人们都具有结实的身体和优美的外形。但今天我在路上见到大约12个矮个子，有男有女，都很专注于自己的生意。为什么在这里常人都很高的情况下，会有如此多的矮个子呢？我在该国的其他地方可从未见到过矮个子。

这个季节我第一次见到家燕（*Hirundo rustica gutturalis*），还看见一只在提笼里的灰色鹌鹑，有点像蒙古的斑翅山鹑（*Perdix barbata*），以及一只中长尾巴、浅黄色猴子。

……

2月23日。大地一片绿色，蚕豆和荠菜已经在开花了。

我收集了一些新种紫罗兰，花已开始凋谢。但总体来讲，这里野生植物的生长季节要晚些。平原上除了一些普通的树种外，还有披针形的松树和优良的楠木。大的灌丛中有大量的白颊噪鹛（*Garrulax sannio*），它们经常发出沙哑的、尖锐的、惹人厌恶的叫声。我还看见歌声比欧洲同种更加优美和嘹亮的山鸟，它们的飞行路线一般保持不变。十分常见的白鹭在河流上寻找小鱼，田凫（野鸭）和鸻鸟类在岸边敏捷地跑来跑去。

在傍晚下雨之前，我们到了邛崃并住进了旅馆。这里有基督教徒，其中一位邀请我去他家。像平常一样，当看到我很坚定并仅仅对他表示感谢时，他的邀请就变得更加急迫。但是优雅的邀请总是让人感到愉快。

2月24日。由于路况很差，又在下雨，我们走得很慢，直到黄昏才到油榨沱（You-tcha-teou）（译者注：现今的油榨，邛崃市一个乡），这个小镇上的人们更加贫穷。由于还在庆祝春节，商店和旅店都还没有开业。我们好不容易找到一家，同意我们住进又脏又潮湿的小屋。

……

四川西部人们的装束值得一提。他们的头上裹着白色或蓝色头巾，裤子很短、很宽松，可以摆动。一长块棉布绑在小腿和脚踝上以避免风湿侵袭。他们的鞋子是由竹麻编成的，很轻便。穿上这种鞋子走山路或雪地非常舒服（我旅行时就穿这种鞋）。它们价格不等，2到15或20生丁一双的都有。

2月25日。（编者注：开始雇的七个人已回到成都，戴维感觉找去穆坪的搬运工很困难。）我们被迫停下来，这让我简直不能忍受，因为我要急着去穆坪，直到处理完我的相关工作。我获得了一只新鲜的、完整的大灵猫皮张。这种动物是我从未见过的一种四足动物，上部呈灰色，长毛后部有黑色条纹，咽喉部有几条并列的黑白相间的条纹，个体与中等大小的狗相当，只是腿稍短些。它对麝香特别敏感，听说在这样茂密的山林中很常见。

我注意到几个从西北山谷运铅运生铁的人，看来那里有开采方铅矿的矿山。

2月26日。黄先生找到的几个搬运工中除了一个其余都是异教徒。他们都是强壮的家伙，并且对这里的地势非常熟悉。其中一位能背170磅（约77公斤）重的行李！这些山民都有好的习惯，时常由于换肩而停下。他们用一根短棒挑着行李，换肩时只需把棍子倾斜，而不需松开行李或从肩膀卸下来。在平地或小山丘上，他们通常把行李悬挂在竹扁担或木扁担的两端，竹扁担或木扁担的不停颤动可以减轻压在肩上的重量。当一边肩膀累了时他们会将重量滑向另一边。可以说中国人是世界上最敏捷的搬运工。我对他们那样单薄的身体而且几乎都吃素食，却能忍受如此的疲劳感到惊奇不已。

我们离开油榨沱就进入了丘陵之中。这些山越来越高，直至进入高山地区。在一条长而陡峭的石阶顶点，我看到几株大树，汉族艺术家就曾雕刻它们而娱乐自己。这些活立木有三株非常漂亮，表现出了神一般的气质。我们到了一个既长又高、森林茂密的峡谷的入口，据说经常有老虎和强盗出没。这些树种主要是杉木或杉木属植物。搬运工告诉我，在这个海拔高度有无领鸡和“阿姆斯特”鸡，但没有金鸡。

在行进中，我见到一只不知名的小鹰在啄食一只野禽。

由于不能像平常一样找到落脚点，我们只能在山上停下来，在一间破旧不堪、四面灌风的小木屋里度过了一夜。幸好有大量的木材可供我们生一堆大火来取暖。这里唯一能提供的食物就是在灰里烧的玉米馍馍。

在睡觉前，我注意到搬运工都要用热水洗脚，这是山民们从不省略的一个卫生习惯。只有一个房间可供我们睡，于是就一个挨着一个躺在没有垫任何东西的地上。跳蚤肆意地在我们身上游走。

2月27日。今天没有再下雨。我们沿着路况很差的石梯走下这座危险的大山。下山跟昨天上山一样缓慢和艰难，尤其是对搬运工来说。在一个狭谷的底部，有一条清澈的河流。我们沿着曲折的河岸走了半天。

我注意到清泉是从一块石头旁迸出的，还带出了很多非常圆的小鹅卵石。我想这地下的流程一定相当长远，才能在流动过程中将石壁劈开并磨成如此圆的小石头。向导说这个泉非常有名，人们用这里的小石头装枕头，夏天枕着十分凉快。

今天早上的行程又被迫停下，是因为我的仆人和搬运工之间发生了激烈的争吵。昨晚睡觉时仆人按照习惯，把钱包放在了自己的枕头下，但不幸的是早上叠被子时掉了。他认为被其中一个搬运工捡到了。这件事我感到很遗憾，这对他来说的确是个不小的损失。我有些苦恼，他简直太粗心了，尤其是涉及我的事情。

下午我们到了最后一个村庄，名叫大红庙。当地基督教徒给了我意想不到的隆重接待，真是振奋人心！这里有一个大的煤矿，光亮的无烟煤很容易分离出来。

吃过饭，我们继续出发，沿着从西而来的相当大的急流缓慢艰难地前行。

傍晚时我们在一处单独的基督教所过夜，目前这里住着一个天主教神父。他非常欢迎我们并准备了丰盛的晚餐。我的到来引起了山谷中一些基督教徒的注意，其中几个还是猎手。他们告诉我说，这些山中有三种猴子。

2月28日。昨晚在一个干净的小屋里睡了一个安静的好觉，我恢复了体力。早上做完礼拜后我决定独自去穆坪，现在只需翻过一座荆棘丛生的大山就可到达。我必须绕过它后再翻过另一座险山。这连我的搬运工都得花很长的时间。所以8点左右我就和一个当地的向导出发了，尽管热情的基督教徒想留我到明天。我们花了4个小时才爬到山腰，但2个小时就从西面的斜坡下去了，下午两点时我们已安全到达了穆坪的神学院，上帝保佑！在这里我很高兴见到一位法国传教士杜利特（M. Dugrité）。他在几个本地神父的帮助下，教导着50个汉族学生。

我们到达这里必须翻越的那座山又高又险。最高的山路在10 500英尺处。在中原和穆坪“蛮族”[①]接壤处全被茂密的森林覆盖。在这些树中，我注意到有几种杜鹃花属植物长得相当高大，有的树干直径有一英

① 古代封建统治者对少数民族的歧视性称谓。

尺甚至还多。叶子是常绿的，由于冰雪在这个高度已持续了好几个月，使它们的叶子卷曲成了管状。一种叶子像美洲杉的松树大量生长在其他松树间。在逐渐接近穆坪的途中，有很多古老的巨大杉木枯树干深陷泥土，它们可能是穆坪土司或首领为了阻止清朝军队而砍倒做的障碍物。我的向导能认出两种松树，有坚硬木质的铁杉和稍软木质的冷杉。我认为第一种不是真正的松树。在这样的原始森林里没有看到鸟类，就连去神学院的路上也几乎没有。在雪地上我看见有野鸡和角雉的足迹。

## 二、在穆坪的日子里

1869年3月1日，星期一。是在穆坪（Muping）的第一天，天气很好。我早已知道，在五六十年前，清朝政府对传教士进行了专制统治和迫害。在当地“蛮族”（Man-tzu）首领的许可下，在穆坪建立了一处神学院，作为教会安全的避难所。在那时，山沟都是原始森林，山村中唯一的世居居民被称为“野蛮人”。但是过了不久，获得地方政府的许可，基督教徒和汉族农民随着传教士进入这里开垦土地（译者注：移民主要是四川邛崃周围的汉族居民迁入，现在当地居民仍带有浓重的邛崃地方口音），政府也开始了征税。逐渐这片山区出现了中原农业的面貌，引入了中原传统农业技术，并种植传教士从欧洲带来的土豆和卷心菜。如今土豆和卷心菜成了这里山区居民的主要食物。

捕捉獐子取麝香作为中药原料，用草木灰制作土碱，种植玉米，都是山区居民的生活来源。伐木和向外运输锯成的宽厚木板，也是乡村居民的生活来源之一。

穆坪土司管辖地是众多少数民族聚集地，界于中原、西藏和蒙古之间。这里崇山峻岭，树木繁茂。向西地势升高，森林逐渐减少。

当地人的语言、生活方式、服饰、住房等都不同于汉族，更接近藏族。他们朴素而真诚，养殖牦牛、山羊、绵羊和小种马，种植小麦、玉米、荞麦。但这里很快被清王朝统治，并在习俗、语言、服饰上，即使是错误的做法，也终究被清王朝同化。几年前还没有汉人来穆坪，而现在随处可见。

听说穆坪土司管辖附近的18至20个小地区。

我一住进杜利特（M. Dugrité）按照我的要求布置的舒适小屋后，就急切地观察周围的环境，我希望能在这里待上整个季节。放眼望去，在森林的尽头是小树林和灌木丛。第一天所有的空余时间我都用来捕鸟，今天的鸟更多。

幸运的是，搜寻小鸟是这里学生的一项娱乐活动。今天他们带给我两只猫头鹰，一只有红色虹膜，一只羽毛为茶色。

几天后我们用蜈蚣和斑蝥毒素制成的诱饵，捕获了几只大的猫科动物。光滑的皮毛显示它们是中国一种普通的豹，有大的灰色的斑点，不同于我所知道的所有种类。当地的猎人清楚地知道这里还有另外一种大型的豹类。

在高山区域，植被生长缓慢，但沿着溪流我仍然收集到了一种迷人的报春花和其他几种植物，并压制成了标本。

3月2日。我的行李昨晚才到。杜利特除了给我和我的仆人各安排了一个房间外，还另外给我安排了一间便利的木地板房间，以便我可以用作实验室和存放箱子以及所有笨重的仪器。这个房间的所有仪器都为我的工作提供了方便。明智的教会神学院创立者不仅教年轻人拉丁文、哲学、神学、历史等，还教他们一些技能，让做一些劳动，明确每天具体时间段所要学习的内容。学生们照管着教堂周围的菜园并在开垦的大片土地上劳作。他们也会做一些装订、木工活等。因此维持这座教堂只需少许花费就让这些年轻人长得又高又壮。但多雾和潮湿的气候让他们不能享受绝对的健康。他们在教堂旁的土地上种植了大量营养丰富的食物，如玉米、马铃薯以及欧洲卷心菜。他们食用的肉类只有猪肉且每天只供应一顿。每天中午供应的大米是从成都背过来的，并用山里野生的大量芥菜籽换来的。用芥菜籽榨的油跟用油菜籽榨的油差不多。这里既没有水果，也没有餐后甜点。酒是将玉米发酵、煮沸后酿造的。喝起来就像我们的白兰地。教会精心饲养着奶牛和耕牛，但按照中国的风俗，并不食用牛奶。

3月4日，多云天气。我就在附近的地方探查。我猎杀了一只鹰，它很像欧洲鹰。好几个本地猎人看见我在一处很远的地方瞄准这只鸟，这是个他们不敢想象的距离，当这只鹰落下来的时候，他们惊呆了。他们使用的是小口径的火药枪。他们装入自制的火药粉和小铁片，也没有将火药粉和小铁砂混合制成子弹状，自然射程不远。但是，他们用铅弹射击较大的动物。我得到一只纤细的黄色的灰雀和其他几种鸟类，还有一只微小的略带红色的小鼠，它只生活在田间从不靠近住房。

3月5日。猎人带给我一对红腹角雉（*Tragopan temminckii*），一只雌体雉鸡，和一只可能成为新种的野猫。

我和他们做了一笔交易，让他们把猎捕到的最大的哺乳动物以及一些绿尾虹雉（*Lophophorus lhuysii*）给我。由于恶劣的环境，我不得不花比平时多五六倍的时间待在这里。

3月11日。从远处归来的途中，一位姓李的人邀请我们到他家去喝茶、吃甜点。他是这里的地主。在他家中，我看到了一张从未见过的黑白兽皮（*Ailuropoda melanoleucus*，译者注：即大熊猫），个体相当大，是一种非常奇特的动物。当听到我的猎人说不久我们也会得到这种动物时，我很兴奋。他们告诉我，打算明天就去猎杀这种动物。它将会成为科学界一个有趣的新种。今天记录的其他动物有中等大小的鹰，普通的鹿和飞鸟。即使在夜晚，也能继续倾听鹤的高亢的叫声，它一定是停留在较宽阔的山顶上。

在短途出行中，我也检查过两三年前开采过铜矿的地方。山区的人们用十分原始的方法来开采矿石，这不能使矿石得到合理的开采，甚至还必须冒抛弃矿洞的风险。这里的熔炉已经毁坏了。我说过，在这个山沟里不但有铜矿，还有金矿，都是人们不经意间在砂石中看见的小块天然的矿石。今天，我第一次看到开花的杜鹃（*Rhododendron*）。它是两英尺高的小灌木，生长在腐朽的树干或靠近溪流的石滩上。常绿的叶与茶树的相似；大的白色的花十分雅致，上有玫瑰色的斑点，极像天竺葵。

3月14日，雾。猎人没捕捉到黑白熊（译者注：即大熊猫），但带回一只大的短耳黑野猪，为它我花了近25法郎。这种动物具有相当长的腿和稀疏而粗糙的毛，黑色鬃毛末端呈灰白色，尾巴尖端没有长的毛。难道它是不同于欧洲野猪的一个新种吗?

今天，当我剥离腐坏的树皮时，最终得到今年以来的第一只甲虫。它们对我来说预示着一个新种。

本地的神父方先生与当地的猎手商量后，买了一些鹿给我。我们谈论着这种动物绝对不止这里有，且至少有两个种。

3月15日。我长途跋涉于附近的山中，但没发现任何新奇的事物。在海拔大概8 000英尺（约2 440米）的地方我看到了一株冷杉（*Abies*），或者说是一个种，以前我从未看到过。在今天收集的其他植物中，有开白色花的报春花合菟葵，它们大量生长在开阔的土地上并一直延伸到山北坡面的中心部位。至于动物，我仅得到了头背是蓝色的白胸苦恶鸟（*Phoenicurus*）的样本。

…………

3月17日，晴朗的好天气。今天我进行了一次前往红山顶山区的旅行。

早上七点，我和我的助手带着枪和博物学装备离开了教堂，朝着这个著名山区的一个荒野的山谷进发。快到十一点的时候，我们沿着半结冰的溪流旁的崎岖小道，来到了一组泡沫四溅的飞瀑脚下，引着我们到达这里的小道至此突然断了。吃完用冰水浸软的干面包皮后，我们开始试图在这个狭窄的山谷陡峭的两边攀登，找到一条越过瀑布的路，但是力气都白费了。整整四个小时里，我们攀着树枝和树根从一个岩石爬到另一个岩石，上面全部覆盖着冰冻的雪。我们无数次失去继续攀登的勇气。这无边的陡峭的悬崖可以吓退最勇敢的人。幸运的是这些树和灌木丛让我们无法完全看清脚下的深渊。到了一定高度后，我们就只有不断在冰上打滑和往下掉的份了。当我们看到泡沫四溅的急流在我们的脚下形成瀑布时，我们已经开始胡思乱想……我们该怎么办？我们被严重擦伤，衣服和仪器也被水浸湿了。从没有像现在这样精疲力竭。情况更加恶劣的是，我们已处于生死攸关的时刻。有时我们跳进半融化的雪里，或是抓住树干滑向另一株树或附近的石头。幸运的是我年轻的随从精力充沛，有两次当我快要滑向深渊时都被救了上来。他说只要那天不死我们将永远不会（死）。

像猴子一样下降的危险让我们没有时间注意雪地上大型动物新鲜的活动痕迹。简直太危险了，据说那大概是凶猛的熊或野牛留下的，比起豹或老虎，当地人更惧怕它们。雪打湿了弹药，填满了枪膛。我们没有时间注意花斑松鼠在枝蔓之间跳来跳去，也没注意神出鬼没的星鸦的叫声。

到了三点，连太阳也最后消失在浓雾之中，我们很快就迷路了。我们根本就没有到达山顶的希望，被迫往下走。在精疲力竭之前我们不得不下去以免被这可怕阴森的夜晚所吞没。我们休息了一会儿以便喘口气，缓和情绪，恢复体力。除了远处瀑布的声音和乌鸦悲凉的叫声，一片沉寂。还能辨别野牛的鸣叫。但我并没把这一切告诉我的中国助手，以免增加他的恐惧。有时我们又不觉得困难，我们充满热情地做这件事，这给了我们莫大的力量。

我们从上来时3 000英尺（约900米）高的陡峭悬崖下降，从一棵树到另一棵树，从一块石头到另一块石头。山的有些坡面完全是垂直的。有三次我们都迷了路，不得不爬回去以便找到一条可以下去的山脊。所有的下坡都是陡峭的悬崖，既没有灌木丛也没有树木可供攀附。不过我们还是找到了两条可横过溪谷的路，尽管冒着被冲走和被漩涡吞没的危险。奇迹般的，我把自己拉离深渊的同时也阻止了我的同伴跌下深渊，但我们都在冰上滑倒了。

经过一个小时的下降，我们终于到了山脚下满是泡沫的急流岸边。衣服和手都被划破了，枪也不能使用。全身被汗和水浸透了。尽管吞了雪，仍然感觉口干似火。但我们安全了，感谢上帝让我们脱离了危险。

不幸的是我们的苦难还远远没有结束，因为黑夜已经降临，而我们离住所还有将近两英里的路程。这里没有住宅、小屋或是人。高山上的融雪使溪水暴涨，更增加了我们的困难。尽管如此，我们聚集力量，鼓足勇气，手持长棍，跨过水和石头汇成的难行的小路。

很快就漆黑一片，更加糟糕的是又开始下起了雨。不过也没别的办法，只得继续走。就这样在这条小路上走了两个小时。最后我们不能再往前走了，因为根本就无法前进了。可以感觉到我们走在岩石堆里，或是走进了冰冷的溪流里，现在它已经变成真正的河了，水一直漫到腰，但是我们却什么都看不见。

尽管饥饿，寒冷，汗流浃背，全身被水浸湿，当我们用手触到岩洞时，唯一能做的就是停下来。在这绝境中，我们决定停止危险的征途，即使是冒着冻死或饿死的危险，就在这时我们听到了人的声音。上帝保佑！我们又得救了。

我们大声叫喊，很快一个人提着马灯跑了过来并把我们领进了他的小屋。我们并不知道在这样的峡谷中还有人居住。小木屋的主人非常热心，我们带着愉快和感激的心情狼吞虎咽地吃下他们为我们准备的马铃薯和玉米馍馍。他们甚至要把用树枝铺就的床也让给我们，但我们谢绝了。整晚我们都待在火堆旁取暖，烘烤衣服，做祷告。

那天真是糟糕透顶，但并没击溃我收集自然资源的信心。在这些差点使我们迷失的可怕的山林里，生活着大量的哺乳动物，它们并不属于我。我捕捉到两个新种：一只灰松鼠和一只星鸦（*Nucifraga*），这是我那天全部的收获。

我见的最多和最大的树，是有坚硬木质的松科植物。它们有和美洲杉一样的树叶，高大挺拔。我也见到一类小型的松树，中型的树丛，和圆形叶的奇异杜鹃花（*Rhododendron*）。这里绝大多数是常绿植物。

3月18日。拂晓时分我们离开了好客主人的小屋，虽然还下着雨，但我们一路顺风地回到了教堂。我得到了猎人昨天猎杀的鬣羚皮。这种动物和驴差不多高，更确切地说是斑羚（*Naemorhedus*）两倍高。

3月20日。今天傍晚，我收到离开康西后的第一封杰瑞（Guierry）阁下从北京寄来的信件。他告诉我，去年的12月4日，圣洁的最值得尊敬的莫力（Mouly）主教逝世，他的葬礼非常的隆重，与我曾经在中国所见过的场面差不多。

3月22日。我听到一只鸟的歌声，这让我想起了在中国并未发现的欧洲夜莺。我还找了几种开花的植物，有开黄花的杜鹃（*Rhododendron*）、芬芳的百合（*Liliaceas*）、勿忘我（*Myosotis*）等，还有大量开淡蓝色花的龙胆属植物。黄色杜鹃有常绿的叶子，它的花繁多但不特别。这里到处都是6～10英尺（约2～3米）高的灌木丛，但到海拔8 000英尺（约2 440米）时就没有了。

白色蝴蝶让以前阴暗的山腰顿时充满生气。他们又带回一只鬣羚（*Naemorhedus goral*），据说是为我工作的猎人到大雪山捕捉的，另外还带回我要求的样本。

3月23日。信基督的猎人外出十天后，带来了一只幼体黑白熊。本来是一只活的，遗憾的是他们为了便于携带，就把它弄死了。他们以十分高昂的索价，把这只白熊幼体卖给了我。它的毛皮和我在李家看到的那只成体相同。除四肢、耳朵和眼圈是黑色以外，其余部分都呈白色。因此这一定是熊类中的一个新种。奇特之处不仅仅在于它的毛色，还有那脚掌长满毛的脚爪以及其他一些特征。

3月29日，天气温和，天空依然大雾弥漫。新的鸟类开始飞进山村。我射击了一只第一次观察到的旅鸟，也许它就是栗苇鳽（*P. cinnamoneus*）。我还猎杀了一对白胸苦恶鸟（*Phoenicurus*），它们头、背部呈灰色，是一个不知名的种。还有一只浅灰色的鸟，其雌体有黄褐色的尾巴。

4月1日。他们又带回一只完全成年的黑白熊。它的毛色同我已经得到的那只幼体完全相同，只是不那么黑白分明。这种动物的头很大，吻部短圆，不像熊嘴那么尖长。

4月6日。我得到一只像欧洲野猪的、有斑纹的野猪，一只小熊猫和一只岩羊。这种小熊猫还存在于喜马拉雅山脉，以前在这片森林的数量很丰富，但现在已经变得稀少。猎人告诉我，这种蹠行动物生活在树上或岩洞里，它们根据情况取食蔬菜或动物。汉人叫它“山闷蹲”，因为它的声音像极了小孩的声音。

4月7日。他们带给我另一只活泼的小熊猫，它看起来并不凶猛，其行为像一只小熊。它的爪子和头像极了我的黑白熊，胃里尽是竹叶。

4月8日。我年轻的伙伴和我收集了相当数量的昆虫和许多植物新种。我已拥有15种紫罗兰和4种本地的报春花。

4月10日，多云渐阴。我花了一整天时间长途旅行，攀爬山谷侧面以便到达通往大红庙的路。在这样高度的原始森林中杳无人迹，连鸟类都很稀少，仅能看到鹬和柳莺（*Phylloscopus chloronotus*）等少数几种。我收集了几种新的植物：一株大而美丽、花瓣为蓝白组成的银莲花

（*Anemone*）等。古老的杜鹃（*Rhododendron*）也开始绽放它那火红的花朵，这是大量中等高度的灌木丛，生长在海拔8 000～10 000英尺（约2 440～3 050米）。在下午回来前我捕捉了一只赤颈鸫（*Turdus ruficollis*）和一只漂亮的雌性红胸啄木鸟。

4月12日，今天又有人来警告我说狩猎已被严令禁止。生活在山谷中土司统治下的人们，害怕被清朝皇帝知道这里还在继续狩猎的消息后会受到严厉的惩罚。学堂的领导杜利特也很担心，由于这些动物都是为我而杀的。

……

头目的父母看起来都是好人。他们允许寻找避难所的基督教徒和传教士在他们这里平静地生活，远离清朝官吏的迫害。但他们的儿子依仗他的特权，可以随心所欲地处置惹他生气的人，或者人头落地，或者被急流冲走。因此我明白，不引起土司的恼怒对我们有多么的重要，但我也意识到要继续在这里收集标本将会非常地困难。尽管如此，我并没有犹豫和担心。禁令的颁布很有可能只是因为嫉妒，头目手下的猎手想成为唯一为我提供所需动物的人。金钱在这里非常匮乏，我所有的钱都用来买标本了。说到禁令，这里的猎户并不认真执行，很快，他们就像什么事情也不曾发生一样，一如既往地为我猎取标本。我的猎人说他们没在土司的土地上猎杀。不过，事实的确如此。

4月15日。开花的大型杜鹃我已能至少辨别7种不同的种类。在潮湿的森林中我还发现了一株华丽的木兰（*Magnolia*），无叶，开浅紫色的花。

4月19日。我沿着河的下游寻找了几株新的植物。日本棣棠（*Corchorus*）正在开花，大量生长在山中适宜的地方。我感觉到这片区域的花越来越多，但是目前没有给我足够的时间来做完整的生态标本集。

4月24日，早上天气非常好。花园里有几株野梨树正在开花，一群绿色的小鸟在树枝间飞来飞去，十分活泼。我认为它们是绣眼儿属（*Zosterops*）的鸟。

4月25日。昨天来过的那些小鸟又来访问我们的梨树了。像太阳鸟一样，它们用嘴叼起含苞未放的花蕾寻找花蜜或小虫子。我猎杀了其中的几只，发现它们是绣眼儿属（*Zosterops*）的两个种：绣眼鸟（*Z.simplex*）和红胁绣眼鸟（*Z.erythropleurus*），在这里，后者比较稀少。

4月26日，阴。这些鸟继续在梨树上跳动，我还看见一只红色的拖着长长尾巴的雄性太阳鸟，太阳鸟雌体呈绿色，且没有长长的尾巴。

今天，学堂种植玉米。学生们在50个基督教徒的帮助下，一天就完成了所有的工作。这些基督教徒是按风俗习惯来帮忙的，因此不用付给他们一分钱。。

5月4日，天气晴朗。去东部地区两周后的猎手今天回来了，他们带回六只猴子，应该是新种，当地人称之为“金色猴”（chin-tisn-hou）译者注：即金丝猴，*Rhinopithecus roxellanae*）。这种猴色泽金黄而可爱，身体健壮，四肢肌肉特别发达。面部奇异，像一只绿松色的蝴蝶停立在面部中央，鼻孔朝天，鼻尖几乎接触到了前额。它们的尾巴长而壮，背披金色长毛，栖息在目前有白雪覆盖的高山树林中。

5月9日。学生步行到高山上的森林带回两株新的杜鹃，这样在这里生长的杜鹃种类已达到12种。现在小叶杜鹃已大量生长在树和岩石上。他们告诉我说看见了好几种山鸟，但由于在高山上没有认出来。

5月15日。最近让人高兴的是从北京和欧洲都有来信。来自法国的米勒·爱德华兹先生的信最让我高兴，他说我寄的箱子已到巴黎。看来中国酒精不是很有效，杜利特让我重新寄一些在此处或别处能得到的所有淡水鱼标本。

5月21日。这是一年来的第一个晴朗的夜晚，天气很好，虽然有些云。按照传统，学院的学生进入山中采集草药，他们在傍晚都带回满满的一篮。山民们普遍爱将一种叫大蒜的植物，用醋和盐腌制后作调料保存。学生们告诉我，每年都是这样。但住在山里的人好像不喜欢他们去爬山，因为他们总是大声喊，还唱歌，尤其在收获季节，这些声音会引起薄雾，使水分已经饱和的空气下起雨来。这是当地一个很常见的现象，这里的高山上总是云雾缭绕，几个人同时叫喊就可能引起一场阵雨。

5月26日。在康西（Kiangsi）的三四个月中，尽管天气恶劣，我仍然完成了收集任务，把箱子寄往了博物馆。箱子装有：（1）9～10种哺乳动物；（2）30种鸟；（3）27瓶爬行动物或鱼，总计60种；（4）634种昆虫；（5）194种植物。

在何家场停留的一个月，我为博物馆准备了55种鸟类和8种哺乳动物的标本。在穆坪待的3个月，我收集到23种新种哺乳动物，和一定数量优美的鸟类。据当地人说，这里已没有我想要得到的大型哺乳动物，但还有大量小鸟和其他可能会令博物学家产生兴趣的但不出名的物种，如果要得到这些我必须待到年底。

尽管工作艰苦，幸运的是到目前为止我们都很健康。

5月28日。乡村绿意盎然，但雨水过多阳光不足使植被不能尽现美丽。山腰的樱桃正值成熟时节，但潮湿的气候使之味道十分酸涩，只有加糖才能食用。但糖非常昂贵，我们只能食用少量。

5月29日。岳先生从红山顶给我带回一株珍贵的贝母，生长在植被较少的高山上，是一种价值很高的药用植物，大而黄色的花，只有根茎可以做药用，这是真正意义的贝母（*Fritillaria*）。另外一种开带方形斑点花的贝母，大量生长在海拔8 000英尺（约2 440米）的高山上。在汉人的住房旁，我曾看到好几株吸引了很多蝴蝶的处于花期的七叶树。我还见到一只白头夜莺，当地人告诉我它们在夏天会成群地飞来啄食樱桃。

6月4日，早晨和傍晚不时下着雨。布谷鸟的叫声从四面八方传来，无论白天还是黑夜。它们奇怪的叫声可用相当准确的音符记录。

6月11日，天好像要转晴，但这并没有给我的远行带来益处，我病了。将近20天的时间我都感觉很糟，肠道剧烈的疼痛让我感觉一天比一天更糟糕。只要不发烧，我就会感觉完全好了，并且希望早日从这些事情中解脱出来。可是，我开始有点惊慌了，这么长时间病痛还没有好转的迹象。

6月12日。前天的雨比平常的更大，雨水使河水暴涨起来，冲走了大部分用树干搭建的桥。今天早上，三个不幸的人掉进河中，其中两个被淹死了，他们的身体在岩石上撞伤，不大可能再找回完整的躯体。看来在这种季节经常发生这样的事故。我因为生病待在屋子里，还不断听见泥石坍塌的声音，它们损毁了山谷中的田地；滚动的石头相互撞击，能够摧毁所经过的一切事物。听说这样的事情在每年的暴雨后都会发生，破坏非常大。这种现象解释了在没有冰河或冰碛存在的情况下，山脚有大量石头和泥土堆积。

我又让猎人到东北方向的有4～5天路程的达维（Ta-Quei）去狩猎，听说那里可以得到大量对我很重要的动物。我非常想亲自去，但我的身体状况不允许。我让仆人一道跟去狩猎和指导处理毛皮，否则，在这种湿热的条件下皮毛很快就会腐烂。

6月13日，当我的北京助手和猎手出发后，我以前的一个学生，有丰富的动手经验，充当了我的助手和仆人。传教士曾经帮助过基督教徒，当对这表示了感激之后，他就要求我给他加薪。我讨厌这些贪得无厌的人，他们想拿走我们的一切，而不会自愿地做对整个世界都会带来益处的事情。他们剥削我，想从我这里得到尽可能多的现金。

6月16日，天气晴朗。我用一整天的时间远行到叫桑（Thang）的小山谷，虽然肠道依然疼痛，但我想锻炼对我可能有帮助。傍晚时我忍着剧烈的痛楚回来了，并经历了长时间的晕厥，度过了糟糕的夜晚。在旅途中，我看见并用枪猎杀了一只毛冠鹿，这种动物很胆小，一见我就跌落到溪流的深水里去了。这片山中除了南坡有大量的长长角的红色毛冠鹿外，还有很丰富的其他物种。

6月19日，又度过了难熬的一夜，我忍受着剧痛，还发高烧了。如果我服用一些利尿剂，这感觉起来似乎要好点。由于缺乏其他药物，我将拔起的竹根熬水代替医生给的草药。服用几天后病痛的确有所减轻。自从看到花园里长有繁茂的藜（*Chenopodium album*）后，我挑选了一些，水煮后尝试和着油、醋一起作为药物食用。这些药物发挥了效用，我感觉好了许多。这可能是临时药物的效用，或是自然规律让我好起来的吧。

6月22日。今天病情有明显的好转，上帝保佑！我感觉工作起来很轻松，完全有理由认为我的痊愈应功于藜，它是我每天唯一的营养品。收到北京来的信让我十分高兴。

6月23日，整天的阴雨。无事。非常难处理虫子和其他收集物，它们因为潮湿已开始发臭。因此，我不得不在放动物材料的房间里生起了火。这使我感到非常奇怪，特别是在夏天，且在北纬31度的地方。

6月24日，我们听说英国商人已经在重庆立足……很有可能著名鸟类学者史温霍尔（Swinhoe）先生也在他们中间，在北京时听说他想探索中国内地。

7月2日，我花了一整天时间去山谷低处的一小块平原。这里有很多不知名的植物，我看到几种野梅，其中一种开紫黑色的花。

在河边生长着大量光皮漆，今天我有机会看清树脂是怎样采取的。树干上有倾斜的深深的伤口，在稍低处系一软体动物的贝壳接住这种珍贵的浸出物（听说这种无齿蚌在大红庙河数量丰富）。

关于这种清漆，听说很多人不敢离它太近，甚至看见或听到。它能使全身皮肤溃烂和长满水疱。

但是这里的人们仍然吃光皮漆的幼芽，把它们制成食物。据说味道还不错，且多吃几次就会上瘾……

漆树只产少量的树液，并且在空气中会变黑。在使用之前一般先混合少量桐油熬制，清漆就变得非常坚硬。其坚硬程度取决于湿度和掺水的总量，这与其他类清漆恰好相反。

7月5日，到穆坪后我收到过从成都寄来的两三封信，但至今还没有机会把东西从这里寄往上海。因此我不得不找专人把我的邮件运往四川，这对我来说花费是昂贵的。

7月6日，总的来说，这里的鸟类对于广袤森林所提供的资源是相对缺乏的。今天有时云层散开可见白雪覆盖的大雪塘山顶。红山顶在白雪覆盖下显得小了些。我计划在精力和时间允许的情况下爬上后面的山顶。傍晚我在屋外看见一只漂亮的棕色毛冠鹿大胆地靠近房屋，并大摇大摆地从我面前穿过河流和玉米地，但我不能射击。毫无疑问，我的到场阻止了它破坏玉米。

7月12日。按照当地风俗，学生今天要去采一年生植物蜂斗菜的叶子（整个冬天都用它来喂猪）。这种植物大量生长在山里潮湿的地方，看来大的水渠对它具有很好的保护作用。这个工作对年轻人来说很有乐趣，一天时间就会采集大约100篮。

7月15日，由于潮湿和仆人的疏忽，采集的动物毛皮无法晒干，其中有几个腐烂了，有的被虫子咬掉了。这种虫子数量很大，用来制作标本的砷、盐和明矾丝毫没有影响到它们的胃口。

7月16日，我又查看了交给仆人照看的毛皮。我们丧失了所有的金丝猴皮张，其他的皮也遭到了攻击，尤其是那些爪子，这让我们每天都要做大量的工作来杀死这些搞破坏的虫子。我在这里没有可以装收藏品的柜子。尽管几个月来我都试图做几个这样的箱子，但是由于缺乏木匠和木板，一直没有成功。即使是钉子，都不得不到远处去买，需要走上好几天。幸运的是我还可以得到新的样本，但是这对我的金钱和工作而言都是巨大的损失。忍耐吧！

7月19日，St. Vincent's day（天主教的一个节日），也是我的假日，我不仅和我全世界的同僚庆祝，还和杜利特还有十分热情的当地学堂领事一起庆祝。吃的食物也不减节日气氛，我买了只鸡还煮了咖啡，是正宗的咖啡，两年前就磨制好了，只是没有好的煮咖啡的器具。

7月29日。趁天气稍微转好的间歇，猎人老李想去碰碰运气，爬上高山一侧的草地。我现在讨厌听到他那低级火绳枪所发出的大的爆炸声，因为那样只会吓跑猎物。的确如此，他空手而归，尽管他说曾对绿尾虹雉开了4枪。是不是壮丽、庄重、高贵的狩猎活动要被燧发枪所亵渎呢？我承认我很欣赏这位有活力的年轻人，我花大价钱让他照顾我而不是让他破坏我的游戏规则。今天的事情太遗憾了，这里珍贵的鸟类本就不多，乡下人还把它们赶到我们不能到达的深山中去。此外，我希望能见到它们，有可能的话捕捉几只，因为它们的习性鸟类学者们仍然不了解。

7月30日，早上雨稍小的片刻，我继续向山顶攀爬。我已经在海拔12 000英尺（约3 657米）以上，这里只有开中型白色花的杜鹃属植物了。当我听到绿尾虹雉的叫声，便找人去捕捉，可是我们刚走近，就吓得它们远走高飞了，这种鸟的翅膀很有力量，飞得又高又远，我在实践中深有体会：在开阔的田野里，很微弱的声音，它在远处也可以听到，我们就很少有机会能够设法不使这些虹雉受惊了。

幸运的是，当一大群虹雉停留在对面山上的时候，一大片云恰巧遮住了我，我连击两枪，一只鸟掉在了我的脚下，老李充满了钦佩之情，我很满意。时间不允许我再射击，我退回到小屋打了几只小鸟。当天剩余的时间和晚上我和同伴都用来处理收集的毛皮。对于收集来的标本最烦人的一个工作就是必须立即处理真皮，特别是在累了一天想休息和放松的时候。尤其对我来说，作为一个博物学家，必须得承受双重压力，因为我不能放弃我的工作职责，要有严谨的工作态度。

7月31日，今天有幸看到三只漂亮的麝（*Noschus noschiferus linnaeus*），它们金黄色的身体很远就可以看到。我用枪射击其中一只，500步的距离只让它们稍稍受了点惊吓。它们立即四脚并跳着各自跑开，就像欧洲的小鹿。使用枪或陷阱猎杀，已让它们的数量急剧下降，猎人们不得不到更远的地方去寻找它们的踪迹。我想它们主要吃杜鹃的枝叶，因为这是它们生活的地方灌丛的主要组成成分。

红山顶的更高部分是由黑色和绿色片岩组成的峭壁，有些地方几乎垂直。麝经常通过两座悬崖之间的狭窄岩边。我们攀爬时全身颤抖，几乎眩晕。经常有猎人在这里送了命。

我已经提到整个山顶和庞大的土司辖区，都由牧场组成。目前植被非常漂亮，尽管月初被大雪覆盖。在南坡不属于穆坪的地方，有一块平原，没有树，长满了茂盛的草本植物。我看见一株大的、有金黄色叶柄、不同于蒙古的植物，一株新种的白色藜芦，长势很好的蓝色乌头，几株有大蓝色花的龙胆属植物，两株漂亮的开淡紫色花的罂粟科植物等。它们被完全是新类型的开黄花的虎耳草植物覆盖着。在这样高的地区一般不会有柳树和杜鹃生长，但我惊奇地发现有两小株开浅黄白花的杜鹃无遮无掩，长势良好。

我必须得说在这样的高度，海拔大概为15 000英尺（约4 570米）或者更高，我受不了稀薄的空气，我的两位同伴已开始头痛。无论如何，我们不能在这儿待太久，尤其是大雾阻挡了我们的视线，使我们不能看见远处的风景。

8月1日。昨夜无雨，但还是奇冷无比。很早我们就被绿尾虹雉那深沉但不成曲调的声音唤醒。美好的早晨！从小屋看过去的风景真是太美了。在我们脚下是白雾的海洋，一直延伸到天际。高耸的山顶就像是海洋中的岛屿。我们站的地方很清朗，只是山边有几朵不同高度的云在头顶飘来飘去，这有利于我们计算远处山的相对高度。

在西南方往西大概90英里处几座山连成一条链向南方延伸去，其中主要山峰看起来非常高。在云层上面我们能看到的部分覆盖着厚厚的积雪（8月1日）。我站的地方差不多12 000英尺（约3 657米），而我们看的那座山是这座山高度的两倍（也许更多）——根据水平线和移动的云朵。所以我们认为它可以和喜马拉雅山相比，毫不夸张地说有26 000～29 000英尺（7 924～8 839米）高。遗憾的是我不能叫出它们的名字，我的随从也不清楚，除了知道总体称谓是大雪山。

一直往南，很多壮丽的山也耸入云霄，只是没有积雪。这些可能就是峨眉山——一个著名的佛教徒朝圣的地方。

8月2日。上山的路可想而知是多么的艰苦。一方面由于我们一天要走的行程，一方面由于险峻得几乎无法通行的道路满是泥泞，有些地方简直接近深渊。我再次重复，只有习惯于危险才可避免颤抖而不至于失去平衡。这仅存的记忆让我不寒而栗。

组成山基部树林的两种主要松类是杉木，一种是有大针叶的铁杉；另一种，他们告诉我是美洲杉的一种，有坚硬木质和小针叶。这里植被良好且种类繁多，植物学家定会发现更多，足够让他忙上一阵子。高山上树木生长的地方至少有2～3种我以前从未见过的杜鹃。现在我收集的杜鹃有15种了。我利用这次机会采集了大量它们中间比较优良的品种，其中一种是圆叶的，开大的天竺葵一样的花。如果可能的话，我将设法把它们运往上海后，再运到法国。

8月27日。如果我不能收集到毛皮代替冬初被损坏的毛皮的话，将不利于我到别处去。真的，困难、费用、搬运的劳顿，对我来说简直不敢去想，但又必须去做。这里没有马车、长途火车或任何的驮运动物，没有旅馆、客栈。在这里，过客只要给费用，想在哪里停留就可以在哪里停留。

8月28日，我准备自己去成都，把2～3件东西寄到博物馆。主教的随行仆人十月初要到汉口去，这是今年唯一的好机会。

8月30日—10月2日。我与帮我运送3个装满收集品的箱子的人一起前往成都。尽管近来生病，我还是步行了五天最终到达首府。在成都附近，我能够听见杓鹬的叫声，看见它们向南高飞的身影。但是在城市里，大群的小蝙蝠让我吃惊，每天晚上我看见它们向南飞去，好像这些小型兽类也要像候鸟向南方的某个区域定期移栖似的。到达成都两天后，我的疾病又有新的变化。在离开穆坪之前，我就感到我生病了，头有些痛，有点发烧，还有一些伤寒的症状。很快我担心的疾病得到了证实，并且疾病的位置有所变化，转移到了臀部，疼痛得让我几乎无法忍受。剧烈的疼痛让我无法移动，以致我不得不在床上躺上12天。后来逐渐有所好转，足够让我返回穆坪了，但是这次返回途中，坐轿子的时间占了多数。10月2日我到达了穆坪，比计划的时间晚了一个多月。

在成都生病期间，上帝给了我一个意外的惊喜，真的非常高兴：在我到达成都一天后，米黑尔（M. Mihière）也来了。就是他帮我整理和包装箱子，还想用他的船把箱子运到重庆去。我真是太幸运了，因为要把它们在十月运走的机会不会再有了。这位老朋友，是驻北京法国使馆派往云阳处理事务的。他非常关心我的病，表现出了一个真正传教士的慈善。我主将会回报他的仁慈！

虽然我的腿还没有完全康复，但我仍然步行，用了两天时间回到山中，并且没有多大的疼痛。相反，体力锻炼好像驱散了我的疼痛。我得了什么病呢？我从没有出现过这些相关症状。中国人称之为风湿关节炎。

在成都逗留的时日里，瑞米特（M. Rimet）经常提及龙岗并答应要和我一起去那里游览。远离城镇两天了，这是一个叫杨木坝的地方，基督教徒的聚集地，我在这里生活得很惬意。这个地方靠近大雪山，著名的松潘离它不远。据说四川梅花鹿和褐色的鹿就产自那里，还有很多其他的动物。如果时间和体力允许的话我很想去看一看，也就是中原和著名的可可西里接壤的地方。

10月9日。直到早上六点我还感觉到轻微的地震，这在这些山村是相当普遍的现象。

10月11日。我的腿剧烈地疼痛，担心又得了一个月前的疾病。右腿的剧烈疼痛就像在成都一样，使我在夜晚晕厥。我的中国医生说只有豹骨能减轻我的痛苦。

10月12日。我不能起来做弥撒，但自昨晚以来疼痛也没有加重，我发觉由疾病引起的疼痛减轻的速度远比时间流逝的速度慢。我很担心去达维的旅行计划不能实现，这是我在最终离开穆坪之前很想亲自去游览的一个地方。

10月15日。我的情况没有改善，排尿还很困难，病情复杂。

10月17日，无雨。尽管是星期天我仍不能起床举行弥撒。

……

10月29日。今天我在准备5只大箱子，希望尽可能快地把它们送出去。里面装的是哺乳动物的毛皮和我在穆坪其余的收藏品。我不得不亲自做木工以使箱子足够结实，能经得住长途旅行。

11月2日。早上，上山途中在灌丛中看见一大群中型不常见的三趾鸦雀[*Paradoxornis*（*Cholornis paradoxus*）]。我用哨声模仿鸟儿的低声尖叫，成功地将它们引向我，并捉住了3只。它们比较显著的特征是外部足趾已经退化。

11月11日，早晨下雪。没有收集到新物种。应土司要求全村人民武装起来保卫边境，因为土司担心清朝军队会攻击他。听说受惊的头目自己躲藏起来，并下令把权位传给他的儿子，在这期间让一位忠心的管家处理外部事务。

11月17日。人们结束地里的农活，开始了打猎。每天他们都拿来许多动物，但是没有1个新种。这证明秋末冬初是获得山区动物的最有利时期。

……

11月19日，有风，偶尔几缕阳光透过厚厚的云层。

最终我找到了人，用8天时间把5个送往巴黎自然博物馆的箱子运到了成都。他们是将大米从四川背到这里来的搬运工。对我来说，这是意外的好运气，这样我就不需再用昂贵的价钱雇用本地的搬运工，也避免了动员这里每一个人而引起的骚动。因而解除了我的一个重担！

11月20日，大雪。黄昏时分，天晴了，但非常寒冷。我很担心用箱子运往上海的幼苗，其10株漂亮的杜鹃花很可能会被冻坏。

在我匆匆准备离开的时候，鸟儿继续飞来。在最后我还是准备捕捉它们，因为它们都是很有用的物种。

11月21日，天晴。明天离开穆坪的一切已经准备好了。年轻的随从还要多待几天拿猎人允诺给我的几种动物，这些动物我们仍然需要。

后记：我结束了在穆坪（土司）的探险。1869年11月22日，我出发去成都。在1870年7月25日到达烟台。

# 附录二　外国人在雅安

淹没在大渡河水下的汉源麦坪遗址，是一个4 000多年前的“特大城市”，最终消失在历史的尘埃中，“麦坪人”从哪里来？又到哪里去了？

其实，在遥远的过去，中西方有着源远流长的交流史——“外国人”来了，中国人也去了。

雅安不大，但很神奇。

19世纪中叶，随着中国国门的洞开，茶马古道和南方丝绸之路交汇之地的雅安，西方人也开始踏上了这片土地，雅安八个县（区），都有他们的足迹。他们对雅安的民族情况、气候物产、风土民情、人文地理等做了调查研究，不仅将雅安介绍给了世界，还把雅安珍稀的动植物如大熊猫、珙桐带到了西方国家，同时也为后人留下了大量的文字、图片等珍贵的史料。由于同一时期的中国学者几乎很少涉足田野调查。因此，西方人留给我们的这些弥足珍贵的第一手田野调查资料，记录了许多风情奇趣，填补了雅安有关民族学、经济学、社会学、政治文化等方面资料的不足。

从地理位置上讲，雅安位于中国第一阶梯向第二阶梯的过渡地带，地理和文化的多元丰富，过渡地理山川变化、民族文化交融产生的“差异美”，历来让人着迷。外国人在雅安游历考察的“故事”，可谓跌宕起伏，十分精彩。他们在雅安的游历考察，大致可以分成三个方面，一是地理考察，二是生物考察，三是社会考察。

梳理西方人进入雅安的路线，可谓是“条条道路通雅安”，有经大道进入的，也有从乡间小道进入的。有沿南方丝绸之路从云南经凉山进入雅安的，也有从成都经川藏大道进入雅安的，还有溯青衣江从乐山进入雅安的，还有循大渡河而上从乐山进入雅安的。另外，还有从乡间小道进入雅安的，如从洪雅到汉源，从康定、小金到宝兴，从邛崃、大邑到芦山、宝兴，从汶川到宝兴……他们的足迹、笔触遍及今天的雅安所有县（区）及周边地区。

他们有的一去不回，匆匆而过，雅安只是过境地；有的直奔雅安，流连忘返，一待就是多年；有的来来去去，多次前来游历考察……在外国人的笔下，雅安是美丽、神秘的。

## 法国人

如果说，古伯察是“路过”雅安的话，那么23年后到雅安的阿尔芒·戴维的目标则很明确，那就是穆坪（今天的雅安市宝兴县）。他是听从了其他传教士的建议，专程到穆坪收集动植物标本。

果然穆坪之行，让他满载而归。1869年，法国传教士阿尔芒·戴维在穆坪（宝兴）邓池沟发现成年活体大熊猫，从此这个“不可思议的动物”登上了世界舞台。

1890年，法国邦瓦洛和亨利·奥尔良探险队在穆坪（宝兴）、雅州（雅安）考察。

1895—1897年，法国里昂商会赴中国西南考察，属于“与西藏接壤地区”的雅安，自然也成了他们的考察对象。

这是一支“混搭”的12人的商务考察队伍，有商人、人类学家、医师、退役军官、生物专家、地质专家、气象专家，他们从越南东京（今河内）出发，经红水河北上至中国云南，先后到达贵州、重庆、四川、湖北等地考察。考察队从成都出发，经乐山到达雅安后，他们兵分两路，一路经大相岭，一路经二郎山先后到达打箭炉（今康定），对雅安至康定的道路、茶叶运输、民族风情有比较深入的考察和研究。

1898年，法国里昂商会将这一“商务考察”成果汇编成册，包括游记、书信、摄影、写生以及对各地经济状况、生产方式、商业项目和商务活动的考察报告。

1904年5月，法国驻滇总领事及法国滇越铁路总公司驻云南总代表方苏雅（奥古斯特·弗朗索瓦），在他离开中国的最后一程中，他专门考察了“川滇铁路”，其目的是了解四川至云南之间能否修一条铁路，将在建的滇越铁路延伸至四川，与拟建的川汉铁路连接起来。

方苏雅沿着川滇古道（南方丝绸之路）由昆明、楚雄、元谋，进入大小凉山、泸定、打箭炉（康定）、雅州（雅安）、嘉定（乐山）、上海。

由于川康一带地质条件太复杂，方苏雅的考察结论为：

“这里无法修建铁路。”

他著有《晚清纪事：一个法国外交官的手记（1886—1904）》一书，把隐没在崇山峻岭中的茶马古道介绍给了世界。

100多年过去了，曾经“无法修建铁路”的川滇之间，不仅有了108国道，还有了成昆铁路，甚至有着“云端上的高速公路”之称的G5京昆高速公路也出现在了这里。

1906—1907年，法国少校多隆率探险队考察中国西南的云贵、康区和甘南等地，他们途经了雅州（雅安）、清溪（汉源）等地。该探险队获得了法国地理学会、法国公共事务部、法兰西亚洲委员会的大力支持和资助。

1909—1917年，谢阁兰来到中国考察。1913年6月底，他来到雅州（雅安）、清溪（汉源）、泸定、康定一带考察。1914年，他再次来到雅州（雅安），考察汉阙。

谢阁兰的著述很多，其中《中国西部考古记》最为有名。

在法国人的眼中，雅安不仅是一个美丽的城市，而且还有着茶叶、大熊猫等独特物产以及文化底蕴深厚的汉阙。

英国人

1867年秋，以“商业开拓者”自居的唐古柏（Thomas Thornville Cooper）从上海出发，经重庆、成都、雅州（雅安）、清溪（汉源），于1868年4月5日抵泸定，后至打箭炉（康定）、巴塘，计划经西藏察隅至印度阿萨姆，被劝阻南下，改道经大理准备至缅甸也未成功，只得按原路返回，经打箭炉（康定）、雅州（雅安）、嘉定（乐山）、叙府（宜宾）出川后，到汉口。

唐古柏为近代第一个基本完成穿越康区的英国皇家地理学会会员。他是19世纪首位及其后十年内唯一到藏族聚居区东部考察的英国人，其为当时觊觎中国西南边疆的英国提供了情报和建议。他的著述较多，著名的有《穿越中国到印度的旅行》。他的商业考察具有官方背景，虽然未能按原计划穿越西藏到印度，但其考察为英国提供了大量有关康区的情报。尤其是对四川入藏茶叶市场的考察，促进了印度茶叶的发展，从而引发了川茶和印茶之间的“茶叶战争”。

1877年，英国皇家地理学会会员、探险旅行家威廉·吉尔（William John Gill）溯长江而上，经成都、雅州（雅安）、打箭炉（康定）、巴塘、大理、缅甸，成为近代西方成功穿越康区的第一人。

1883年2月，英国人亚历山大·霍西从成都出发，“经雅州府（雅安）、建昌（西昌），再经永北厅（今云南永胜一带），而至大理。”在雅安境内的行程大致是，经名山到雅州，在雅安停留了一天，考察雅安的砖茶生产和贸易，随后经荥经、清溪（汉源），进入今天的甘洛。他的考察路线，与方苏雅的路线刚好相反。

亚历山大·霍西从1882—1884年，三次在云、贵、川三省游历，后来，他写下了《云贵川三年三次游记事》一书。此书最有意思的是，他访问清溪县的“记事”。

1889年7月，英国博物学家普拉特经嘉定（乐山）、瓦山、清溪（汉源）、泸定、打箭炉（康定），进行生物学考察。

1894—1900年，英国远东情报分局局长戴维斯（Henry Rudolph Davies）少校率队第四次考察云南和四川，此次进入了藏族聚居区。队员有皇家工程师勒德尔（20世纪初曾任印度测量局局长、上校）、印度医疗队马尼福特（少校）、勘查员拉曼·加都和两名印度侍从。此次考察的目的之一，就是勘测从中国穿越藏族聚居区到达印度拉萨姆的铁路线。

他们的考察路线：昆明—安宁州—会理—德昌—西昌—礼州—冕宁—打箭炉（康定）—泸定—天全—雅州（雅安）—成都—重庆—上海。

他写下的《云南：联接印度和扬子江的锁链》一书，历来都为学术界所重视。书中对雅安有较多的描写。

1899年，英国园林学者威尔逊（Ernest Henry Wilson）到中国引种珙桐树和其他观赏植物，在四川工作11年，曾5次经过雅安。他是清末入康进行生物学研究最为有名、影响最大的外国学者。他著有《中国——园林之母》（原名《一个博物学家在华西》）等书。

> 在整个北半球的温带地区的任何地方，没有哪个园林不栽培数种源于中国的植物。倘若没有早先从华来的舶来品，我们的园林和相关的花卉资源今天将会是何等匮乏！

他的著作，为中国赢得“园林之母”的辉煌称号立下了功劳。

他除了撰写《一个博物学家在华西》一书外，还有鲜为人知的三卷本《威尔逊植物志》，里面记载了不少从雅安带回英国的植物。

1908年11月，英国著名探险家、陆军上尉、皇家地理学会会员约翰·布鲁克（J.W.Brooke）等人从成都出发，经雅州（雅安）至宁远府（西昌），与当地群众发生冲突，被石头砸死。

布鲁克一边行走，一边写日记，留下了很多珍贵的资料。布鲁克不仅记下了雅州印象，还记下了沿途的风物、人文以及道路情况。尤其是对背茶包到打箭炉（康定）的背夫描写，颇具人文情怀，读来令人震撼。

雅州是一座繁忙的繁荣小镇，它是青衣江上的一颗明珠，它三面环山。雅州又是西藏茶叶加工的大中心，茶叶就生长在附近的山上，脚夫把它带进雅州，在这里被焙干、揉制，然后包装在竹筐里，运到西藏市场上去……

在大相岭半山腰，我们发现积雪覆盖，道路结着冰，路面很滑。于是，我们把带钉的铁板捆在鞋底，在一个劲猛吹的寒风里挣扎前进，艰难地攀登爬上山顶。

上山的路上，我们看到了成百的脚夫。这些脚夫背着大背的茶叶缓缓地往上爬，一背一般有14包，每包重14到18斤，如果每包平均重16斤，就可能发现每一背将有224斤。有些背18包，那就是重288斤。看到14～18岁的男孩——也有女孩——背负着大约120斤（7～8包）的货物往上爬，是很平常的事情。这些东西一直背到打箭炉去的，那里离这里的直线距离不下60英里，而走大路足足有140英里（1英里≈1.60931公里），在地图上形成一个V字形，要翻过两座高山，而它们的高度都将近10 000英尺（1英尺≈0.3048米）。

布鲁克不仅看到了茶，还发现了大相岭南北迥异的自然气候。

当布鲁克艰难地爬上大相岭时，他发现了这里奇特的现象，于是，在他的日记中也出现了这样的文字：

在大山（指大相岭）东坡，几乎一直在下雨或降雪，植被丰富……往西看，很少看见树木，展现在旅行者面前的是一片辽阔的景色，悬崖峭壁是红砂岩，甚至肉眼也能够看出庄稼地里的红颜色……

大相岭的西坡长着野草，高高低低的悬崖和往下深深切割的溪谷交差错置，小溪在其间蜿蜒流过。

看来，在100多年前，布鲁克就看到了“一山两世界”这一奇特现象。G5京昆高速公路雅西段的建成通车，更是把大相岭“一边阳光一边湿润”的景况淋漓尽致地呈现出来。高速公路在蒙蒙雨雾中穿越，一头扎进大相岭隧道。在大相岭隧道的这边，“中国鸽子花”（珙桐）正在树上飞舞，当穿过长达10公里的大相岭隧道时，金灿灿的阳光洒满大地，红樱桃挂满枝头。大相岭隧道仿佛是时空隧道，眨眼间世界变了样。

1911年4～5月，英国旅行家肯德尔游历打箭炉（康定），著有《徒步中国行：中国西南和蒙古印象记》。

1929年，英国生物学家、皇家地理学会会员赫伯特·斯蒂文斯到云南和四川收集兽类和鸟类标本。

他考察的路线为：大理—丽江—康定—穆坪（宝兴）—芦山—雅安—乐山。

他著有《经深幽峡谷走进康藏：一个自然科学家经伊洛瓦底江到扬子江的游历》。作者详尽地描写了考察沿途各地，尤其是藏族聚居区奇特的自然风光、民风民情、地理概貌、动植物分布状况等，对我们了解当时社会风貌具有重要的参考价值。

在书中有一章《穆坪见闻》，记叙从康定经穆坪到雅安的考察过程。这段考察路线为：康定—宝兴—芦山—雅安—乐山。

## 俄罗斯人

1885和1893年，俄国探险家、军官格里戈里·尼古拉耶维奇·波塔宁率队两入康区考察，成员包括他的妻子亚历山德拉·维克托罗夫娜·波塔宁娜（近代首位进入康区的外国女探险家，病逝于康区考察途中）。

1893年考察路线为：雅州（雅安）—泸定—打箭炉（康定）—理塘—巴塘。此次考察中获得了一张大熊猫皮，采集到约10 000种植物标本，其中有代表性的约1 000种。

1939—1949年，俄罗斯人顾彼得（Peter Coullart）在清溪（汉源）、康定、丽江、西昌一带活动。1939年，他加入中国工业合作社，带着西康省康定航空站站长的任命书，从雅安到了康定，实现了他游历中国西部的梦想。著有《被遗忘的王国》《彝人首领》等书。

## 美国人

1888—1889，1891—1892年，美国外交官柔克义（William Woodville Rockhill）是第一个进藏的美国人。第一次考察路线是：玉树—德格—打箭炉（康定）—雅州（雅安）—嘉定（乐山）。著有《1891和1892年蒙藏旅行日记》。

1911年，受清政府邀请，在大清四川高等学堂任教的美国人路德·那爱德（Luther Knight）实地考察雅安、天全、泸定、康定等地，并拍摄了大量的图片，真实再现了康区的自然状况和风土民情，开华西区外国学者入康考察风气者之一。

19世纪末，英国蝶类专家李奇（J. H. Leech）雇佣德国人F. Kricheldoff带领一支考察队在包括雅安在内的川西，采集到大批蝶类标本，后来李奇所著《中国、日本及朝鲜之蝶》一书，记录了近600种中国蝶类，其中有部分种类来自雅安，这也是中国蝶类首次系统地被人描述。

美国籍基督教传教士夏时雨，不仅动员芦山县大财主乐和舟成为教徒，还让乐家子弟走出家门读书。在乐氏“以”字辈17人中，就有14个大学生。“北有林巧稚，南有乐以成”，中国妇产科权威乐以成直到晚年，她仍不忘当年夏时雨给她讲过的故事——

“我们生活的地方，叫地球。地球是圆的，悬挂在星空中，就像天上的星星、月亮一样，它们都在不停地转动。现在我们这里是星光耀眼，但在地球的另一端——我的家乡美国却是阳光灿烂。”

在一个星斗满天的夜晚，夏时雨坐在乐家大院里，吸着乐家的黄烟，一边仰望着星空，一边对着乐家子弟说。

也许夏时雨当时也想家了，他望着星空，遥想着远在万里之外的亲人。于是，他情不自禁地讲起了星空和地球。他没有想到的是，就是他不经意的一个故事，点燃了乐以成心中的梦想，她要走出去，看看外面那个“圆”的世界。结果，她从芦山逃婚到了成都，从成都开始读书，随后去了英国、美国求学，最终成为“现代妇产科宗师”。

1911年起至1948年离开，美国人葛维汉（David Crockett Graham）在华西协合大学任教期间，进行自然史和人类学研究。曾在雅安等地考察，为美国博物馆收集自然标本，在宝兴县捕获大熊猫一只。

1928年，美国芝加哥自然博物馆派出罗斯福兄弟（Kemit Roosevelt & Theodore Roosevelt）率“凯得—罗斯福探险队”到中国西部及周边地区进行动物标本收集和考察，主要目的之一就是猎取大熊猫。

他们的考察路线为：缅甸—大理—永宁—康定—穆坪（宝兴）—冕宁—西昌—云南。他们从金沙江进入四川，一直到了康定、穆坪一带，都未能如愿。后在冕宁县冶勒，射杀大熊猫一只，这是西方人亲手猎获的首只大熊猫。1929年3月，他们再次到穆坪（宝兴），猎获了11只川金丝猴。

罗斯福兄弟著有《追踪大熊猫》一书，记载了他们亲手射杀大熊猫的经历，激起了许多西方人亲手猎取大熊猫的强烈兴趣，后来不少探险家到这一带的活动，都是以猎取大熊猫为重要目的。

在雅安市区张家山上，有一处柯培德旧居（刘文辉公馆）。柯培德是谁?

柯培德，美国人，博士，曾在雅安开医院、办学校多年。1943年，他曾邀请华西协合大学博物馆馆长戴谦和、戴珍夫妇到雅安观鸟。他亲自陪同戴谦和、戴珍夫妇在蒙顶山观鸟20多天，后来戴珍撰写了一篇长达3万余字的观鸟札记《蒙顶及峨眉暑期之鸟类》发表在《华西边疆研究会》上。

### 奥地利人

1891年，奥地利学者洛色恩（A. E. Rosthorn）到打箭炉（康定）考察川藏边茶贸易，著有《川西产茶区与经打箭炉（康定）入藏的茶叶贸易》一书。他的考察路线为：重庆—嘉定—洪雅—雅州（雅安）—荥经—清溪（汉源）—打箭炉（康定）—天全—芦山—雅州（雅安）—名山—崇州—成都。

当他从打箭炉（康定）经天全到雅州（雅安）的途中，有机会考察这种贸易的外在特征及其内存的不为人知的情况，因此这些材料都是真实的。近代外国人专论川茶及川藏茶叶贸易之著作，以此书最为详细。

奥地利律师斐士（Fischer Emil Sigmund）于1917年从旧金山到上海，办理了游历中国中部和华西的护照，他游历华西地区，路线为：重庆—内江—自贡—成都—雅安—清溪—泸定—康定—雅安—乐山—成都—西安—开封—天津。著有《中国之旅：1894—1940》。在斐士的著作中，对打箭炉（康定）的川藏茶叶贸易，也有详细的记载：

“每天有很多人奔走在运茶路上。在打箭炉曾看见上千头运送砖茶入藏的牦牛准备出发，翻越折多山。”

## 澳大利亚人

1902年，澳大利亚籍英国内地会传教士叶长青（James Huston Chalmers）长期生活在成都、康定一带，发起并成立“华西边疆研究学会”，对康区人文科学进行考察研究，有“近代康区首席外国导游”之称。

1929年，叶长青随斯蒂文斯探险队从康定到穆坪（宝兴）一带猎捕大熊猫，并在穆坪考察了10天，著有《大熊猫栖息地》等文章。

他在《会合于打箭炉（康定）的商路》一文中说，这里汇聚了10条商路，与雅安相关的有三条，一是从雅州（雅安）至打箭炉（康定），二是从穆坪（宝兴）至打箭炉，三是从凉山经大渡河至打箭炉（康定）。

## 德国人

李希霍芬，著名的地理学家，“丝绸之路”就是他的命名的。1877年，随着《中国——亲身旅行和据此所作的研究成果》一书出版发行，“丝绸之路”——一个富有诗意的美好词汇出现在世人面前。写这本书的人叫费迪南·冯·李希霍芬（Ferdinand von Richthofen），一个德国的地质学家。

李希霍芬在中国留下了很多足迹。在1872年的春天，他到了雅安，打算从雅安到云南，探访川滇到南亚的贸易古道。

他的目标是从成都，向西再向南，经雅州、宁远府，再到大理、腾冲。“那里有一条远古就有的贸易大道，英国人很想探明它，以便从乘汽轮就能到达的八莫开辟一条印度产品和英国贸易能通往中国的道路。”李希霍芬计划探明这条古老的贸易大道。他在日记中写道：“如果我能够成功，就有理由期待所得到的结果与我所花的时间和精力成正比。”

1872年3月14日，李希霍芬到了雅安。“这里的人因为好奇而令人不快。”之所以李希霍芬说雅安人“好奇”，是因为他住在客栈的上房，在上房外面是一个敞厅，四周总有人好奇地探过脑袋来看他，让他无法安心写日记。

16日，李希霍芬继续西行，17日到达了荥经县。在李希霍芬的随员中，除了临时雇用的驮队外，一个是比利士的翻译保罗，两个是仆僮（其中一个曾在英国公使馆干过几年，有一个洋名叫吉姆），还有每到一个县便一换的护卫4人。18日，李希霍芬一行来到了大相岭。

“我满怀欣喜地动身奔赴下一段旅途，我信心十足地盼望实现我的计划。”谁也想不到的是，在这里他遭遇了一次敲诈，南下探访贸易大道的脚步在这里停了下来。李希霍芬打道回府，他与南方丝绸之路擦肩而过。

恩斯特·柏石曼（Ernst Boerschmann）是德国建筑师。1902年，柏石曼首次途经印度来到中国，产生了考察中国古建筑的设想。这一设想后来在德意志帝国政府支持下展开。1906—1909年（光绪三十二年至宣统元年），柏石曼穿越中国12个省，行程数万里，拍下了数千张皇家建筑、宗教建筑和民居等照片。回国以后，他根据考察所获的资料，连续出版了至少六部论述中国建筑的专著，成为这一领域无可争辩的权威。1923年出版的德文版《中国建筑和景观》，是柏石曼对中国古建筑进行全面考察和研究的图文集，共有200多幅高质量的照片。

在四川，他从成都到雅安、乐山，沿着岷江和沱江前行，自流井、泸州、叙州、重庆，出川下湖南。雅安的金凤寺、上里石牌坊和雅市区的“五孔桥”（今新桥）、石墩桥等均进入了他的镜头中，被永远地定格了下来。

柏石曼的雅安新桥，后来还成为民国时期西康省发行的金圆券图案。

# 附录三 穆坪：大熊猫之乡①

穆坪地区在四川省内外都不出名，这让我很震惊。究其原因，这似乎是地图工艺的原因，但如果是这样，那么当代地图在制作上则存在问题。因为在20年前，当人们制作地图的时候，如果能清晰地标注出穆坪地区，甚至只是打个叉，标记出穆坪村，都不会有现在的窘况，但是那是很久以前的事了。由于我再次将其带回公众的视野中，新一代的青年或许会原谅我。

早在150年前，穆坪地区就成了中国重要的土司地区。其占地面积大约10 000平方公里，人口大约20 000人，大部分居民是嘉绒藏族。因海拔位于5000～20 000尺，这意味着当地人既要依赖于种植业，也要依赖于畜牧业。森林同样也会在当地发挥其额外的价值。直到最近，地方政府也一直采用土司制度，中央政府也不会干预其治理。由于穆坪地区多山，所以野生动物能够大量繁殖，避免了灭绝的命运。穆坪地区的位置在地图上辨别起来并不难，南起天全北部，东至小金（达维）向东20里处，西至大渡河。通过这些边界，可以对穆坪的面积和地理位置形成一个大致的印象。穆坪土司位于天全向北40里处。

注意——上述穆坪地区的准确位置已经被发送给我们了，因此我们能在这里提供相应的位置信息。穆坪地区，早些时候被中国西部的人叫作“牟坪”和“穆坪”，其发现对于博物学家来说是十分重要的。著名的耶稣会会士、博物学家及传教士——阿尔芒·戴维神父曾在此进行过采

① [澳]叶长青：《穆坪：大熊猫之乡》，《中国杂志》1926年10月号第7卷。

集工作，并将所采样本送往巴黎博物馆，由米尔恩·爱德华，乌斯塔莱和其他人对这些样品进行命名。这里是大部分中国鸟类和哺乳类动物出没的地方，其中最著名的动物则为大熊猫了。华北野猪也首次在这个地方被发现，当时就将其命名为：华北野猪。在这里同样也首次发现了许多其他的重要物种。

正如叶长青先生所提出的那样，穆坪地区尽管真实存在，但在大多数最新的地图上却无法找出穆坪土司的位置，更别说穆坪镇和穆坪村了。因此，这个标记了穆坪地区准确位置的地图引起了地理学家们和博物学家们的高度重视，并使他们产生了浓厚的兴趣。既然此地区被重新画到了地图上，希望博物学家不要浪费时间了，马上动身去穆坪地区收集动物标本，以便弄明白这些动物在中国系统动物学中所处的位置。

# 附录四　循着戴维足迹来观鸟

中国科学院鸟类研究所研究员何芬奇有“鸟人”之称，他像候鸟一样，不停地南来北往。在何芬奇眼里，雅安不仅有异兽，还有珍禽，在雅安观鸟是人生一大快事。

何芬奇第一次来雅安，是在1982年。此后30年的时间里，他一有空就往雅安跑，跑到夹金山“循着戴维祖父的足迹”看鸟。

20世纪80年代初期，何芬奇在宝兴对绿尾虹雉进行野外研究时，曾大致梳理了模式种或模式亚种出自宝兴的鸟类。1982年到1983年这两年间，他进行了三次野外调查。1987年，他又进行了一次调查。他是第一个系统调查绿尾虹雉的专家。

他仔细地查了一下，模式标本出自宝兴（穆坪）的鸟种名单，尽管命名人有所不同，但其大多数源于戴维神父在宝兴采集的标本。

2012年8月，在何芬奇的组织下，第五届“中国·雅安国际熊猫·动物与自然电影周”举办了一个特殊的活动——“宝兴模式标本鸟种再发现”。观鸟活动就在宝兴县举行。观鸟爱好者到宝兴县的当晚，县城旁边的冷木沟发生了罕见的泥石流，泥沙俱下，瞬间冲进了县城。虽然天公不作美，观鸟爱好者依然满载而归。在两天的时间里，来自全国各地的观鸟爱好者在宝兴县观测并拍摄到了178种鸟种，其中就有包括绿尾虹雉宝兴模式标本鸟种24种。

中国观鸟组织联席会议在成都观鸟会的资助下，《中国鸟类观察》（内部交流刊物）2012年第6期成了“雅安—宝兴专辑”。

这一结果，让何芬奇倍感欣慰。应《中国鸟类观察》编辑的邀请，他专门写了一篇文章《循着戴维祖父的足迹》。在文章中，何芬奇情不自禁地写道：

> 十九世纪中叶，在中国的腹地，一位来自法国巴斯克的传教士、著名博物学家，发现了一种黑白毛色的胖熊（大熊猫）。仅此一项发现就足以使任何一位动物学家名垂青史，而他却多有建树，戴维神父鹿，中国大鲵，外加60多种鸟类。这还仅局限于动物学领域。在植物学方面，他收获更丰，迄今为止有70多种植物冠以阿尔芒·戴维之名。
>
> 任何一个物种的模式标本，无疑是对那个物种的首次科学记述。就宝兴而言，如果能够再度观察并记录到那些其模式种或模式亚种标本出自宝兴的鸟类，则说明那些鸟在过去的近150年间，尽管经历了上个世纪50年代末期那场大规模林木砍伐的浩劫，尽管需要不停地去应对生态环境的退化，却仍然顽强地生存了下来。这对于研究鸟种以及研究地区性鸟类群落的耐受能力，很有帮助。近60年来，由于各种各样的原因，宝兴大熊猫群体（至少）失去了上百只个体，可惜的是，对宝兴鸟类的了解远不及对大熊猫的多。”

对于何芬奇的惊叹，受到了崔学振的“讥笑”：“何先生过于激动了。”因为宝兴县生态保护不错，生活在这里的野生动植物受到的破坏不大。

崔学振到宝兴工作的时间，恰巧是大熊猫被发现100周年之际。崔学振是浙江宁波人，1969年，他从中国林业学院毕业后，就分到了夹金山下的宝兴县工作，从大海边到大山中，他在宝兴县一干就是近40年，退休前，“官”至四川省蜂桶寨国家级自然保护区管理局局长。他一辈子只干了一件事，那就是保护大熊猫。

崔学振说，夹金山如同一个孑遗物种的“避难所”。大山深处，树上的金丝猴、短尾猴，地上的大熊猫、扭角羚，水中的雅鱼、戴维两栖甲，天上的绿尾虹雉、宝兴歌鸫同域分布。在蜂桶寨自然保护区内，一次看见几十头羚牛并不稀奇……

2008年1月1日，课题组随崔学振到夹金山观鸟，那天上午夹金山大雾，中午雾散时，正好看见不远处一只绿尾虹雉正停落在山崖边的草丛中觅食。随后，我们看到了惊心动魄的一幕，高空中突然出现一只雄鹰，向绿尾虹雉直扑而来。锋利的鹰爪紧紧地抓住它的猎物，遇险的绿尾虹雉奋力挣扎，扑腾翅膀与雄鹰搏斗，同时发出凄惨的叫声，最终绿尾虹雉从鹰爪下挣脱出来，掠过低空急速地向山崖远处滑翔而去。

绿尾虹雉是一种胆小、性情温和的鸟。常是一雄一雌或一雄二雌一起活动。即使是在冬季也不结群，仅是松散地结合。白天在杜鹃灌丛中觅食游荡，通常只有在阴天或在浓雾的掩蔽下才出现在开阔的高山草甸上。何芬奇在宝兴调查时发现，每当晴天常有多种猛禽在天空中盘旋，为了躲避天敌的攻击，绿色虹雉在晴朗的天气里是很少出来活动的。夜晚一般在杜鹃灌丛内或突起的岩石下面过夜。绿尾虹雉的腿脚强健有力善于奔跑，受惊时可平地起飞，贴着山腰，从低往高滑翔，从而躲避天敌。

2006年5月初，与宝兴县相邻的芦山县准备开发大川河景区，曾组织过科考活动。笔者随队采访。从四方草地艰难地登上山冈，这里海拔3 500多米，是芦山与宝兴交界处，叫九里岗。从岗上往下看，是一大片一眼望不到底的杜鹃林。此时，正在杜鹃花盛开的季节，红的、黄的、白的、紫的，绚烂多彩。穿行在花海中，入眼皆花，十分惬意。

大山中的天气，变化很快。突然间，太阳隐去，天空昏暗了起来。这时，一阵高亢嘹亮的鸟鸣声从山谷中传来，如长笛又或单簧管高音部发出的声响。大川河林场护林人员告诉我，这是绿尾虹雉的叫声。

随着鸟鸣声，只见一只鸟穿云破雾，从山脚向山巅飞来。“看，这就是绿尾虹雉！”绿尾虹雉的飞翔很奇特，它从谷底向山巅飞翔，居然像滑翔一样，翅膀都不抖动一下。原来，绿尾虹雉能在飞行时借助气流向上的举力，自低处向高空盘旋翱翔，这种超常能力在鸟类中是少见的。它滑翔的速度很快，很快就消失在云雾中。

绿尾虹雉的巢穴很简陋。杜鹃林中，我们不时看到绿尾虹雉的巢穴，巢内只是用树枝和杂草稍稍垫一垫，便在上面产卵，偶见几根脱落的羽毛。

巢很丑，但雉很美。课题组想起了一句俗话“鸡窝里飞出金凤凰”，用在绿尾虹雉身上，一点都不过分。

2006年11月15日，国家邮政局发行了《中国鸟》（第四组）普通邮票1套2枚，其中面值40分的就是绿尾虹雉。从此，隐藏于大山深处的绿尾虹雉飞进公众视线。

绿尾虹雉（*Lophophorus lhuysii*），又称贝母鸡、鹰鸡、火炭鸡，隶属于鸡形目、雉科、虹雉属的鸟类，是珍稀濒危种类，属国家一类保护动物。绿尾虹雉是我国特有大型珍稀雉类，绿尾虹雉体大健壮，嘴形向下弯曲，雄鸟具有彩色羽冠，羽衣闪着带有金属光泽的绿、紫、蓝色，色彩斑斓有如绚丽的彩虹。又因其尾羽蓝绿色，非常漂亮，故称绿尾虹雉。有“国鸟皇后”的美称。

“幸运的是，当一大群虹雉停留在对面山上的时候，一大片云恰巧遮住了我，我连击两枪，一只鸟掉在猎人老李的脚下，他的眼里充满了钦佩，我很得意。时间不允许我再去射猎绿尾虹雉，所以，我们返回小屋，沿途又打了几只小鸟。当天剩余的时间和晚上我和同伴都用来处理收集的毛皮。对于收集来的标本最烦人的一个工作就是必须立即处理真皮，特别是在累了一天想休息和放松的时候。尤其对我来说，作为一个博物学家，必须得承受双重压力，因为我不能放弃我的工作职责，必须得有严谨的科学态度。”

前几年，何芬奇曾打算翻译《戴维日记》，他给课题组提供了日记中关于绿尾虹雉的记载。资料表明，绿尾虹雉（*Lophophorus lhuysii*）发现并命名于1866年，但几乎找不到文字介绍。

这段简短的文字，恐怕是对绿尾虹雉最早的记载。而阿尔芒·戴维到宝兴的时间是1869年2月，说明绿尾虹雉模式种的采集地并不是宝兴，那采集者又是谁?

雅安观鸟不仅圆了何芬奇的梦想，也成就了四川农业大学动科院教授、鸟类专家李桂垣的“鸟儿”事业。从1956年起，李桂垣与同事一起，在雅安采集了1万多只鸟类标本，并从中首次发现“四川旋木雀”1个新种和4个新亚种。

绿尾虹雉在我国丰富多彩的雉类资源中占有突出的位置，特别为国内外学者所瞩目。在全世界的雉类中，它们可称得上是最珍贵而美丽的一种。

绿尾虹雉是杂食性的鸟类，主要吃植物的幼嫩部分，如花、叶、茎块根以及草籽等，靠坚实的嘴切断植物的幼嫩部分或刨挖植物的根，包括贝母的球茎，“贝母鸡”由此而得名。此外，它常吞食砂砾以帮助消化。冬季，由于高山积雪过厚，难以找到砂砾，这时亦吞食火炭，因此又名“火炭鸡”。

据有关资料记载，绿尾虹雉目前仅分布于四川、云南西北部、西藏东南部、甘肃东南部和青海南部一带，野外现存数量不足3 000只。1994年，世界自然保护联盟将绿尾虹雉列为濒危种。

2013年“4·20”芦山强烈地震时，正值绿尾虹雉筑巢交配季节。地震对绿尾虹雉的影响有多大？2013年6月8日，蜂桶寨自然保护区管理局副局长佐林带着杨本清等人，沿着大水沟登上了海拔3 500多米的圆草坡，在这里安营扎寨，进行观测。他们发现了绿尾虹雉遗弃的旧巢，也看到了新筑的巢穴，这才舒了一口气，看来地震对它们的影响并不大。

绿尾虹雉四月初开始配对。巢穴就在岩洞中或陡崖顶上的小灌丛中，每窝产3～8枚卵，最多达11枚。卵呈暗棕黄色，具大小不同的紫褐色的斑点。菢卵仅由雌鸟单独承担，雄鸟游荡在周围起警诫作用。5～6月产卵，孵化期约25～26日。绿尾虹雉的繁殖力很低，一般母鸟只带1～2只幼雏，最多的有4只。孵出后的雏鸟，由雌鸟带教幼雏辨认食物和觅食的能力。直到二月龄时，尽管幼鸟已长好羽毛，能飞行100多米的距离，体重达1斤左右，但仍在母鸟的翼下靠母鸟的体温御寒。

绿尾虹雉是一种典型的高山雉类，个体长一般在80厘米左右，是雉科中体形最大的鸟类。生活在海拔3 300～4 200米，终年被云雾笼罩着的高山草甸和杜鹃灌丛中。那里自然条件非常严酷，整个夏季几乎总是在阴凉的细雨中和云雾笼罩下度过的，即使是晴天也常被飘浮的云雾所缭绕，冬季则被皑皑白雪覆盖。

有着美妙歌喉的绿尾虹雉喜欢“唱歌”，而且和其他鸟类单调的叫声截然不同。它的叫声雅致、婉转、连绵不断、变化多端，在一曲长歌中我们很容易分辨出种种变化。尤其奇异的是雌雄鸟都能唱出悦耳的歌声，这使许多鸣禽也相形见绌，没有经验的人则很难从叫声中区别出雄雌来。每当清晨和傍晚，绿尾虹雉在浓雾的笼罩下，高声鸣叫，叫声此起彼伏，在群山间回荡，传得很远。

2010年3月16日，宝兴县被中国野生动物保护协会授予“中国绿尾虹雉之乡”称号，这是全国唯一一个“绿尾虹雉之乡”。也在这年，蜂桶寨国家级自然保护区技术人员攻克绿尾虹雉人工繁育技术难关，成功繁育出2只绿尾虹雉子三代，填补了绿尾虹雉人工孵化的技术空白。

生活在宝兴县的人是幸福的，清晨醒来，都能听到很多鸟叫声。无论是在县城边的宝兴河畔，还是在海拔3 000 多米的夹金山上，或是在赶羊沟的原始森林中，宝兴的天空最不缺的就是飞翔的鸟儿。单是鸟类模式标本，就有41种产地在宝兴。

到宝兴观鸟吧。说不定，你在夹金山上就会与美丽的“国鸟皇后”绿尾虹雉邂逅。

# 附录五　在雅传教士传略[①]

巴黎外方传教会在华活动近三个半世纪期间，在宗教事业上确实做了不少的事情。他们在天主教传入中国的历史上，起过一定的作用；在中西文化交流史上，也扮演过无法忽视的角色。根据《16—20世纪入华天主教传教士列传》一书，笔者将在雅安工作过的传教士传略整理如下。

## 1. 利类思

利类思（Ludovico Buglio）司铎，意大利人。

利类思诞生于1606年1月26日，出生地为意大利西西里卡塔尼亚省的米尼奥。1612年5月18日加入马耳他的骑士队伍，1622年1月29日（或1月28日）于巴勒莫进入初修院。

1635年4月13日，利类思启程进入中国。1636年到达澳门，1639年到达江南，1640年创建了成都（四川的省会）的传教区，1647年到达西安府，1648年2月22日与安文思司铎一起被囚解至北京，1651年获释，1655年在北京创建了东堂住院并于1662年修建了教堂。1666年被捕，后于1669年由康熙释放。他曾出任中国官吏，有许多汉译文著作，如托马斯·阿奎那（Thomas Aquinas）的《神学纲要》（汉译文为《超性学要》）《弥撒经典》等。

1682年10月7日逝世于北京。

---

① [法]荣振华，[法]方立中，[法]热拉尔·穆赛，[法]布里吉特·阿帕乌：《16—20世纪入华天主教传教士列传》，耿昇，译，广西师范大学出版社2010年版。

## 2. 安文思

安文思（Gabriel de Magalhães）司铎，葡萄牙人。

1610年诞生于科英布拉附近的佩德罗，是著名航海家麦哲伦的后代。

1634年3月21日启程去中国，1634年于果阿，1640年在杭州。他1642年8月28日至1647年在四川成都，与张献忠发生了争执。1648—1677年在北京，1655年与利类思共同创建了东堂。除神父身份外，他还是工程师、自动机械的制造师。他曾两次被下狱、受刑和被判处死刑。

1677年5月6日逝世于北京，康熙于5月6日赐予其墓志铭。

1677年由利类思所著的《安文思司铎生平简介》，转载于安文思1688年在巴黎出版的《中国新游记》。

## 3. 费尔迪南·阿尔诺

费尔迪南·阿尔诺（Ferdinand Arnauld，1878—1948年）。

1878年12月16日生于夏托鲁（Chateauroux，位于法国安德尔省），1899年被接收进外方传教会修院，1904年晋铎，同年8月17日赴四川叙府（叙州府）传教区。他在那里工作了5年，然后于1910年选定了建昌传教区，被任命为富林的本堂神父，于1917年任该小修院的院长。1923年任卫城地区的教务负责人。他后来又被任命到宁远府从事培养教经先生的工作。他于1948年1月9日死亡。

## 4. 毕神父

毕神父（Félix Biet，1838—1901年）于1838年10月21日生于朗格勒（Langres，位于法国上马恩省），1862年进入外方传教会修院，1864年1月10日晋铎。1865年10月，他回到雅安，并在那里滞留了10多年。他同时还行使其司库的职务。1877年，他成了署理宗座代牧。

丁硕卧（Joseph Chauveau）主教逝世后，毕神父继任他的职位，于1878年被任命为比亚纳（Biana）的主教和西藏的宗座代牧。1892年，他病倒了，然后返回法国，于1901年9月1日死于金山的圣-西尔（St-Cyr au Mont d'Or，位于罗讷省）。

### 5. 江神父

江神父（Henri Bocat，1886—1956年）于1886年5月20日生于隆尚（LongChamp，位于法国金海岸或科特多尔省），1905年8月17日被接收进外方传教会修院，1911年9月23日晋铎，同年11月29日赴四川建昌传教区。经过初步学习汉语之后，他相继于1912—1918年负责撒连，1918—1929年负责杭州堡，1921—1924年负责越西，1924—1929年负责富林等会口。他后来于1929—1944年，又主持西昌的小修院，后来还成为会理女信徒教团的指导神父。江神父于1952年被驱逐，返回法国后，于1956年7月7日死于圣洛朗（Saint-Laurent，位于法国索恩-卢瓦尔省）。

### 6. 凤神父

凤神父（Jean-Pierre Boissière，1872—1946年）于1872年6月22日生于韦玛莎尔（Vemassal，位于法国上卢瓦尔省），1894年10月7日进入外方传教会修院，1898年6月26日晋铎，同年8月3日赴四川南部。他在冕宁县和皇木厂学习汉语之后，便于1903年被派往雅州地区。他在那里度过了一生，于1946年12月20日死于雅州。

### 7. 埃米尔·比尔丹

埃米尔·比尔丹（Emile Burdin，1909—1945年）于1909年10月18日生于朗勒堡（Lanslebourg，位于法国萨瓦省），1930年被接收进外方传教会修院，1935年10月21日晋铎，1936年4月14日赴打箭炉（康定）宗座代牧区。当他到达该代牧区后，便被派往云南与西藏的省界处，他经过大理府和维西厅，做了一次长途旅行。然后他在茨中与古神父（Goré）会合，接着在那里学习语言。1937年，他被任命为巴塘的副本堂神父，并于那里巡视了其会口的所有基督徒家庭。也正是在这时，他陪同两名探险家吉博（Guibault）和利奥塔尔（Liotard）试图进入西藏，吕神父（Nussbaum）于1940年9月被杀之后，他被任命为雅安的副本堂神父，最终于1945年2月16日死于伤寒症。

### 8. 顾神父

顾神父（Augustin Cambourieu，1878—1947年）于1878年9月19日生于阿尔帕容（Arpajon，位于法国埃松省），1903年6月21日在外方传教会修院晋铎，同年8月5日赴四川。学习语言之后，他被派往荥经县会口，后于1914年负责叙府的圣-方济各·沙勿略堂区。1937年，他于杨家坪加入圣母神慰院的特拉伯（Trappe）苦修会。1947年9月6日，他死于河北马来村。

### 9. 沙德容

沙德容（Marc Chatagnon，1839—1920年）于1839年2月14日生于塞利厄（Cellieu，位于法国卢瓦尔省），1859年进入外方传教会修院，1862年12月20日晋铎，1863年赴四川南部宗座代牧区。他首先于1864—1868年被派往古蔺县，于1868—1869年在叙府，于1869—1872年负责河堤口。1872年，他赴其传教区的西北部名山县，并在那里一直停留到1880年。他于1880—1883年，又从那里迁至雅州，于1883—1887年在嘉定。通过1887年1月25日的教皇谕旨，该神父成了塞索奈斯（Chersonese）的主教和四川南部的宗座代牧。

1890年，他主持了在叙府建造大教堂的工作。1911年9月13日，他由于年迈多病，将传教区的管理权委托给了其辅理，最终于1920年11月26日死于叙府。

### 10. 德尼·克雷坦

德尼·克雷坦（Denis Cretin，1863—1914年）于1863年8月3日生于梅尔旺（Mervent，位于法国索恩-卢瓦尔省），1882年10月31日进入外方传教会修院，1886年9月26日晋铎，同年11月3日赴四川西部传教区。他于其传教区内共度过11年。他当时在荥经县，因患疾病而不得不返回法国。他在法国蒙伯通退休，最终于1914年4月28日死于那里。

### 11. 戴高丹

戴高丹（Desgodins Auguste，1826—1913年）于1826年10月16日生于马奈勒（Manhelles，位于法国默兹省），1850年5月25日晋铎，1854年9月25日进入外方传教会修院，1855年7月15日赴藏族聚居区。他偕同其教友罗启桢（Renou）一并到达察木多之外的巴贡。但他们很快就被迫退回贡觉，却又于1864年被从那里驱逐。他最终与毕神父（Biet）和其他几位基督徒定居在官觉，然后退到雅安。他在会口建造了一处本堂神父住宅和一座小礼拜堂。1880年，他受毕主教的委托而于西藏边境上建立了许多会口。戴高丹于1880年5月31日离开打箭炉（康定），携带着一份任命他为署理副本堂神父并派遣他考察西藏南部边境的文件。他经过了加尔各答和位于蒂斯塔河（Tista）以东的大吉岭，然后定居在亚东。1894年，他又赴香港，并在拿撒勒人教会会士们的印刷厂中印制了由传教士们编纂的《藏-拉-汉语词典》。他在77岁时，返回了喜马拉雅山区，最终于1913年3月14日死于亚东。

### 12. 德神父

德神父（Jean-Marie Desthieux，1868—1902年）于1868年4月14日生于博热（Beaujeu，法国罗讷省），1889年被接收进外方传教会修院，1892年7月3日晋铎，同年8月31日赴四川西部传教区。他奉命负责穆坪和松潘两个会口，然后便退出了传教区与外方传教会。德神父很可能是因事故于1902年死于云南。

### 13. 杜神父

杜神父（Antoine Dugrité，1837—1876年）于1837年5月4日生于卢瓦尔河畔的罗什福尔（Rochefort，位于法国滨海夏朗德省），1856年8月29日进入外方传教会修院，1860年6月2日晋铎，1962年8月18日启程赴四川西部传教区。他主持过安岳和天林场会口，于1867—1871年任穆坪小修院院长，最终被调去主持简州会口。他于1873年转入印度本地治里传教区，并出任其大修院的院长。该神父最终于1876年7月5日死于本地治里。

### 14. 杜神父

杜神父（Marie Dunand，1841—1915年）于1841年1月23日生于圣马丹-德贝尔维尔（Saint-Martin-de-Belleville，位于法国萨瓦省），1868年进入外方传教会修院，1869年8月3日赴四川西部传教区。学习汉语之后，他奉命负责穆坪修院，然后负责成都南部的崇庆州地区。他于1893年8月21日被任命为卡洛埃（Caloë）的主教和川西宗座代牧。其主教任期是在持续不断的教案中度过的，然而他成功地创建了许多会口，并且创建了孤儿院、医院和学校等。杜神父于1915年8月4日死于成都，被埋葬在磨盘山墓地。

### 15．斐神父

斐神父（Pierre Féchoz，1826—1873年）于1826年3月11日生于韦朗斯-阿尔韦（Verrens-Arvey，位于法国萨瓦省），1853年9月24日晋铎，1858年8月13日进入外方传教会修院，1859年赴四川西部。他首先被任命为穆坪修院的教授，但其健康状况急剧恶化，他于1869年返回了法国，在萨瓦省退休并于1872年退出了外方传教会，最终于1873年12月31日死于巴黎。

### 16．何神父

何神父（Philippe Gire，1859—1937年）于1859年7月8日生于圣于连-沙普特伊（Saint-Julien-Chapteuil，位于法国上卢瓦尔省），1880年进入外方传教会修院，1884年12月20日晋铎，1886年11月3日赴四川南部传教区。1890年左右，他被任命到永宁府，不久之后又调至叙府以东的江安。1896年，他重建了位于河堤口传教区的修院，后成为该修院的院长。1901年，他又被任命到雅州，并在那里建造了一座大教堂，后来该教堂成了雅州宗座代牧区的主教大教堂。1924年，他被任命到叙府负责西宁堂区。1933年，他因病而返回法国并退休于蒙伯通，最终于1937年10月10日死于那里。

### 17．古神父

古神父（Francis Goré，1883—1954年）于1883年12月25日生于圣雅姆（Saint-James，位于法国芒什省），于槟榔屿的总学院完成了学业后，于1907年8月7日晋铎。他被分配在中国藏族聚居区传教区，在那里首先被安置在扎坝，1914—1920年负责打箭炉会口。他此后被派往雅安，于1920—1930年在那里工作。他在那里学习了藏语，对当地文化进行了深入研究，后来于1931—1951年，又负责茨中会口。这是一位活跃的司教代理人，他不放松其语言学研究，于是被任命为费城和法国地理学会的通讯会员。他还编写了一部藏文语法书，修订了吉罗多（Giraudeau）先生的《法建文词典》。他于1952年被驱逐出了中国，其后便被调至日内瓦司库部，随后退休于沃雷普（Voreppe），最终于1954年10月14日死于瓦龙（Voiron）的医院。

### 18. 何神父

何神父（Joseph Le Corre，1908—1980年）于1908年7月26日生于普尔德勒济克（Pouldreuzic，位于法国菲尼斯泰尔省），1930年被接收进外方传教会修院，1933年7月2日晋铎，1933年9月16日赴打箭炉宗座代牧区。在冷碛学习汉语之后，他于1936年被任命为小修院院长和传教区司库。他于1952年被驱逐出中国内地，然后便为出版一部藏文词典而与古神父（Goré）联袂工作。他于1955年被调至中国台湾花莲传教区，奉命负责一个新的会口富里，并在那里创建了一个新会口东里，还在谷风修建了一座教堂，于1969—1980年出任玉里的本堂神父。他于1980年12月26日死于蒙伯通。

### 19. 江神父

江神父（Pierre Mariette，1804—1843年）于1804年12月22日生于科尔莫兰（Cormolain，法国卡尔瓦多斯省），1829年9月3日进入外方传教会修院，1830年9月4日晋铎，同年11月2日赴四川。他为学习汉语在穆坪修院待了数月。1835年，他遭到逮捕，基督徒们支付了240法郎的一笔赎款之后，他立即被释放了。此人于1843年死于成都府的于家沟，最后埋葬于该城的磨盘山墓地。

## 20. 吕神父

吕神父（Michel Nussbaum，1884—1940年）于1884年9月27日生于施韦安海姆（Sctweinheim，法国下莱茵省），1904年被接收进外方传教会修院，1908年9月27日晋铎，同年11月18日赴中国藏族聚居区传教区。他持续32年的传教生涯，主要是在清江和澜沧江河谷的上游会口度过的，特别是雅安，其生命的最后8年是在那里度过的。1940年9月17日，当其率骆驼队向传教区中心行进时，他却在帕马村被一群土匪抓获并遭杀害。

## 21. 伯神父

伯神父（Lucien Pézous，1895—1971年）于1895年6月11日生于阿勒比（Albi，位于法国塔恩省），1919年被接收进外方传教会修院，1925年6月6日晋铎，1925年9月21日赴建昌传教区。在懋功学习汉语之后，他于1928年奉命负责夹金笼会口，于1929年奉命负责瞻化会口。他将水稻的种植引入该地区并大力发展这种农作物。1938年，他又被任命至位于瞻化以南80多公里的丹巴会口。1940年，他奉命在荥经县建立一个新会口。1948年，他因病返回法国，于1950年退休于圣-拉法埃尔康复医院，最终于1971年5月1日死在那里。

## 22. 陶神父

陶神父（Jean Soulié，1858—1905年）于1858年10月6日生于圣瑞埃里（Saint-Juéry，位于法国塔恩省），1884年9月13日进入外方传教会修院，1885年7月5日晋铎，同年10月7日赴中国藏族聚居区传教区。他在巴塘开始工作，后负责扎坝会口，1891年负责泽古会口，1896年负责雅安会口。他于1905年4月14日死于雅安附近的雅砻江山谷。他搜集了一批出色的植物标本，后来寄到巴黎自然博物馆保存。

## 23. 范神父

范神父（Alphonse Têtu，1846—1907年）于1846年6月3日生于梅尔旺（Mervent，位于法国索恩-卢瓦尔省），1869年进入外方传教会修院，1872年9月21日晋铎，同年11月6日赴四川西部传教区。他首先被安置在穆坪县会口，1881年奉命负责分州。他后来又被任命为传教区的司库和原成都主教府堂区的本堂神父。1893年，有关方面将崇庆州会口委任给了他。1895年他因一场教案被暂时驱逐出了该地区，最终于1907年1月4日死在崇庆。

## 24. 西尔宛·瓦朗丹

西尔宛·瓦朗丹（Sylvain Valentin，1880—1962年）于1880年12月11日生于玉松-昂-弗雷（Usson-en-Forez，法国卢瓦尔省），1900年被接收进外方传教会修院，1904年6月26日晋铎，1904年8月3日赴中国藏族聚居区。他在泸定学习汉语之后，于1906年被任命为传教区司库和打箭炉修院的教授。他于1913年出任雅安的本堂神父，于1915年出任章谷的本堂神父。此后他被召回打箭炉，以出任修院院长。他于1926年被任命为吉罗丹主教的辅理主教，于1936年取代此人出任藏族聚居区的宗座代牧。该神父于1946年晋升为打箭炉的主教，1956年他被驱逐出中国。他返回法国之后，退休于法国蒙伯通，最终于1962年1月7日死在那里。

# 参考文献


[1] 秦和平．基督宗教在四川传播史稿［M］．成都：四川人民出版社，2006.

[2] 秦和平．四川基督教资料辑要［M］．成都：巴蜀书社，2008.

[3] 郭丽娜．清代中叶巴黎外方传教会在川活动研究［M］．北京：学苑出版社，2012.

[4] 郭丽娜．近代法国人中国西南叙述［M］．北京：学苑出版社，2019.

[5] 李如东．地方知识与自然阶序——华西的植物研究与人类学（1920—1937年）［M］．北京：社会科学文献出版社，2018.

[6] 邹爱莲，吴小新．清中前期西洋天主教在华活动档案史料［M］．北京：中华书局，2003 .

[7] 林治平．基督教在中国本色化论文集［M］．北京：今日中国出版社，1998 .

[8] 戚印平．远东耶稣会史研究［M］．北京：中华书局，2007.

[9] 刘华杰．西方博物学文化［M］．北京：北京大学出版社，2019.

[10] 罗桂环．近代西方识华生物史［M］．济南：山东教育出版社，2005.

[11] 孙前．大熊猫文化笔记［M］．北京：五洲传播出版社，2009.

[12] 北京动物园管理处．北京动物园志［M］．北京：中国林业出版社，2002.

[13] 四川资源动物志编辑委员会. 四川资源动物志[M]. 成都：四川人民出版社，1982.
[14] 四川省地方志编纂委员会. 四川省志·大熊猫志[M]. 北京：方志出版社，2018.
[15] 四川省地方志工作办公室，四川省林业和草原局. 四川省志·大熊猫图志[M]. 北京：方志出版社，2019.
[16] 四川省宝兴县地方志编纂委员会. 宝兴县志[M]. 北京：方志出版社，2000.
[17] 四川省芦山县地方志编纂委员会. 芦山县志[M]. 北京：方志出版社，2001.
[18] 四川省天全县地方志编纂委员会. 天全县志[M]. 成都：四川科技出版社，1997.
[19] 侯江. 中国西部科学院研究[M]. 北京：中央文献出版社，2012.
[20] 北京市档案局（馆），莫斯科市档案管理总局. 档案中的记忆——北京与莫斯科的传统友谊[M]. 北京：中国档案出版社，2005.
[21] 胡宗刚. 静生生物调查所史稿[M]. 济南：山东教育出版社，2005.
[22] 薛德焴. 代表性的哺乳动物志[M]. 上海：新亚书店，1953.
[23] 谭邦杰. 哺乳类动物图鉴[M]. 北京：科学出版社，1955.
[24] 方豪. 中国天主教史人物传[M]. 北京：宗教文化社，2007.
[25] 朱昱海. 法国来华博物学家谭卫道[J]. 自然辩证法通讯，2014（4）：102-110.
[26] 王毅. 皇家亚洲文会北中国支会研究[M]. 上海：上海书店出版社，2005
[27] 经利彬. 谭微道在中国生物学上之贡献[J]. 真理，1944,1

（4）.
［28］ 蒋蓝. 黄虎张献忠［M］. 成都：四川人民出版社，2019.
［29］ 四川大学博物馆. 华西边疆研究会会报［M］. 北京：中华书局，2014.
［30］ 刘吉西. 四川基督教［M］. 成都：巴蜀书社，1992.
［31］ 王五云. 哺乳动物图谱［M］. 北京：商务印书馆，1936.
［32］ 冯志鹏. 中国动物生活图说［M］. 上海：世界书局，1949.
［33］ 李慨士. 中国西部动物志［M］. 北京：商务印书馆，1934.
［34］ 谭邦杰. 野兽生活史［M］. 北京：中华书局，1957.
［35］ 寿振黄. 中国经济动物志（兽类）［M］. 北京：科学出版社，1962.
［36］ 郭卫东. 近代外国在华文化机构综录［M］. 上海：上海人民出版社，1993.
［37］ 耿昇. 中法文化交流史［M］. 昆明：云南人民出版社，2013.
［38］ 杜满希. 法国与四川：百年回眸［M］. 成都：成都时代出版社，2007.
［39］ 韦羽. 18世纪天主教在四川的传播［M］. 广州：广东人民出版社，2014.
［40］ 曹增友. 传教士与中国科学［M］. 北京：宗教文化出版社，1999.
［41］ 何菊. 传教士与近代中国社会变革［M］. 北京：中国社会科学出版社，2014.
［42］ 周蜀蓉. 发现边疆：华西边疆研究学会研究［M］. 北京：中华书局，2018.
［43］ 张泽. 清代禁教期的天主教［M］. 台北：光启出版社，1992.
［44］ 四川省宝兴县政协文史委. 宝兴大熊猫（内部资料）［Z］. 雅

安：四川省宝兴县政协，1994.
[45] 天主教教堂建筑艺术中国化课题组. 中国天主教教堂建筑艺术中国化图鉴（内部资料）[Z]. 北京：中国天主教爱国会，中国天主教主教团，2018.
[46] [法]古洛东. 圣教入川记[M]. 成都：四川人民出版社，1981.
[47] [英]亨利·尼克尔斯. 来自中国的礼物：大熊猫与人类相遇的一百年[M]. 黄建强，译. 上海：生活·读书·新知三联书店，2018.
[48] [美]乔治·夏勒. 最后的熊猫[M]. 张定绮，译. 北京：光明日报出版社，1998.
[49] [法]荣振华. 16-20世纪入华天主教传教士列传[M]. 耿昇，译. 南宁：广西师范大学出版社，2004.
[50] [葡]安文思. 中国新史[M]. 郑州：大象出版社，2016.
[51] [法]伯纳·布里塞. 法兰西在中国300年[M]. 王嵋，译. 上海：上海远东出版社，2014.
[52] [法]谢和耐，戴密微. 明清间耶稣会士入华与中西汇通[M]. 耿昇，译. 北京：东方出版社，2011.
[53] [美]鄢华阳. 中国天主教历史译文集[M]. 顾卫民，译. 南宁：广西师范大学出版社，2010.
[54] [英]金敦·沃德. 蓝花绿绒蒿的原乡——清末英国博物学家的滇西北及川康纪行[M]. 张昌山，耿昇，何大勇，杨家康，宋诗伊，译. 昆明：云南人民出版社，2020.
[55] [法]樊国梁.老北京那些事儿——三品顶戴洋教士看中国[M]. 陈晓径，译. 北京：中央编译出版社，2010.
[56] Jean Pierre Armand David. Journal De Mon Troisième Voyage D'exploration Dans L'empire Chinois [M]. Paris:

Librairie Hachette Et Cie，1875.

[ 57 ] Jean Pierre Armand David. Plantae Davidianae [ M ] . Paris：G.Masson Librairie De L'academie De Medecine，1884.

[ 58 ] Theodore Roosevelt & Kermit Roosevelt. Trailing the Giant Panda [ M ] . New York：Charles Scribner's Sons，1929.

[ 59 ] Helen M. Fox. Abbe David's Diary [ M ] . Cambridge：Harvard University Press. 1949

[ 60 ] Emmanuel Boutan. Le Nuage et la Vitrine—Une vie De Monsieur David [ M ] . Bayonne: Editions R. chabaud，1993.

# 后记

## 大熊猫文化走向世界

大熊猫有着无与伦比的科研价值、文化价值和经济价值。

大熊猫带着那双忧郁而疲惫的眼睛穿越800万年，来到我们身边时，人们惊呆了，黑白分明的行头，与世无争的处世态度，憨态可掬的举止，在让人怜爱的同时，从“生物熊猫”到“文化熊猫”华丽转身，给了我们无限的创意空间。

大熊猫文化成了我们生产和生活的一部分。从吃住行到娱购游，大熊猫的身影无处不在；从大江南北到海内海外，大熊猫的图案随处可见。

回溯过往，每逢我国主办重大世界体育赛事，都不乏大熊猫吉祥物的身影——1990年北京亚运会的“盼盼”，在“亚洲雄风”中让更多人认识到改革开放十多年后的中国新面貌；2008年北京奥运会的福娃“晶晶”，象征着人与自然的和谐共存；北京冬奥会的“冰墩墩”，是中国国宝大熊猫与时代科技融合的化身。

如果人类失去大熊猫，世界将会怎样?

1980年，改革开放后的中国，迎来了中国与国际组织世界自然基金会合作研究大熊猫的契机。

1980年5月，来自美国的首席专家夏勒博士来到了四川卧龙，进行大熊猫研究。1983年4月24日，夏勒博士和中国大熊猫首席专家胡锦矗等人一起，来到了宝兴县邓池沟天主教堂。

这里是熊猫的宝山圣地。

对任何关心熊猫的西方人而言，宝兴都是一块宝地，因为这里是戴维神父发现大熊猫的出发点。

我穿过一个长满杂草蔓藤的花园，坐在石墙的残垣上，戴维神父的回忆包围着我。这儿曾是他的根据地，一百多年前，他踏遍这些山岭；在这儿完成了几项伟大的发现——水梨子（珙桐），金丝猴，还有大熊猫。

1949年以来，宝兴供应各地动物园的大熊猫——包括华盛顿国家动物园的“兴兴”——数量为全中国之冠，到1980年，已多达101只。

在夏勒眼里，邓池沟天主教堂无疑是熊猫圣殿，并已从宗教殿堂转变为科学殿堂。

大熊猫从雅安走向世界。

迎着2019年的第一缕春风，四川省大熊猫生态与文化建设促进会召开了“大熊猫文化主题研讨会”。

1869年4月1日，法国人阿尔芒·戴维发现了“大熊猫”。大熊猫从大山走向世界。

大熊猫从1869年一路走来，到2019年，已走过了150周年。

大熊猫在雅安被发现、被命名，大熊猫从雅安走向世界，从生物大熊猫到文化大熊猫，大熊猫150周年史——发现大熊猫、追踪大熊猫、国礼大熊猫、放归大熊猫……精彩大戏都在雅安上演。

在过去的150多年里，我们更多的是对生物大熊猫的保护和研究，而对于文化大熊猫的研究，几乎是空白。

笔者对大熊猫文化进行了梳理——

和平友好：大熊猫没有天敌，它与世无争，吃的是没有其他动物选择、营养价值并不高的竹子，展示了它“和平外交”的形象。

和善坚韧：它天大的困难都能扛，800万年，经受冰川考验，遭遇竹子开花，同时代的动植物几乎都消失了，大熊猫依然顽强地“好好活着”，生命是何其坚韧，有着强大的力量，和善坚韧是它的“精神内核”。

和谐相处：它择一山而终老，生活在青山绿水间，与跟它一起伴生的动植物和谐共生、相安无事，展示了它独具慧眼的“生态文明观”。

和气致祥：它是世界上最受人喜爱的动物，最有价值的中国“国礼”是它，最有世界影响力的绿色旗帜是它，重大的世界体育赛事吉祥物是它，它是大自然带给人类的最好祝福——“吉祥如意”。

如果用一个字来概括大熊猫文化，那就是与中国传统文化一脉相承的“和”；如果要用四个词来概括，那就是“和平友好”“和善坚韧”“和谐相处”“和气致祥”。

从生物大熊猫到文化大熊猫，我们走过了150多年。在笔者看来，正是有了“生物大熊猫”的回归，才有了“文化大熊猫”的兴起——看大熊猫文化在雅安起源和发祥，看大熊猫在雅安栖息，看大熊猫在雅安放归，看“国礼”大熊猫从雅安走向世界，看“明星”大熊猫在雅安成长……

150多年来，大熊猫以无可取代的文化价值和与生俱来的独特魅力，架起了国际友好交往的重要桥梁纽带，也让雅安与世界的联系更为紧密。

笔者梳理出来的大熊猫文化理念，得到了社会的普遍认可。笔者先后编写出版了《大熊猫史话（1869—2019）》（四川民族出版社，2019）、《大熊猫——国宝百年传奇》（五洲传播出版社，2022）等书，均对大熊猫文化的内涵和外延进行了解读。

2019年10月29日，由四川省林业和草原局、大熊猫国家公园管理局、雅安市人民政府共同举办的“纪念大熊猫科学发现150周年暨大熊猫国家公园南部入口社区项目启动会议——2019中国（四川）大熊猫国际生态旅游节”闭幕式在雅安举行。在闭幕式上，由笔者撰写并正式发布了《纪念大熊猫科学发现150周年共识》，大熊猫文化的内涵得到了官方的认可。

1869年，法国博物学家阿尔芒·戴维在雅安发现大熊猫，作为生物多样性保护的旗舰种大熊猫从此登上了世界舞台。

“熊猫外交”打开了新中国通向世界的大门，24只“国礼”大熊猫成为“和平友好”使者，其中18只来自雅安，雅安成为名副其实的“国礼大熊猫之乡”；

雅安籍大熊猫“姬姬”走上世界自然基金会（WWF）会旗、会徽，至今“大熊猫旗帜”依然在地球上空飘扬；

雅安籍大熊猫“巴斯”成为北京亚运会吉祥物，登上重大国际体育赛场；

在世界自然遗产名录中，“四川大熊猫栖息地”核心区面积，雅安超过50%；

在中国国家公园中，一个纵横川陕甘三省的大熊猫国家公园已经诞生，雅安近40%的国土面积划入国家公园，在大熊猫国家公园中占30%，凸现了雅安的核心区地位。

走过150周年，大熊猫芳华依然，魅力四射，生物大熊猫已然成为“外交大熊猫”“生态大熊猫”“文化大熊猫”“经济大熊猫”，以其无可取代的多元价值和与生俱来的神奇魅力成为闪耀世界舞台的明星。

2019年是大熊猫科学发现150周年，也是推进大熊猫国家公园体制试点的关键之年。我们站在大熊猫科学发现地——“天府之肺·熊猫故乡”雅安，共商大熊猫保护和大熊猫国家公园建设大事，形成大熊猫生态保护和大熊猫国家公园科学发展的雅安共识，倡议全社会共同保护和建设人与自然和谐共生的美好家园。

——让大熊猫保有荒野依旧的野生家园

建立以国家公园为主体的自然保护地体系，保持自然生态系统的原真性和完整性，保护生物多样性，保护生态安全屏障，给子孙后代留下珍贵的自然遗产；加强栖息地生态修复和廊道建设，将破碎化的栖息地串联成片，打通大熊猫基因交流的通道，增加基因交流的多样性，保障大熊猫野生种群健康繁衍；严格管控大熊猫国家公园内的人类活动，让大熊猫国家公园保有荒野依旧的本来面貌，让大熊猫及其伴生野生动植物活成它们本来的样子。

——让世界共建熊猫家园、共享熊猫文化

大熊猫是中国的，也是世界的。要坚持熊猫家园世界共建、熊猫文化世界共享，以全球视野和全局眼光搭建跨国际、跨区域、跨领域的广泛合作平台，推进大熊猫科研、保护、发展、交流；要创新形式讲好“熊猫故事”“中国故事”，让具有典型中华文化特质的大熊猫文化进入更加广阔的世界领域，让“和平友好、和谐相处、和善坚韧、和气致祥”的大熊猫文化影响更多的国家和人民，推动构建人类命运共同体。

——让大熊猫家园成为人与自然和谐共生的乐园

人类和大熊猫共有一个地球家园，保护大熊猫，就是保护人类自己。要坚定践行习近平生态文明思想，以“人与自然和谐共生”“绿水青山就是金山银山”重要理念为指引，构建“点上聚居、线上旅游、面上保护”的生态格局，做好大熊猫生态旅游、大熊猫文创、大熊猫友好型产业融合大文章，切实做到保护和发展并重，文化与产业齐飞，让大熊猫安然栖息，让大熊猫栖息地社区居民安居乐业，真正实现人与自然和谐共生。

共踏一方绿地，同顶一片蓝天，齐饮一江清流。凝结社会共识、汇聚各方力量、吸纳全球智慧，我们共同努力，让大熊猫保护事业更加辉煌，大熊猫文化更加精彩，人与大熊猫的家园更加美好！

本书在编写过程中，得到了四川省委宣传部、四川省社科联和雅安市委宣传部、雅安市社科联、大熊猫国家公园雅安管理分局、四川省大熊猫生态与文化建设促进会等单位的大力支持，被列入省、市重点社科（科普）课题，并给予了相应的经费支持；还得到了四川师范大学教授王川、西南民族大学教授秦和平、西南交通大学教授熊瑛、乐山市作家协会主席徐杉等人的悉心指导；得到了宝兴县、芦山县等相关部门和西南交通大学出版社、四川天主教神哲学院的热心帮助。在此一并致谢。

由于编写人员水平有限，差错和疏漏在所难免，敬请读者批评指正。